软件入门与提高丛书

Excel 2013 中文版表格处理入门与提高

相世强　李绍勇　编　著

清华大学出版社

北京

内 容 简 介

Excel 是微软公司的办公软件 Microsoft Office 的组件之一。它是目前世界上最流行的表格编辑软件。Excel 是微软办公套装软件的一个重要组成部分，利用它可以进行各种数据的处理、统计分析和辅助决策操作，广泛应用于管理、财经、金融等众多领域。

本书主要介绍 Excel 2013 表格处理功能及使用方法。其内容包括初识 Excel 2013、Excel 2013 基本操作、Excel 表格的基本操作、数据报表的查看与打印、数据的输入与编辑、单元格的引用与工作表的美化、Excel 图表的应用；图片、形状与 SmartArt 图形的应用、公式与函数、数据的排序、筛选和透视表、条件格式与超链接、数据的有效性与分类汇总及合并计算、Excel 与其他软件的协同办公；最后通过一章的综合练习进行全书知识点的贯穿。

本书在结构上循序渐进，章节顺序由浅入深，并采取一步一图的原则，简单明了地将 Excel 表格处理的知识呈现在读者面前，是学习 Excel 的好帮手。本书配书光盘提供了书中实例完整素材文件和配音教学视频文件。

本书适用于初学者和已经具有一定基础知识并希望进一步提高的读者，尤其适合高职高专院校、各类计算机职业教育学校作为办公自动化的教材使用，同时也是办公人员、家庭电脑初学者的最佳自学教材。

图书在版编目(CIP)数据

Excel 2013 中文版表格处理入门与提高/相世强，李绍勇编著. --北京：清华大学出版社，2014

软件入门与提高丛书

ISBN 978-7-302-34731-6

Ⅰ. ①E… Ⅱ. ①相… ②李… Ⅲ. ①表处理软件 Ⅳ. ①TP391.13

中国版本图书馆 CIP 数据核字(2013)第 292368 号

责任编辑：张彦青
装帧设计：刘孝琼
责任校对：李玉萍
责任印制：杨　艳

出版发行：清华大学出版社

　　　　网　　　址：http://www.tup.com.cn，http://www.wqbook.com
　　　　地　　　址：北京清华大学学研大厦 A 座　　　　邮　　编：100084
　　　　社 总 机：010-62770175　　　　邮　　购：010-62786544
　　　　投稿与读者服务：010-62776969，c-service@tup.tsinghua.edu.cn
　　　　质 量 反 馈：010-62772015，zhiliang@tup.tsinghua.edu.cn
　　　　课 件 下 载：http://www.tup.com.cn，010-62791865

印 刷 者：北京鑫丰华彩印有限公司
装 订 者：三河市溧源装订厂
经　　销：全国新华书店
开　　本：185mm×260mm　　印　张：31　　字　数：749 千字
　　　　（附 DVD1 张）
版　　次：2014 年 1 月第 1 版　　印　次：2014 年 1 月第 1 次印刷
印　　数：1～3500
定　　价：60.00 元

产品编号：054487-01

前　言

Excel 是微软公司的办公软件 Microsoft Office 的组件之一。它是目前世界上最流行的表格编辑软件。Excel 是微软办公套装软件的一个重要组成部分，利用它可以进行各种数据的处理、统计分析和辅助决策操作，广泛应用于管理、财经、金融等众多领域。

本书主要介绍 Excel 2013 表格处理功能及使用方法。其内容包括初识 Excel 2013、Excel 2013 基本操作、Excel 表格的基本操作、数据报表的查看与打印、数据的输入与编辑、单元格的引用与工作表的美化、Excel 图表的应用；图片、形状与 SmartArt 图形的应用、公式与函数、数据的排序、筛选和透视表、条件格式与超链接、数据的有效性与分类汇总及合并计算、Excel 与其他软件的协同办公；最后通过一章的综合练习进行全书知识点的贯穿。

本书从实用角度出发，系统讲述 Excel 2013 的各种功能。这些软件都是目前使用最多也是最流行的，本书正是基于这些软件的最新版本进行讲解的。

本书共 13 章，内容如下。

第 1 章介绍 Excel 软件的起源、Excel 在行业领域以及使用的优势，最后并对 Excel 2013 版本的新增功能做了详尽的介绍。

第 2 章学习 Excel 2013 的一些基本操作，其中包括 Excel 2013 的安装、启动与退出，自定义界面，Excel 工作簿的基本操作以及 Excel 工作表的基本操作等内容。通过本章的学习，可以对 Excel 2013 有一些简单的了解。

第 3 章详细介绍 Excel 单元格和区域的各种操作方法。

第 4 章介绍 Excel 2013 中数据表格的查看与打印。

第 5 章介绍数据的输入与编辑，其中包括在 Excel 中输入数据的方法、单元格的数据类型、快速填充数据表格、数据的查找与撤销恢复等内容。

第 6 章主要介绍单元格的引用和工作表的美化。

第 7 章介绍 Excel 图表的应用。

第 8 章详细介绍插入与设置图片、绘制与编辑形状，以及插入与设计 SmartArt 图形的方法。

第 9 章主要介绍 Excel 中公式和函数的使用。

第 10 章介绍数据的排序、筛选以及数据透视表和数据透视图的应用。

第 11 章介绍如何应用条件格式以及如何创建超链接。

第 12 章主要介绍数据的有效性、分类汇总及合并计算的使用方法。

第 13 章介绍 Excel 与其他软件的协同办公。

第 14 章安排了三个例子，它们对办公、日常生活都有涉及。通过这三个例子，可以进一步巩固前面所学知识，并将所学内容付诸实践。

本书主要有以下几大优点。

- 内容全面。几乎覆盖了 Excel 2013 中文版所有选项和命令。

- 语言通俗易懂，讲解清晰，前后呼应。以最小的篇幅、最易读懂的语言来讲述每一项功能和每一个实例。

- 实例丰富，技术含量高，与实践紧密结合。每一个实例都倾注了作者多年的实践经验，每一个功能都经过技术认证。

- 版面美观，图例清晰，并具有针对性。每一个图例都经过作者精心策划和编辑。

  只要仔细阅读本书，就会发现从中能够学到很多知识和技巧。

本书主要由李少勇、刘蒙蒙、于海宝、徐文秀、孟智青、赵鹏达、赵鹏磊、白文才、张林、王雄健、李向瑞等编写，同时参与编写的还有张恺、荣立峰、胡恒、王玉、刘峥、张云、贾玉印、张春燕、刘杰、罗冰、陈月娟、陈月霞、刘希林、黄健、黄永生、田冰、徐昊，北方电脑学校的温振宁、黄荣芹、刘德生、宋明、刘景君老师，以及计算机系的张锋、相世强、徐伟伟、王海峰等老师，在此一并表示感谢。

在创作的过程中，由于时间仓促，错误在所难免，希望广大读者批评指正。

目　　录

第 1 章

入门与提高丛书
经典清华版

Excel 2013 基本操作

　　Excel 2013 是 Office 2013 套装软件的一个重要组件，是 Excel 2007 的升级版本。全新的界面设计，使操作更简便。本章将学习 Excel 2013 的一些基本操作，其中包括 Excel 2013 的安装、启动与退出，自定义界面，Excel 工作簿的基本操作以及 Excel 工作表的基本操作等内容，通过本章的学习，可以对 Excel 2013 有一些简单的了解。

本章重点：

➥ Excel 2013 的新增功能
➥ Excel 2013 的启动与退出
➥ 自定义操作界面
➥ Excel 工作簿的基本操作
➥ Excel 工作表的基本操作

1.1 Excel 2013 的新增功能

微软对 Excel 2013 的目标是要更平易近人，让使用者能轻松地将庞大的数字图像化，打开 Excel 后，首先展现在面前的是全新的界面。它更加简洁，其设计宗旨是帮助用户快速获得具有专业外观的结果。您会发现，大量新增功能将帮助您远离繁杂的数字，绘制更具说服力的数据图，从而指导您制定更好、更明智的决策，Excel 2013 的新增功能具体如下。

- 模板：模板为用户完成大多数设置和设计工作，使用户可以专注于数据。打开 Excel 2013 时，您将看到预算、表单和报告等，如图 1-1 所示为 Excel 2013 的模板界面。
- 即时数据分析：使用新增的【快速分析】工具，用户可以在短时间内将数据转换为图表或表格。还可以预览使用条件格式的数据、迷你图或图表，并且仅需一次点击即可完成选择。例如选择包含要分析数据的单元格，将会在选定数据右下方显示【快速分析】按钮，如图 1-2 所示。
- 瞬间填充整列数据：【快速填充】像数据助手一样帮您完成工作。当检测到您需要进行的工作时，【快速填充】会根据从您的数据中识别的模式，一次性输入剩余数据。如图 1-3 所示为【快速填充】示意图。

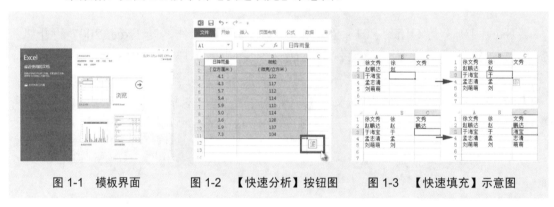

图 1-1　模板界面　　图 1-2　【快速分析】按钮图　　图 1-3　【快速填充】示意图

- 为数据创建合适的图表：通过【推荐的图表】，Excel 可针对用户的数据推荐最合适的图表。通过快速查看数据在不同图表中的显示方式，然后选择能够展示用户想呈现的概念的图表。如图 1-4 所示为推荐的图表。
- 使用切片器过滤表格数据：切片器作为过滤数据透视表数据的交互方法在 Excel 2010 中被首次引入，现在它同样可在 Excel 表格、查询表和其他数据表中过滤数据。切片器更加易于设置和使用，它显示了当前的过滤器，因此您可以准确地知道正在查看的数据。
- 工作簿的独立窗口：在 Excel 2013 中，每个工作簿都拥有自己的窗口，从而能够更加轻松地同时操作两个工作簿。当操作两台监视器的时候也会更加轻松。
- Excel 新增函数：用户可以发现在数学和三角、统计、工程、日期和时间、查找和引用、逻辑以及文本函数类别中的一些新增函数。同样新增了一些 Web 服务函数以引用表述性状态转移(REST)兼容的 Web 服务。如图 1-5 所示为函数类别列表。

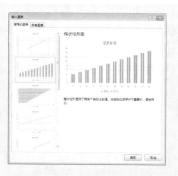 

图 1-4　推荐的图表　　　　　　　　图 1-5　函数类别列表

- 联机保存和共享文件：Excel 让您可以更加轻松地将工作簿保存到自己的联机位置，比如您的免费 SkyDrive 或您组织的 Office 365 服务。您还可以更加轻松地与他人共享您的工作表。无论使用何种设备或身处何处，每个人都可以使用最新版本的工作表，您甚至可以实时协作。

- 网页中的嵌入式工作表数据：要在 Web 上共享部分工作表，用户只需将其嵌入到网页中，然后其他人就可以在 Excel Web App 中处理数据或在 Excel 中打开嵌入数据。

- 在联机会议中共享 Excel 工作表：无论身处何方或在使用何种设备，可能是智能手机、平板电脑或 PC，只要安装了 Lync，用户就可以在联机会议中连接和共享工作簿。

- 保存为新的文件格式：您现在可以用新的 Strict Open XML 电子表格(*.xlsx)文件格式保存和打开文件。此文件格式让您可以读取和写入 ISO 8601 日期以解决1900 年的闰年问题。

- 更加丰富的数据标签：用户可以将来自数据点的可刷新格式文本或其他文本包含在用户的数据标签中，使用格式和其他任意多边形文本来强调标签，并可以任意形状显示。数据标签是固定的，即使用户切换为另一类型的图表。用户还可以在所有图表(并不仅是饼图)上使用引出线将数据标签连接到其数据点。

- 查看图表中的动画：在对图表源数据进行更改时，查看图表的实时变化。这可不单单是看上去很有趣，图表的变化还让您的数据变化更加清晰。

- 使用一个【字段列表】来创建不同类型的数据透视表：使用一个相同的【字段列表】来创建使用了一个或多个表格的数据透视表布局。【字段列表】通过改进以容纳单表格和多表格数据透视表，让您可以更加轻松地在数据透视表布局中查找所需字段、通过添加更多表格来切换为新的【Excel 数据模型】，以及浏览和导航到所有表格。

- 在数据分析中使用多个表格：新的【Excel 数据模型】让用户可以发挥以前仅能通过安装 PowerPivot 加载项实现的强大分析功能。除了创建传统的数据透视表以外，现在可以在 Excel 中基于多个表格创建数据透视表。通过导入不同表格并在其之间创建关系，用户可以分析数据，其结果是在传统数据透视表数据中无法获得的。

- 连接到新的数据源：要使用【Excel 数据模型】中的多个表格，用户可以连接其他数据源并将数据作为表格或数据透视表导入到 Excel 中。例如，连接到数据馈送，如 OData、Windows Azure DataMarket 和 SharePoint 数据馈送。

- 创建表间的关系：当用户从【Excel 数据模型】的多个数据表中的不同数据源获取数据时，在这些表之间创建关系让用户可以无须将其合并到一个表中即可轻松分析数据。通过使用 MDX 查询，您可以进一步利用表的关系创建有意义的数据透视表报告。

- 使用日程表来显示不同时间段的数据：日程表让用户可以更加轻松地对比不同时间段的数据透视表或数据透视图数据。不必按日期分组，您现在只需一次点击，即可交互式地轻松过滤日期，或在连续时间段中移动数据，就像滚动式逐月绩效报表一样。

- 使用 OLAP 计算成员和度量值：发挥自助式商业智能(BI)能量，并在连接到联机分析处理(OLAP)多维数据集的数据透视表数据中添加您自己的基于多维表达式(MDX)的计算。无须追求【Excel 对象模型】，用户可以在 Excel 中创建和管理已计算成员和度量值。

创建独立数据透视图：数据透视图不必再和数据透视表关联。通过使用新的【向下钻取】和【向上钻取】功能，独立或去耦合数据透视图让您可以通过全新的方式导航至数据详细信息。复制或移动去耦合数据透视图也变得更加轻松。

1.2　Excel 2013 的启动与退出

启动与退出 Excel 2013 的方法比较简单，用户以前使用的方法仍然适用。

1.2.1　启动 Excel 2013

启动 Excel 2013 的方法比较简单，具体的操作步骤如下。

步骤 01　移动鼠标至桌面上的 Microsoft Excel 2013 快捷方式图标 ![X] 上，双击鼠标左键，即可启动 Microsoft Excel 2013 程序，如图 1-6 所示。

步骤 02　程序启动后，即可进入 Microsoft Excel 2013 工作界面，如图 1-7 所示。

图 1-6　启动 Microsoft Excel 2013

图 1-7　Microsoft Excel 2013 的工作界面

提示：除了运用上述方法外，还可以选择【开始】|【程序】| Microsoft Office 2013 | Microsoft Excel 2013 命令。

1.2.2　退出 Excel 2013

下面我们来介绍一下退出 Microsoft Excel 2013 的操作方法。

步骤01　单击 Microsoft Excel 2013 窗口右上角的【关闭】按钮×，如图 1-8 所示，即可退出 Microsoft Excel 2013。

步骤02　若在工作界面中进行了部分操作，之前也未保存，在退出该软件时，则会弹出信息提示对话框，如图 1-9 所示，提示是否保存该文档，如若保存，则单击【保存】按钮即可。

图 1-8　单击【关闭】按钮　　　　　图 1-9　提示是否保存该文档

提示：单击窗口左上角的 ⬛ 按钮，在弹出的下拉菜单中选择【关闭】命令；切换到【文件】选项卡，在弹出的下拉列表中单击【关闭】按钮；按 Alt + F4 组合键；右击快速访问工具栏，在弹出的快捷菜单中选择【关闭】命令，都可以退出 Excel 2013。

1.3　自定义操作界面

在 Excel 2013 中用功能区选项卡代替了早期版本中的菜单、工具栏和大部分任务窗格。这种全新的操作界面有助于用户更轻松地完成各种任务操作。用户也可以根据自己的需要对操作界面中的功能区、选项卡和组等进行设置。

1.3.1　自定义快速访问工具栏

【自定义快速访问工具栏】提供了一些常用命令的快速访问，用户只需单击【快速访问工具栏】中的某一个按钮，即可执行该命令。用户可以自定义【自定义快速访问工具栏】，将常用的工具放到其中。

步骤01 在窗口左上角单击【自定义快速访问工具栏】右侧的下拉菜单按钮，在弹出的菜单中选择【在功能区下方显示】命令，如图 1-10 所示。

步骤02 选择命令后，【自定义快速访问工具栏】则会移至功能区的下方，如图 1-11 所示。

图 1-10　选择【功能区下方显示】命令　　图 1-11　【自定义快速访问工具栏】移至功能区的下方

步骤03 单击【自定义快速访问工具栏】右侧的下拉菜单按钮，在弹出的菜单中选择【其他命令】命令，打开【Excel 选项】对话框，在左侧的命令列表框中选择【复制】选项，单击【添加】按钮，将其添加至右侧的列表框中，如图 1-12 所示。

步骤04 添加完所需的命令后，单击【确定】按钮，即可将其添加至【自定义快速访问工具栏】上，如图 1-13 所示。

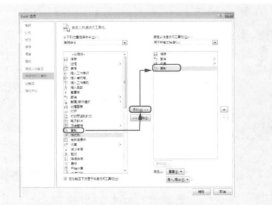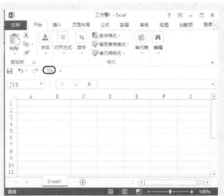

图 1-12　【Excel 选项】对话框　　图 1-13　将【复制】按钮添加至【自定义快速访问工具栏】

步骤05 再次单击【自定义快速访问工具栏】右侧的下拉菜单按钮，在弹出的菜单中选择【其他命令】命令，打开【Excel 选项】对话框，在右侧的列表框中选择【复制】选项，单击【删除】按钮，如图 1-14 所示。

步骤06 单击【确定】按钮，即可将【复制】按钮在【自定义快速访问工具栏】上删除，如图 1-15 所示。

图 1-14 【Excel 选项】对话框　　图 1-15 在【自定义快速访问工具栏】上删除【复制】按钮

1.3.2 最小化功能区

在 Excel 2013 中可以将功能区最小化，以便扩大工作区的显示范围。具体操作步骤如下。

步骤01 将鼠标移至选项卡右侧的【功能区最小化】按钮 ︿ 上，如图 1-16 所示。

图 1-16 【功能区最小化】按钮

步骤02 单击【功能区最小化】按钮即可将功能区最小化，如图 1-17 所示。

图 1-17 功能区最小化的效果

1.3.3 自定义功能区

Excel 2013 与早期版本相比最大的变化就是功能区，功能区中的按钮选项可以帮助用户快速找到并完成某一任务。按钮选项被组织在组中，组集中在选项卡下，每一个选项卡都包含若干个组，它们共同组成了功能区。用户可以根据自己的需要对功能区中的选项卡、组和命令进行添加、删除和重命名等操作。

步骤 01　单击【文件】按钮，在弹出的菜单中选择【选项】命令，如图 1-18 所示。

步骤 02　在弹出的【Excel 选项】对话框左侧的列表框中选择 【自定义功能区】选项，如图 1-19 所示。

图 1-18　选择【选项】命令

图 1-19　选择【自定义功能区】选项

步骤 03　在对话框的右下方单击【新建选项卡】按钮，即可新建一个选项卡，如图 1-20 所示。

步骤 04　在新建选项卡的下方选择新建组，并单击【重命名】按钮，在弹出的【重命名】对话框的【符号】列表框中选择一种符号，再在【显示名称】文本框中输入新建组的名称，如图 1-21 所示。

图 1-20　新建选项卡

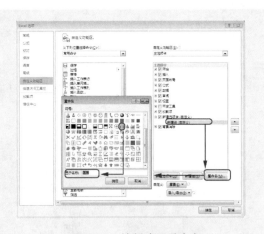

图 1-21　给新建组重命名

步骤 05　单击【确定】按钮，再在左侧的命令列表框中选择需要添加到新建组中的命令，单击【添加】按钮，将其添加至右侧的列表框中，如图 1-22 所示。

步骤 06　单击【确定】按钮，即可在功能区中显示出新建的选项卡及组，如图 1-23 所示。

提示： 用户除了可以添加自定义选项卡或组外，还可以对其进行删除，如果想删除自定义的选项卡或组，可以在【Excel 选项】对话框右侧的列表框中选择要删除的选项卡或组，然后单击【删除】按钮，即可将选中的选项卡或组删除。

图 1-22　将所有图标类型添加到新建组中

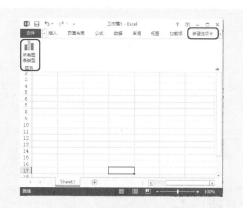

图 1-23　新建的选项卡及组

1.3.4　自定义状态栏

状态栏位于窗口的最底部，用于显示操作提示信息。自定义状态栏的操作步骤如下。

步骤 01　在状态栏上单击鼠标右键，在弹出的快捷菜单中选择【缩放滑块】命令，如图 1-24 所示。

步骤 02　即可将缩放滑块在状态栏中隐藏，如图 1-25 所示。

图 1-24　选择【缩放滑块】命令

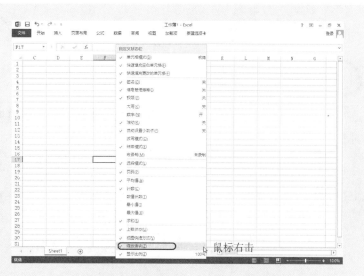

图 1-25　【缩放滑块】在状态栏中被隐藏

1.4　Excel 工作簿的基本操作

本节将主要学习创建、保存、打开、关闭和复制工作簿文件等一些基本的操作。

1.4.1　创建空白工作簿

Microsoft Excel 工作簿是包含一个或多个工作表的文件，用户可以用其中的工作表来组织各种相关信息。创建一个新的空白工作簿的操作步骤如下。

步骤 01　单击【文件】按钮，在弹出的菜单中选择【新建】命令，在【新建】下选择【空白工作簿】选项，如图 1-26 所示。

步骤 02　即可创建一个新的空白工作簿，如图 1-27 所示。

图 1-26　选择【空白工作簿】选项　　　　　图 1-27　新创建一个空白工作簿

1.4.2　使用模板快速创建工作簿

在 Excel 2013 中提供了很多默认的工作簿模板，使用模板快速创建工作簿的操作步骤如下。

步骤 01　打开 Excel 2013 软件，单击【文件】按钮，在弹出的下拉菜单中选择【新建】命令。

步骤 02　在【新建】中选择一个模板，例如【影片列表】模板，则会弹出显示所选模板的预览图，单击【创建】按钮，如图 1-28 所示。

创建的所选模板样式的工作簿如图 1-29 所示。

图 1-28　选择【影片列表】模板

图 1-29　【影片列表】模板

1.4.3　保存工作簿

保存工作簿的操作步骤如下。

步骤 01　创建一个【库存列表】模板工作簿，如图 1-30 所示。

步骤 02　按 Ctrl+S 组合键，弹出【另存为】对话框，在该对话框中选择计算机，单击【浏览】按钮，在弹出的【另存为】对话框中选择存储路径，并为工作簿命名，设置完成后单击【保存】按钮进行保存，如图 1-31 所示。

图 1-30　创建【库存列表】模板工作簿

图 1-31　【另存为】对话框

1.4.4　打开或关闭工作簿

在工作中经常会打开已有的工作簿，对其编辑后再将其关闭。下面来介绍打开和关闭工作簿的方法。

步骤 01　打开 Excel 2013 软件，单击【文件】按钮，在弹出的下拉菜单中选择【打开】命令，如图 1-32 所示。

步骤 02　在打开的界面中选择【计算机】，单击【浏览】按钮，弹出【打开】对话框，在该对话框中选择随书附带光盘中的 CDROM\素材\第 2 章\库存列表.xlsx 文件，如图 1-33 所示。

图 1-32　选择【打开】命令

图 1-33　【打开】对话框

步骤 03　单击【打开】按钮即可打开【库存列表】工作簿，如图 1-34 所示。

步骤 04　再次单击【文件】按钮，在弹出的下拉菜单中选择【关闭】命令，即可关闭该工作簿，如果对打开的工作簿进行了修改，则会弹出信息提示框，如图 1-35 所示。

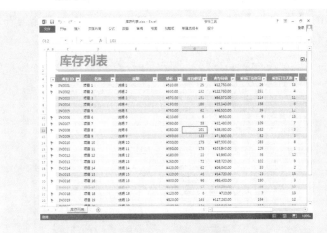

图 1-34　【库存列表】工作簿

图 1-35　弹出信息提示框

1.4.5　复制工作簿

下面来介绍一下复制工作簿文件的方法。

步骤 01　右击需要复制的工作簿文件，在弹出的快捷菜单中选择【复制】命令，如图 1-36 所示。

步骤 02　打开要复制到的目标文件夹，在空白处右击，在弹出的快捷菜单中选择【粘贴】命令，如图 1-37 所示，即可将工作簿文件复制到当前的文件夹中。

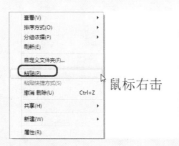

鼠标右击

图 1-36　选择【复制】命令　　　　图 1-37　将复制的工作簿粘贴到目标文件夹中

1.4.6　设置工作簿的属性

工作簿的属性包括大小、标题、创建时间和作者等信息，用户可以根据需要，对其中的信息进行设置。

步骤01　单击【文件】按钮，在弹出的菜单中选择【信息】命令，即可在界面右侧显示该工作簿的信息，如图 1-38 所示。

步骤02　单击下方的【显示所有属性】选项，即可显示出所有的属性，如图 1-39 所示。

图 1-38　工作簿的信息　　　　图 1-39　显示所有属性

步骤03　在【标题】右侧的文本框中单击，然后输入新的标题名称即可，如图 1-40 所示。

步骤04　在【作者】右侧的作者名称上右击，弹出快捷菜单，如图 1-41 所示。

步骤05　在弹出的快捷菜单中选择【编辑属性】命令，如图 1-42 所示。

| 图 1-40 输入新的标题名称 | 图 1-41 弹出快捷菜单 |

步骤 06 在弹出的【编辑人员】对话框的【输入姓名或电子邮件地址】文本框中输入作者名称即可，如图 1-43 所示。

步骤 07 输入完文本后单击【确定】按钮，即可添加作者名称，设置完成后的效果如图 1-44 所示。

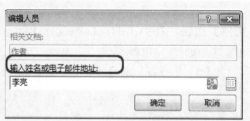

| 图 1-42 选择【编辑属性】命令 | 图 1-43 【编辑人员】对话框 | 图 1-44 设置完成后的效果 |

1.5 Excel 工作表的基本操作

默认情况下，一个工作簿中包含了多个工作表，用户可以根据自己的需要对工作表进行添加、删除以及更改工作表的名称等操作。

1.5.1 工作表的创建

一般在创建工作簿时，其中就包含了工作表，但往往会出现工作表数量不够的情况，下面将介绍如何创建工作表。

步骤 01 在工作表标签栏中选择要创建工作表的位置，例如选择 Sheet2，如图 1-45 所示。

步骤 02 切换到【开始】选项卡，在【单元格】组中单击【插入】按钮右侧的下三角按钮，在弹出的下拉菜单中选择【插入工作表】命令，如图 1-46 所示。

| 图 1-45　选择 Sheet2 | 图 1-46　插入工作表 |

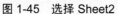

步骤03 当执行该命令后，即可插入工作表。用户还可以在工作表标签上右击，在弹出的快捷菜单中选择【插入】命令，如图 1-47 所示。

步骤04 在弹出的【插入】对话框中切换到【常用】选项卡，选择【工作表】选项，然后单击【确定】按钮，即可插入工作表。如图 1-48 所示。

| 图 1-47　选择【插入】命令 | 图 1-48　【插入】对话框 |

1.5.2 选择单个或多个工作表

在对工作表进行编辑之前，首先必须先选中该工作表，如果要同时在几个工作表中输入或编辑数据，可以通过选择多个工作表组合工作表。下面将介绍如何选择单个或多个工作表。

步骤01 用户通过单击窗口底部的工作表标签，可以快速选择不同的工作表，如图 1-49 所示。

图 1-49　快速选择工作表

第一章　Excel 2013 基本操作

15

步骤 02 在 Excel 2013 中按住 Shift 键的同时可以选择多张相邻的工作表，如图 1-50 所示。

步骤 03 单击第一张工作表的标签，然后在按住 Ctrl 的同时单击要选择的其他工作表的标签，如图 1-51 所示。

步骤 04 除此之外，用户可以在工作表标签上右击，在弹出的快捷菜单中选择【选定全部工作表】命令，如图 1-52 所示。

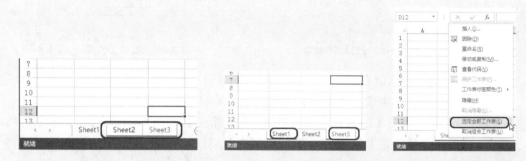

图 1-50　选择多张相邻的工作表　　图 1-51　选择不相邻的工作表　　图 1-52　选定全部工作表

1.5.3　工作表的复制和移动

在 Excel 2013 中，用户可以根据需要复制和移动工作表，具体操作步骤如下。

步骤 01 在 Excel 中选择要移动的工作表，例如选择 Sheet1，然后切换到【开始】选项卡，在【单元格】组中单击【格式】按钮，在弹出的下拉菜单中选择【移动或复制工作表】命令，如图 1-53 所示。

步骤 02 在弹出的【移动或复制工作表】对话框中选择【移至最后】选项，如图 1-54 所示。

图 1-53　选择【移动或复制工作表】命令　　图 1-54　【移动或复制工作表】对话框

步骤 03 单击【确定】按钮，即可将选择的工作表移动到工作表标签的最后，如图 1-55 所示。

步骤 04 选择要复制的单元格，再在【单元格】组中单击【格式】按钮，在弹出的下拉菜单中选择【移动或复制工作表】命令，然后在弹出的【移动或复制工作表】对话框中选中【建立副本】复选框，如图 1-56 所示。

步骤 05　单击【确定】按钮，即可复制选中的工作表，如图 1-57 所示。

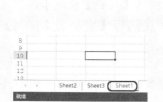

图 1-55　移动后的效果　　图 1-56　选中【建立副本】复选框　　图 1-57　建立副本后的效果

提示： 用户可以在工作表标签栏中选择要移动位置的工作表，按住鼠标将其拖曳到合适的位置上，如图 1-58 所示，如果要复制工作表可在拖曳的同时按住 Ctrl 键。

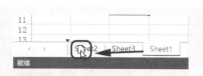

图 1-58　拖动工作表到合适的位置

1.5.4　删除工作表

删除工作表的方法非常简单，下面将具体介绍其操作步骤。

步骤 01　在 Excel 2013 中选择要删除的工作表，切换到【开始】选项卡，在【单元格】组中单击【删除】右侧的下三角按钮，在弹出的下拉菜单中选择【删除工作表】命令，如图 1-59 所示。

步骤 02　执行操作后，即可将选定的工作表删除。除此之外，用户还可以在要删除的工作表上右击，在弹出的快捷菜单中选择【删除】命令，如图 1-60 所示。

图 1-59　选择【删除工作表】命令　　　　图 1-60　选择【删除】命令

1.5.5 改变工作表的名称

在 Excel 2013 中用户可以随意改变工作表的名称，其具体操作步骤如下。

步骤01 在 Excel 2013 中选择要改变名称的工作表，切换到【开始】选项卡，在【单元格】组中单击【格式】按钮，在弹出的下拉菜单中选择【重命名工作表】命令，如图 1-61 所示。

步骤02 在弹出的文本框中输入要更改的名称即可。除此之外，用户还可以在选择要更改名称的工作表后右击，在弹出的快捷菜单中选择【重命名】命令，如图 1-62 所示。

图 1-61　选择【重命名工作表】命令　　　　图 1-62　选择【重命名】命令

1.5.6 为工作表标签设置颜色

在 Excel 中，为了便于区分不同的工作表，用户可以根据需要为工作表标签设置不同的颜色，具体操作步骤如下。

步骤01 在 Excel 中选择要设置颜色的工作表标签，例如选择 Sheet1，切换到【开始】选项卡，在【单元格】组中单击【格式】按钮，在弹出的下拉菜单中选择【工作表标签颜色】命令，在弹出的子菜单中选择需要的颜色，如图 1-63 所示。

步骤02 当执行该操作后，即可为选定的工作表标签设置颜色，效果如图 1-64 所示。

图 1-63　为工作表标签设置颜色　　　　　图 1-64　设置完的效果

提示：除此之外，用户还可以在工作表标签上右击，然后在弹出的快捷菜单中选择【工作表标签颜色】命令，在弹出的子菜单选择要设置的颜色即可；用户还可以根据需要自定义工作表标签的颜色，可在弹出的子菜单中选择【其他颜色】命令，然后在弹出的对话框中自定义标签颜色即可。

1.5.7 隐藏和显示工作表标签

在 Excel 中可以隐藏工作表标签，具体操作步骤如下。

步骤 01　在工作表标签栏中选择要隐藏的工作表标签，例如选择 Sheet2，切换到【开始】选项卡，在【单元格】组中单击【格式】按钮，在弹出的下拉菜单中选择【隐藏和取消隐藏】命令，再在弹出的子菜单中选择【隐藏工作表】命令，如图 1-65 所示。

步骤 02　执行该操作后，即可将选中的工作表进行隐藏，如图 1-66 所示。

步骤 03　在【单元格】组中单击【格式】按钮，在弹出的下拉菜单中选择【隐藏和取消隐藏】命令，再在弹出的子菜单中选择【取消隐藏工作表】命令，如图 1-67 所示。

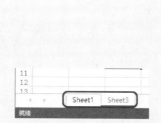

图 1-65　选择【隐藏工作表】命令　　图 1-66　隐藏工作表后的效果　　图 1-67　选择【取消隐藏工作表】命令

步骤 04　在弹出的对话框中选择要取消隐藏的工作表，选择完成后单击【确定】按钮，如图 1-68 所示。

步骤 05　设置完成后即可将隐藏的工作表显示出来，效果如图 1-69 所示。

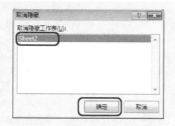
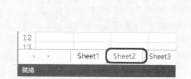

图 1-68　【取消隐藏】对话框　　　　图 1-69　显示隐藏的工作表

第 **2** 章

入门与提高丛书
经典清华版

Excel 表格的基本操作

单元格是工作表中的基本元素，由其地址来识别，地址由列字母和行数字组成。例如，单元格 E3 就是位于第 5 列和第 3 行的单元格。一组单元格叫作一个区域。本节将来介绍选择单元格和区域的各种方法。

本章重点：

- ➥ 选择单元格和区域
- ➥ 单元格的基本操作
- ➥ 复制和移动单元格或单元格区域中的数据
- ➥ 修改单元格内容
- ➥ 在工作簿中添加批注

2.1 选择单元格和区域

单元格是工作簿中行列交汇的区域，它可以保存数值、文本和声音等数据。在 Excel 中，单元格的编辑数据是基本元素。

在对单元格进行编辑操作前，必须先要选择单元格或者单元格区域。

2.1.1 选择单元格

选择单元格的方法有很多种，下面将简单地介绍几种选择单元格的操作及方法。

1. 使用鼠标选择单元格

使用鼠标选择单元格是最常用、最基本、最快速的方法，将光标移动到想要选择的单元格上，单击鼠标左键即可选择单元格，被选择的单元格也可以将其叫作当前单元格。如果要选定的单元格没有显示在窗口中，可以通过移动滚动条使其显示并选择。

2. 使用编辑栏选择单元格

在编辑栏的名称框中直接输入需要选择的单元格名称，然后按回车键确认即可选择该单元格。比如，我们在编辑栏中选择输入"G10"，按回车键，系统即可默认选择 G10 单元格，如图 2-1 所示。

图 2-1　使用标题栏选择单元格

3. 使用方向键选择单元格

使用键盘上的方向键即上、下、左、右键，也可以选择单元格。当我们运行 Excel 软件后，该软件默认选择的单元格为 A1，按下方向键即可选择下一个单元格，即 A2 单元格，比如，我们选择 H15 单元格，按 7 次右方向键选择 H1，然后按 14 次下方向键，即可选择 H15 单元格，如图 2-2 所示。

图 2-2　使用方向键选择单元格

4. 使用定位命令选择单元格

除了使用鼠标、编辑栏、方向键选择单元格之外，我们还可以使用定位命令来选择想要选择的单元格。使用定位命令选择单元格的具体操作步骤如下。

步骤 01 打开 Excel 2013 软件，新建一个空白工作簿，在【开始】选项卡中单击【编辑】组中的【查找和选择】按钮，在弹出的下拉菜单中选择【转到】命令，如图 2-3 所示。

步骤 02 执行完该命令后即可弹出【定位】对话框，在【引用位置】文本框中输入"E10"，如图 2-4 所示。

图 2-3 选择【转到】命令

图 2-4 【定位】对话框

步骤 03 设置完成后单击【确定】按钮，即可选择定位后的单元格，如图 2-5 所示。

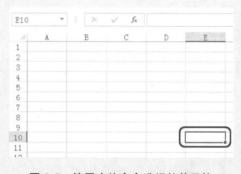

图 2-5 使用定位命令选择的单元格

2.1.2 选择特殊类型的单元格

在 Excel 中提供了简便地选择特殊类型单元格的方法，具体操作步骤如下。

步骤 01 打开随书附带光盘中的 CDROM\素材\第 3 章\费用统计表.xlsx 素材文件，如图 2-6 所示。

图 2-6　打开的素材文件

步骤 02　在【开始】选项卡中单击【编辑】组中的【查找和选择】按钮 **🔍**，在弹出的下拉菜单中选择【定位条件】命令，如图 2-7 所示。

步骤 03　执行完该命令后即可打开【定位条件】对话框，如图 2-8 所示。

图 2-7　选择【定位条件】命令　　　图 2-8　【定位条件】对话框

步骤 04　在【选择】选项组中选中【公式】单选按钮，取消选中【文本】、【逻辑值】、【错误】复选框，如图 2-9 所示。

步骤 05　设置完成后单击【确定】按钮，即可选择定位后的单元格，如图 2-10 所示。

图 2-9　选择定位条件　　　图 2-10　选择定位后的单元格

2.1.3 通过查找选择单元格

在 Excel 中也可以使用查找的方法来选择单元格，具体操作步骤如下。

步骤 01 打开随书附带光盘中的 CDROM\素材\第 3 章\费用统计表.xlsx 素材文件，在【开始】选项卡中单击【编辑】组中的【查找和选择】按钮 🈂，在弹出的下拉菜单中选择【查找】命令，如图 2-11 所示。

步骤 02 执行完该命令后即可打开【查找和替换】对话框，如图 2-12 所示。

图 2-11 选择【查找】命令

图 2-12 【查找和替换】对话框

步骤 03 单击【选项】按钮，在【查找范围】下拉列表框中选择【值】选项，然后在【查找内容】下拉列表框中输入"800"，如图 2-13 所示。

步骤 04 单击【查找全部】按钮，在对话框中将会显示出所有满足查找条件的单元格，如图 2-14 所示。

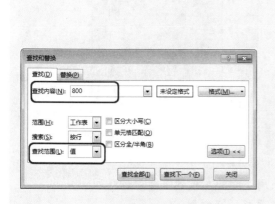

图 2-13 设置查找内容

图 2-14 查找后的效果

2.1.4　选择行或列

下面来介绍一下选择整行或整列的方法，具体操作步骤如下。

步骤01　打开随书附带光盘中的 CDROM\素材\第 3 章\费用统计表.xlsx 素材文件，将鼠标移动到需要选择的行号上，当鼠标变成➡形状后单击即可选中该行，如图 2-15 所示。

步骤02　将鼠标移动到需要选择的列标上，当鼠标变成⬇形状后单击即可选中该列，如图 2-16 所示。

图 2-15　选择行　　　　　　　　　　　　　图 2-16　选择列

步骤03　将鼠标移动到需要选择的行号上，当鼠标变成➡形状后单击并向上或向下拖曳至终止行，然后松开鼠标左键即可选择连续的行，如图 2-17 所示。

步骤04　将鼠标移动到需要选择的列标上，当鼠标变成⬇形状后单击并向左或向右拖曳至终止列，然后松开鼠标左键即可选择连续的列，如图 2-18 所示。

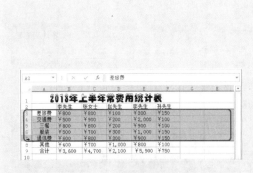

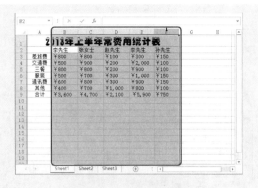

图 2-17　选择连续的行　　　　　　　　　　图 2-18　选择连续的列

提示： 除了运用上述方法外，还可以使用下面的几种方法选择行或列：

方法 1：按 Ctrl+空格键可以选择活动单元格所在的列。

方法 2：按 Shift+空格键可以选择活动单元格所在的行。

方法 3：在按住 Ctrl 键的情况下，可以选择不连续的行或列。

2.1.5 选择单元格区域

我们可以使用鼠标或键盘来选择一个单元格区域或多个不相邻的单元格区域。下面将简单地介绍选择连续的区域和选择不相邻的单元格区域的操作方法。

1. 选择连续的单元格区域

在 Excel 工作簿中，若对多个单元格进行相同的操作，则需要选择单元格区域。选择连续的单元格区域的操作步骤如下。

步骤 01 新建一个空白工作表，选择 A2 单元格，如图 2-19 所示。

步骤 02 按住鼠标左键并进行拖曳，至 G14 单元格的右下角处，如图 2-20 所示。

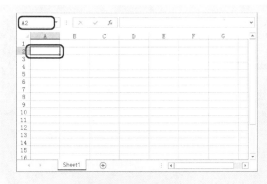

图 2-19 选择单元格

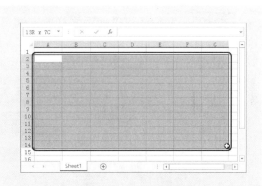

图 2-20 选择区域

步骤 03 释放鼠标，即可选择 A2:G14 单元格区域。

我们还可以借助键盘上的 Shift 键来选择连续的区域，操作如下。

选择 C3 单元格，按住 Shift 键的同时选择 G15 单元格，如图 2-21 所示。

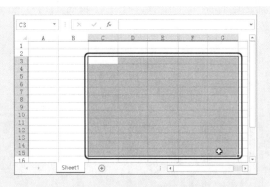

图 2-21 选择单元格区域

2. 选择不连续的单元格区域

选择不连续的区域也就是选择不相邻的单元格区域，具体的操作步骤如下。

步骤 01 新建一个空白工作表，选择 A2 单元格，按住鼠标左键并拖曳鼠标到 E6 单元格右下角，然后释放鼠标，如图 2-22 所示。

步骤 02　按住 Ctrl 键的同时选择 C8:F11 单元格区域，如图 2-23 所示。

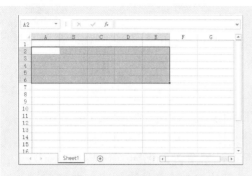

图 2-22　选择单元格区域

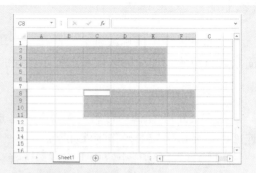

图 2-23　选择第二个单元格区域

步骤 03　我们还可以使用同样的方法，选择不同的单元格区域，如图 2-24 所示。

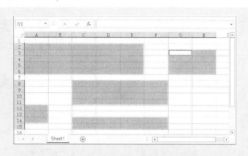

图 2-24　选择的多个单元格区域

2.1.6　选择所有单元格

选择所有单元格也就是选择整个工作表。在工作表右上角行号 1 与列标 A 的交叉处，就可以选择所有的单元格，如图 2-25 所示。

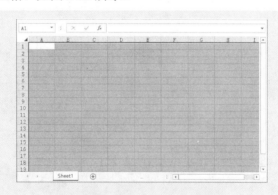

图 2-25　选择全部的单元格

我们还可以通过 Ctrl+A 组合键选择所有的单元格。

2.2 单元格的基本操作

Excel 允许用户在已有的单元格中插入单元格、行或者列，还可以为其调整高度和宽度。下面我们将学习单元格的基本操作方法。

2.2.1 插入单元格

在工作表中，我们可以在活动单元格一侧插入一个空白单元格，方便添加内容。在活动单元格一侧添加空白单元格的具体操作步骤如下。

步骤 01 打开随书附带光盘中的 CDROM\素材\第 3 章\费用统计表.xlsx 素材文件，如图 2-26 所示。

	2013年上半年常费用统计表				
	李先生	张女士	赵先生	李先生	孙先生
差旅费	￥800	￥800	￥100	￥300	￥150
交通费	￥500	￥900	￥200	￥2,000	￥100
三餐	￥800	￥800	￥200	￥900	￥100
服装	￥500	￥700	￥300	￥1,000	￥150
通讯费	￥600	￥800	￥300	￥900	￥150
其他	￥400	￥700	￥1,000	￥800	￥100
合计	￥3,600	￥4,700	￥2,100	￥5,900	￥750

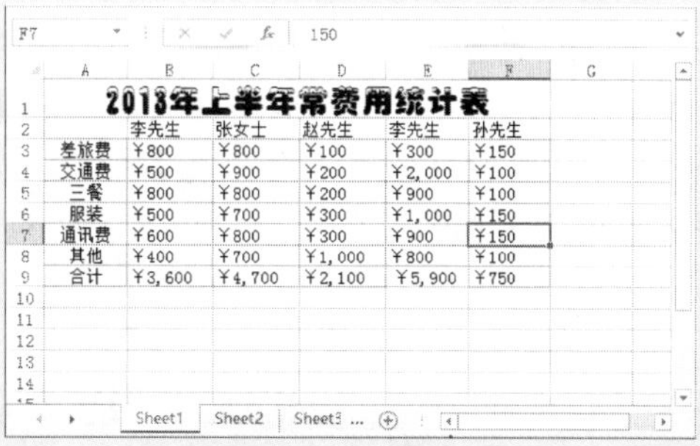

图 2-26 打开的素材文件

步骤 02 在打开的素材中选择 A5 单元格，切换至【开始】选项卡，在【单元格】组中单击【插入】按钮，在弹出的下拉菜单中选择【插入单元格】命令，如图 2-27 所示。

步骤 03 弹出【插入】对话框，然后选中【活动单元格右移】单选按钮，如图 2-28 所示。

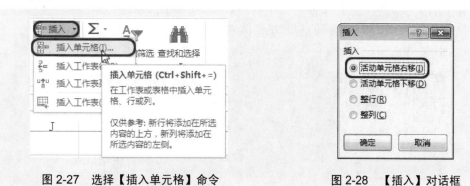

图 2-27 选择【插入单元格】命令

图 2-28 【插入】对话框

步骤 04 单击【确定】按钮，即可在 A5 单元格左侧插入一个空白单元格，如图 2-29 所示。

图 2-29 插入空白单元格

2.2.2 插入行和列

在现有的单元格中插入行或列，具体的操作步骤如下。

步骤 01 打开随书附带光盘中的 CDROM\素材\第 3 章\费用统计表.xlsx 素材文件。选择 A3 单元格，切换至【开始】选项卡，在【单元格】组中单击【插入】按钮，在弹出的下拉菜单中选择【插入工作表行】命令，如图 2-30 所示。

步骤 02 即可在选择的行的上方插入新的空白行，如图 2-31 所示。

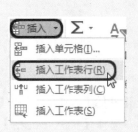

图 2-30 选择【插入工作表行】命令

图 2-31 插入的空白工作表行

使用同样的方法，在工作表中选择 F2 单元格，在【单元格】组中单击【插入】按钮，在弹出的下拉菜单中选择【插入工作表列】命令，如图 2-32 所示。

执行完该命令后即可在选择的列的左侧插入新的空白列，如图 2-33 所示。

图 2-32 选择【插入工作表列】命令

图 2-33 插入空白列

2.2.3 调整列宽

通过调整列宽，可以将单元格中没有显示完整的数据显示出来。下面将简单介绍一下调整列宽的操作方法。

步骤01 打开随书附带光盘中的 CDROM\素材\第 3 章\费用统计表.xlsx 素材文件，选择 E 列，单击鼠标右键，在弹出的快捷菜单中选择【列宽】命令，如图 2-34 所示。

步骤02 打开【列宽】对话框，在该对话框中将【列宽】设置为 15，如图 2-35 所示。

图 2-34 选择【列宽】命令

图 2-35 设置列宽

步骤03 设置完成后单击【确定】按钮，即可改变所选列的宽度，如图 2-36 所示。

图 2-36 改变列宽后的效果

提示：除了运用上述方法外，还可以使用下面的几种方法选择行或列：将鼠标移动到两列的列标之间（例：如果要调整 B 列的列宽，就将鼠标移动到 B 列和 C 列的列标之间），当鼠标变成 ✛ 形状后，按住鼠标左键并向左拖动则会使列变窄，如果向右拖动则会使列变宽。

2.2.4 调整行高

通常情况下，Excel 能根据设置的字体大小自动调整行的高度，用户也可以根据需要自己设置行高。

步骤 01 新建一个空白的 Excel，选择 7 行，单击鼠标右键，在弹出的快捷菜单中选项【行高】命令，如图 2-37 所示。

步骤 02 打开【行高】对话框，在该对话框中将【行高】设置为 20，如图 2-38 所示。

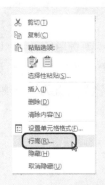

图 2-37　选择【行高】命令　　　　　图 2-38　【行高】对话框

步骤 03 设置完成后单击【确定】按钮，即可改变所选行的宽度，如图 2-39 所示。

图 2-39　改变行后的效果

2.2.5　合并单元格

在对工作表进行编辑时，可以将多个单元格合并为一个单元格。在工作表中选择 B4 单元格，按住 Shift 键的同时选择 G13 单元格，如图 2-40 所示。

切换至【开始】选项卡，在【对齐方式】组中单击【合并后居中】按钮，在弹出的下拉菜单中选择【合并单元格】命令，如图 2-41 所示。

图 2-40　选择的单元格区域　　　　　图 2-41　选择【合并单元格】命令

执行完该命令，所选择的单元格区域即可被合并为一个单元格，如图 2-42 所示。

我们还可以通过设置单元格来合并所选择的单元格，其具体的操作方法如下。

步骤01　选择 A3:F10 单元格区域，单击鼠标右键，在弹出的快捷菜单中选择【设置单元格格式】命令，如图 2-43 所示。

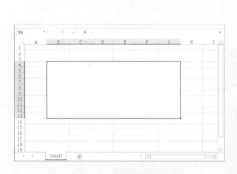

图 2-42　合并后的单元格　　　　　　　图 2-43　选择【设置单元格格式】命令

步骤02　打开【设置单元格格式】对话框，如图 2-44 所示。

步骤03　在该对话框中切换至【对齐】选项卡，在【文本控制】选项组中选中【合并单元格】复选框，如图 2-45 所示。

图 2-44　【设置单元格格式】对话框　　　　　图 2-45　选中【合并单元格】复选框

步骤04　设置完成后单击【确定】按钮，合并后的单元格如图 2-46 所示。

图 2-46　合并后的单元格

2.2.6 取消单元格合并

如果要取消单元格的合并，则先选择合并的单元格，然后在【对齐方式】组中单击【合并后居中】按钮 ，在弹出的下拉菜单中选择【取消单元格合并】命令，即可取消合并单元格，如图 2-47 所示。

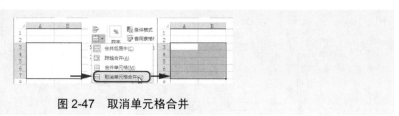

图 2-47 取消单元格合并

2.2.7 清除单元格内容

清除单元格包括清除单元格中的格式、内容、批注和超链接等。清除单元格的具体操作步骤如下。

步骤 01 打开随书附带光盘中的 CDROM\素材\第 3 章\销售部员工考勤表.xlsx 素材文件，如图 2-48 所示。

步骤 02 在工作表中选择 F8 单元格，如图 2-49 所示。

图 2-48 打开的素材文件

图 2-49 选择单元格

步骤 03 切换到【开始】选项卡，在【编辑】组中单击【清除】按钮 ，在弹出的下拉菜单中选择【清除内容】命令，如图 2-50 所示。

步骤 04 执行完该命令后，即可清除单元格中的内容，如图 2-51 所示。

图 2-50 选择【清除内容】命令

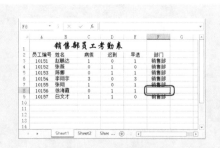

图 2-51 清除后的效果

2.2.8 单元格、行和列的删除

在工作表中我们可以将不需要的单元格或者单元格中的内容进行删除。

1. 删除单元格

在工作表中可以将不需要的单元格进行删除。删除单元格的操作步骤如下。

步骤 01 打开随书附带光盘中的 CDROM\素材\第 3 章\销售部员工考勤表.xlsx 素材文件，选择 A3 单元格，如图 2-52 所示。

图 2-52 选择单元格

步骤 02 切换至【开始】选项卡，在【单元格】组中单击【删除】按钮，在弹出的下拉菜单中选择【删除单元格】命令，如图 2-53 所示。

步骤 03 打开【删除】对话框，在该对话框中选中【右侧单元格左移】单选按钮，如图 2-54 所示。

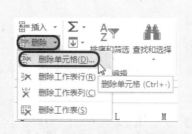

图 2-53 选择【删除单元格】命令

图 2-54 【删除】对话框

在【删除】对话框中，各个选项的说明如下。

- 【右侧单元格左移】单选按钮：选中该单选按钮，选定的单元格或区域右侧已存在的数据将补充到该位置。
- 【下方单元格上移】单选按钮：选中该单选按钮，选定的单元格或区域下方已存在的数据将补充到该位置。
- 【整行】单选按钮：选中该单选按钮，选定的单元格或区域所在的行被删除。
- 【整列】单选按钮：选中该单选按钮，选定的单元格或区域所在的列被删除。

步骤04 单击【确定】按钮，即可将选择的单元格删除，如图 2-55 所示。

图 2-55 删除单元格后的效果

2. 删除行和列

下面来介绍删除行和列的方法。具体的操作步骤如下。

步骤01 打开随书附带光盘中的 CDROM\素材\第 3 章\销售部员工考勤表.xlsx 素材文件，选择 5 行单元格，如图 2-56 所示。

图 2-56 选择行

步骤02 切换至【开始】选项卡，在【单元格】组中单击【删除】按钮 删除，在弹出的下拉菜单中选择【删除工作表行】命令，如图 2-57 所示。

步骤03 执行完该命令后即可将选择的工作表行删除，如图 2-58 所示。

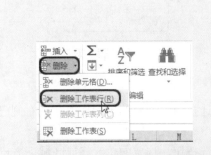

图 2-57 选择【删除工作表行】命令　　　图 2-58 删除工作表行后的效果

使用同样的方法，选择需要删除的工作表列，单击【删除】按钮 删除，在弹出的下拉菜单中选择【删除工作表列】命令，如图 2-59 所示。

执行完该命令后即可将选择的工作表列删除，如图 2-60 所示。

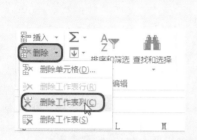

图 2-59 选择【删除工作表列】命令

图 2-60 删除工作表列

2.2.9 隐藏和显示行、列

当我们输入的数据太多的时候，可以将暂时不需要的数据进行隐藏，方便我们查看其他的数据。

1. 隐藏行和列

在 Excel 中提供有将行和列隐藏的功能。隐藏行和列的具体操作步骤如下。

步骤01 打开随书附带光盘中的 CDROM\素材\第 3 章\销售部员工考勤表.xlsx 素材文件，选择第 5 工作表行，如图 2-61 所示。

步骤02 切换到【开始】选项卡，在【单元格】组中单击【格式】按钮，在弹出的下拉菜单中选择【隐藏和取消隐藏】|【隐藏行】命令，如图 2-62 所示。

图 2-61 选择工作表行

图 2-62 选择【隐藏行】命令

步骤03 隐藏行后的效果如图 2-63 所示。

我们还可以使用同样的方法，选择需要隐藏的工作表列，然后在【单元格】组中单击【格式】按钮，在弹出的下拉菜单中选择【隐藏和取消隐藏】|【隐藏列】命令，如图 2-64 所示。

图 2-63　隐藏行后的效果　　　　　图 2-64　选择【隐藏列】命令

执行完该命令即可将选择的工作表列隐藏显示。

2. 显示隐藏的行和列

上面已经简单地介绍了行和列的隐藏操作，那么，如果我们需要查看被隐藏的信息，就需要将隐藏的内容显示出来。继续上面实例的操作，我们隐藏了行和列，首先，将全部的单元格选择。在【格式】组中单击【格式】按钮，在弹出的下拉菜单中选择【取消隐藏行】命令，如图 2-65 所示。

图 2-65　选择【取消隐藏行】命令

执行完该命令后，被隐藏的行就会被显示出来。同样，如果想要显示被隐藏的列，在弹出的下拉菜单中选择【取消隐藏列】命令即可。

2.3　复制和移动单元格或单元格区域中的数据

移动单元格数据是指将某些单元格或单元格区域中的数据移动到其他单元格中，复制数据是指将某个单元格或单元格区域中的数据复制到指定的位置，原位置的数据仍然存在。如果原先单元格中含有计算公式，移动或复制到新位置时，公式会因单元格或单元格区域引用的变化，生成新的计算结果。

使用鼠标可以快速地复制和移动单元格区域，其具体操作步骤如下。

1. 使用鼠标复制单元格区域

步骤 01 打开随书附带光盘中的 CDROM\素材\第 3 章\销售部员工考勤表.xlsx 素材文件，选择第 6 工作表行，如图 2-66 所示。

步骤 02 将鼠标放置在选择的工作表行的边框上，当光标处于十字架的状态下，按 Ctrl 键的同时向下拖曳，如图 2-67 所示。

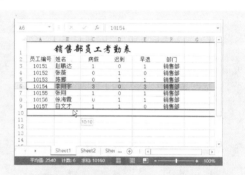

图 2-66　选择工作表行　　　　　　图 2-67　拖曳选择的工作表行

步骤 03 到合适的位置后释放鼠标，即可复制所选择的工作表行信息，如图 2-68 所示。

图 2-68　复制后的效果

2. 使用鼠标移动单元格区域

使用鼠标移动单元格区域的操作方法很简单，其操作步骤如下。

步骤 01 继续使用上面所讲的素材文件，选择 C 工作表列，如图 2-69 所示。

步骤 02 将鼠标放置在选择的工作表列的边框上，当光标处于十字架状态的情况下，将其拖曳至右侧的空白列中，如图 2-70 所示。

步骤 03 至合适的位置后释放鼠标，就可以将选择的工作表列移动，如图 2-71 所示。

图 2-69　选择工作表列

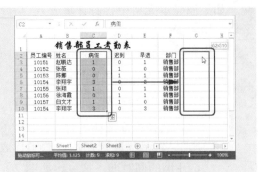

图 2-70　移动选择的工作表列

图 2-71　移动后的效果

3. 使用快捷键复制单元格区域

步骤 01　打开随书附带光盘中的 CDROM\素材\第 3 章\销售部员工考勤表.xlsx 素材文件，选择 B 工作表列，如图 2-72 所示。

图 2-72　选择工作表列

步骤 02　按 Ctrl+C 组合键，所选择的区域边框便会出现断开的绿色的线，如图 2-73 所示。

步骤 03　选择 G 工作表列，按 Ctrl+V 组合键，将选择的区域内容粘贴到 G 工作表列中，如图 2-74 所示。

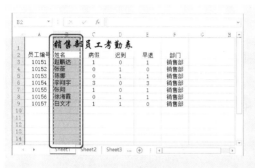
图 2-73　选择后的列

图 2-74　粘贴所复制的内容

4. 使用快捷键移动单元格区域

使用快捷键移动单元格区域的操作步骤如下。

步骤01　打开随书附带光盘中的 CDROM\素材\第 3 章\销售部员工考勤表.xlsx 素材文件，选择第 5 工作表行，如图 2-75 所示。

步骤02　按 Ctrl+X 组合键，所选择的区域边框便会出现断开的绿色的线，如图 2-76 所示。

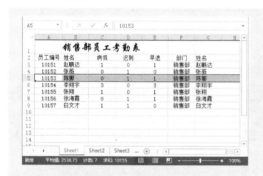
图 2-75　选择工作表行

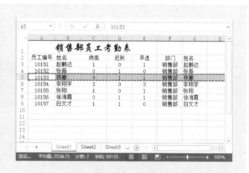
图 2-76　选择后的行

步骤03　选择第 10 工作表行，按 Ctrl+V 组合键，将选择的区域内容粘贴到第 10 工作表行中，如图 2-78 所示。

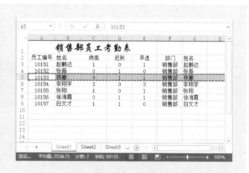
图 2-77　粘贴所复制的内容

5. 使用快捷菜单复制单元格区域

在 Excel 中也可以使用快捷菜单命令来复制单元格区域。在打开的 Excel 表格中，选择需要复制的区域内容，单击鼠标右键，在弹出的快捷菜单中选择【复制】命令，如图 2-78 所示。

我们还可以在【开始】选项卡中，单击【剪贴板】组中的【复制】按钮，在弹出的下拉菜单中选择【复制】命令，如图 2-79 所示。

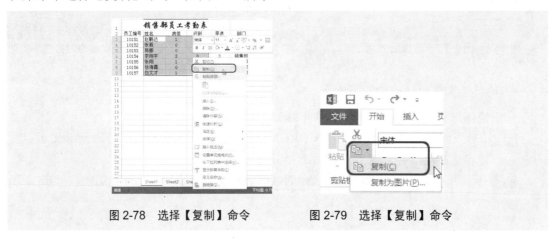

图 2-78　选择【复制】命令　　　　　图 2-79　选择【复制】命令

6. 使用快捷菜单移动单元格区域

使用快捷菜单移动单元格区域的操作方法和复制单元格区域的操作方法基本相同。选择需要移动的单元格区域，单击鼠标右键，在弹出的快捷菜单中选择【剪切】命令，如图 2-80 所示。

然后选择想要移动到的单元格，单击鼠标右键，在弹出的对话框中选择【粘贴选项】区域下的【粘贴】命令，如图 2-81 所示。

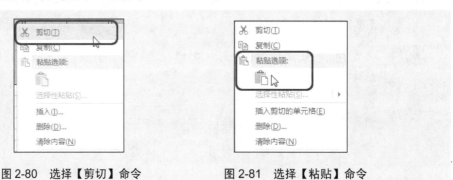

图 2-80　选择【剪切】命令　　　　　图 2-81　选择【粘贴】命令

我们还可以通过选择该快捷菜单中的【插入剪切的单元格】命令，如图 2-82 所示。

此时会弹出一个【插入粘贴】对话框，如图 2-83 所示，在该对话框中选中【活动单元格下移】单选按钮。

设置完成后单击【确定】按钮，即可将剪切的单元格区域移动，如图 2-84 所示。

图 2-82　选择【插入剪切的单元格】命令　　　图 2-83　【插入粘贴】对话框

图 2-84　移动后的效果

2.4　修改单元格内容

如果单元格中输入的内容有错误或者输入的信息不完整的话，那么，我们需要对其进行修改。

2.4.1　修改单元格内容

如果要修改单元格中的内容，可以使用编辑栏或直接在单元格中进行修改。下面我们将简单地介绍使用编辑栏修改内容的操作方法。

步骤01　打开随书附带光盘中的 CDROM\素材\第 3 章\销售部员工考勤表.xlsx 素材文件，单击想要修改内容的单元格，此时编辑栏中显示该单元格的内容，如图 2-85 所示。

步骤02　单击编辑栏，此时编辑栏中出现光标，将光标移动至想要修改的地方，按 BackSpace 键将其删除，然后输入新的内容，如图 2-86 所示。

图 2-85　选择需要修改内容的单元格

图 2-86　修改后的内容

我们还可以直接在单元格中进行修改，在需要修改的单元格上双击，此时单元格就会处于编辑状态，可以在里面直接修改内容，修改完成后按回车键确认即可。

2.4.2 清除单元内容

如果想要清除某个单元格中的内容，只要单击想要清除内容的单元格，然后按 Delete 键即可将其删除，同样，选择某个单元格区域，按 Delete 键可以清除该单元格区域中的所有内容。另外，在选择的想要清除内容的单元格或单元格区域上右击，在弹出的快捷菜单中选择【清除内容】命令，如图 2-87 所示。

图 2-87 选择【清除内容】命令

2.4.3 以新数据覆盖旧数据

如果希望某个单元格中的内容由新数据替代，单击要由新数据替代的单元格，然后直接输入新数据即可。

2.5 在工作簿中添加批注

为了能够让其他用户更加方便、快速地了解自己建立的工作表的内容，我们可以使用该软件提供的添加批注功能。

2.5.1 在单元格中添加批注

如果要在单元格中添加批注，具体操作步骤如下。

步骤01 打开随书附带光盘中的 CDROM\素材\第 3 章\某酒店采购计划表.xlsx 文件素材文件，如图 2-88 所示。

步骤02 在打开的工作簿中选择 G1 单元格，如图 2-89 所示。

步骤03 切换至【审阅】选项卡，在该选项卡中单击【批注】组中的【新建批注】按钮，如图 2-90 所示。

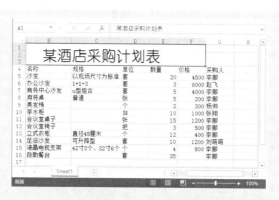

图 2-88　打开的素材文件

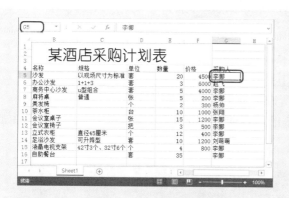

图 2-89　选择单元格

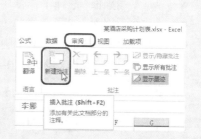

图 2-90　单击【新建批注】按钮

步骤 04　打开批注文本框，如图 2-91 所示。

步骤 05　将光标置于批注文本框中，输入相应的文本信息，如图 2-92 所示。

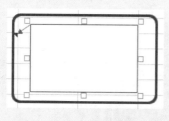

图 2-91　打开批注文本框

图 2-92　输入相应的文本信息

步骤 06　当我们再次将鼠标移动至该单元格单击时，就会显示我们所添加的批注内容。

2.5.2　查看工作簿中的批注

在工作簿中添加了批注后，可以随时查看批注内容。当想要查看某一单元格的批注时，只要将鼠标移到包含批注的单元格上，就会显示该单元格的批注。

如果想按顺序查看工作簿上的批注，可以使用菜单命令来完成。其具体的操作步骤如下。

继续使用上述所使用的案例，切换至【审阅】选项卡，在【批注】组中单击【显示所有批注】按钮，可以查看工作簿中所有的批注，如图 2-93 所示。

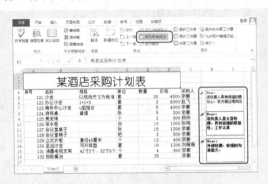

图 2-93   单击【显示所有批注】按钮

该选项组中的各项说明如下。

- 下一条 按钮：选择工作簿中的下一条批注。
- 上一条 按钮：选择工作簿中的上一条批注。
- 显示/隐藏批注 按钮：显示或隐藏所选择单元格的批注。
- 显示所有批注 按钮：显示工作簿中的所有批注。再次单击该按钮则隐藏工作簿中的所有批注。

2.5.3   编辑批注

当用户为单元格添加批注信息后，如果对当前编辑的批注内容不满意时，还可以对批注内容进行修改，其具体的操作步骤如下。

步骤01   继续使用上述所使用的案例，选择 G5 单元格，如图 2-94 所示。

步骤02   切换至【审阅】选项卡，在【批注】组中单击【编辑批注】按钮，便可激活批注文本框，对批注进行修改，修改完成后的效果如图 2-95 所示。

图 2-94   选择单元格   图 2-95   修改后的效果

我们还可以随时移动批注框或改变其大小，其操作方法是：首先将批注文本框处于编辑状态，然后拖动批注文本框的边框或调整批注文本框边角以及死角上的尺寸调整柄。

2.5.4　设置批注格式

添加批注后，为使其显示更清楚、美观，用户可以设置批注格式。其操作方法如下。

步骤 01　继续使用上述实例的案例，选择 G5 单元格，单击【批注】组中的【编辑标注】按钮，此时批注处于编辑状态，如图 2-96 所示。

步骤 02　在所选择的内容上单击鼠标右键，在弹出的快捷菜单中选择【设置批注格式】命令，如图 2-97 所示。

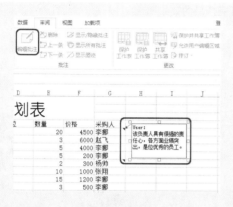

图 2-96　单击【编辑标注】按钮

图 2-97　选择【设置批注格式】命令

步骤 03　弹出【设置批注格式】对话框，如图 2-98 所示。

步骤 04　在该对话框中将【字体】设置为【创艺简黑体】，将【字号】设置为 11，将【颜色】设置为绿色，如图 2-99 所示。

图 2-98　【设置批注格式】对话框

图 2-99　设置文字样式

步骤 05　设置完成后单击【确定】按钮，查看修改后的效果，如图 2-100 所示。

图 2-100　设置完成后的效果

2.5.5　删除单元格批注

当不再需要工作簿中的批注信息时，可以将其删除。其操作方法如下。

步骤01　选择需要删除批注的单元格，切换至【审阅】选项卡，在【批注】组中单击【删除】按钮，如图 2-101 所示。

步骤02　如果该单元格右上角的红色三角不见了，表明我们已经将该单元格的批注删除，如图 2-102 所示。

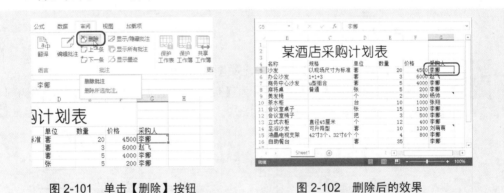

图 2-101　单击【删除】按钮　　　　　　图 2-102　删除后的效果

2.6　上　机　练　习

下面我们根据本章内容制作一个简单的案例，来巩固一下本章基础知识。

2.6.1　话费调查报告

下面我们通过本章知识，制作一个话费调查的报告，效果如图 2-103 所示。

步骤01　打开 Excel 2013 软件，在弹出的界面中选择【空白工作簿】选项，如图 2-104 所示。

步骤02　选择该选项后即可创建一个空白工作簿，如图 2-105 所示。

图 2-103　效果图

图 2-104　选择【空白工作簿】选项

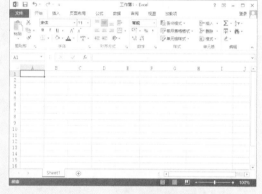

图 2-105　创建的空白工作簿

步骤03　在创建的空白工作簿中选择 A1:K3 单元格区域，如图 2-106 所示。

步骤04　在【开始】选项卡中，单击【对齐方式】组中的【合并后居中】右侧的下拉三角按钮，在弹出的快捷菜单中选择【合并后居中】命令，如图 2-107 所示。

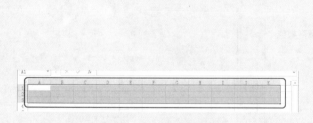

图 2-106　选择单元格区域

图 2-107　选择【合并后居中】命令

步骤05　合并后的效果如图 2-108 所示。

步骤06　确认光标处于合并后的单元格中的情况下，输入内容，如图 2-109 所示。

步骤07　选择输入的文字内容，在【开始】选项卡中，在【字体】组中将【字体】设置为【方正准圆简体】，将【字号】设置为 26，如图 2-110 所示。

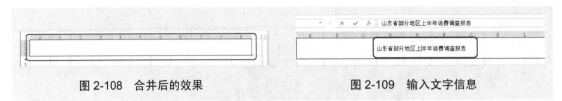

图 2-108　合并后的效果　　　　　　　图 2-109　输入文字信息

步骤 08　选择 A4 单元格，在该单元格中输入"编号"文本信息，如图 2-111 所示。

图 2-110　设置字体属性　　　　　　　图 2-111　输入文本信息

步骤 09　在 A5:A26 单元格区域中输入相应的编号信息，完成后的效果如图 2-112 所示。

图 2-112　输入编号信息

步骤 10　选择 K 工作列，如图 2-113 所示。

步骤 11　单击鼠标右键，在弹出的快捷菜单中选择【列宽】命令，如图 2-114 所示。

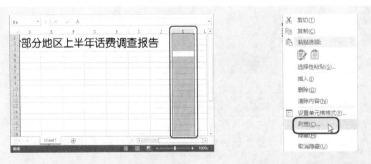

图 2-113　选择行　　　　　　　图 2-114　选择【列宽】命令

步骤 12　打开【列宽】对话框，在该对话框中将【列宽】设置为 10.75，如图 2-115 所示。

步骤 13 设置完成后单击【确定】按钮，即可改变列的宽度，然后我们在 B4:K4 单元格区域中输入相应的信息内容，完成后的效果如图 2-116 所示。

图 2-115 【列宽】对话框

图 2-116 输入信息

步骤 14 使用同样的方法在 B5:J26 单元格区域中输入相应的信息，如图 2-117 所示。

步骤 15 选择 K5 单元格，然后按住鼠标不放，向左拖曳，依次选择 J5、I5、H5、G5、F5、E5 单元格，如图 2-118 所示。

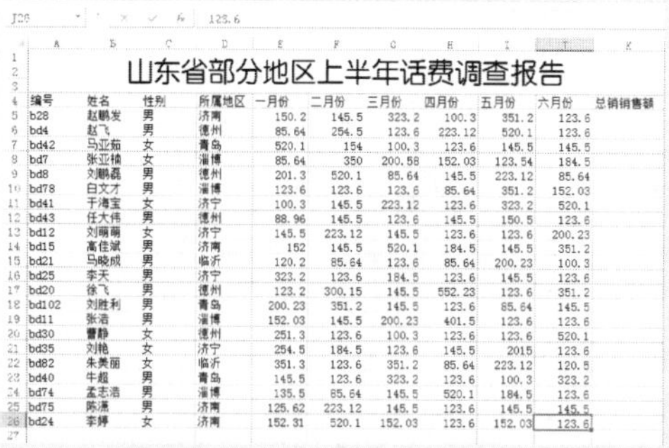

图 2-117 输入信息后的效果

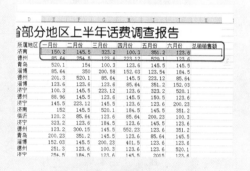

图 2-118 选择单元格区域

步骤 16 在标题栏中单击【插入函数】按钮，如图 2-119 所示。

步骤 17 打开【插入函数】对话框，在该对话框的【选择函数】列表框中选择 SUM 选项，如图 2-120 所示。

图 2-119 单击【插入函数】按钮

图 2-120 【插入函数】对话框

步骤18 设置完成后单击【确定】按钮，弹出【函数参数】对话框，确认该对话框中 Number1 文本框中的信息为 E5:J5 时，单击【确定】按钮，如图 2-121 所示。

步骤19 设置完成后单击【确定】按钮，即可计算结果，如图 2-122 所示。

图 2-121 【函数参数】对话框

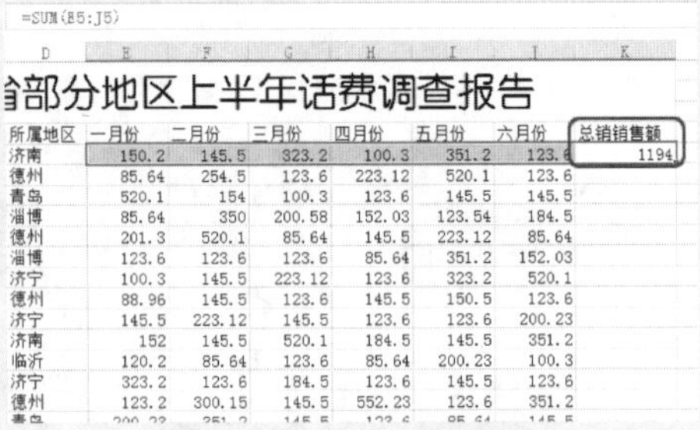

图 2-122 计算结果

步骤20 单独选择 K5 单元格，将光标处于该单元格右下角处，当光标处于黑色十字架时，向下拖曳，如图 2-123 所示。

步骤21 至合适位置后释放鼠标，此时系统会自动计算出各行的结果，效果如图 2-124 所示。

图 2-123 拖曳区域

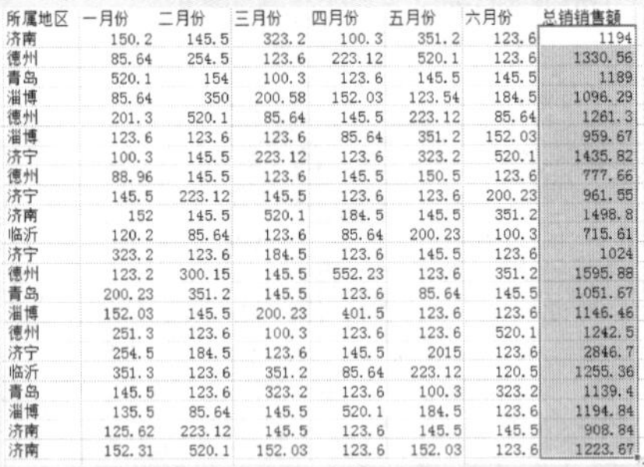

图 2-124 完成后的效果

步骤22 选择 E27，然后使用同样的方法依次选择 E26:E5 单元格区域，如图 2-125 所示。

步骤23 使用同样的方法计算，然后并向右拖曳，计算其他列的结果，效果如图 2-126 所示。

图 2-125 选择单元格区域

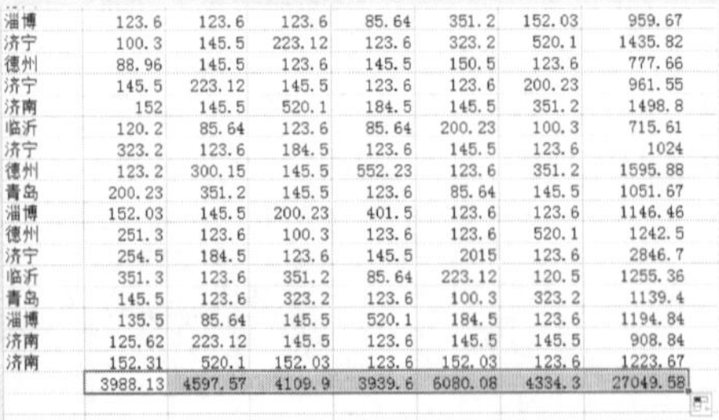

图 2-126 计算结果

步骤 24 选择 D27 单元格，在该单元格中输入"总计"内容，然后选择 A4:K27 单元格区域，如图 2-127 所示。

步骤 25 单击鼠标右键，在弹出的快捷菜单中选择【设置单元格格式】命令，如图 2-128 所示。

图 2-127 选择单元格区域

图 2-128 选择【设置单元格格式】命令

步骤 26 打开【设置单元格格式】对话框，如图 2-129 所示。

步骤 27 切换至【边框】选项卡，在【预置】选项组中选择【内部】选项，在【样式】列表框中选择一种边框样式，如图 2-130 所示。

图 2-129 【设置单元格格式】对话框

图 2-130 设置【边框】样式

步骤 28 设置完成后切换至【填充】选项卡，在该选项卡中将【背景色】设置为浅绿色，如图 2-131 所示。

步骤 29 设置完成后单击【确定】按钮，完成后的效果如图 2-132 所示。

图 2-131 设置背景颜色

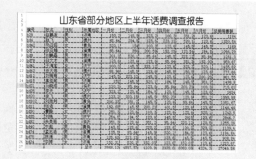

图 2-132 完成后的效果

步骤 30　继续选择 A4:K27 单元格区域，切换至【开始】选项卡，在【对齐方式】组中单击【居中】按钮，如图 2-133 所示。

步骤 31　选择 A1 单元格，在【字体】组中单击【填充颜色】按钮，在弹出的下拉菜单中选择【绿色，着色 6，淡色 40%】，如图 2-134 所示。

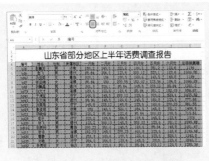

图 2-133　设置居中方式

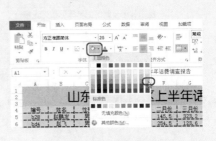

图 2-134　设置颜色

步骤 32　切换至【文件】选项卡，在打开的下拉菜单中选择【另存为】命令，如图 2-135 所示。

步骤 33　单击【浏览】按钮，在弹出的对话框中为其指定一个正确的存储路径并命名，如图 2-136 所示。

图 2-135　选择【另存为】命令

图 2-136　【另存为】对话框

步骤 34　设置完成后单击【保存】按钮即可。

2.6.2　教师年度考核

下面我们将通过设置行和列的宽度和高度，进行合并单元格来制作一个教师年度考核的表，其效果如图 2-137 所示。

步骤 01　打开 Excel 2013 软件，在打开的界面中选择【空白工作簿】选项，如图 2-138 所示。

步骤 02　创建一个空白的工作簿，选择工作行 1，如图 2-139 所示。

步骤 03　单击鼠标右键，在弹出的快捷菜单中选择【行高】命令，如图 2-140 所示。

步骤 04　弹出【行高】对话框，在【行高】文本框中输入"35"，如图 2-141 所示。

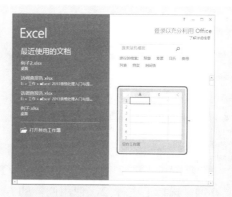

图 2-137　效果图　　　　　　　　　　图 2-138　选择【空白工作簿】选项

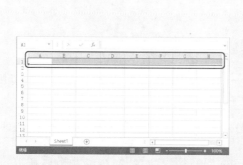

图 2-139　选择工作行

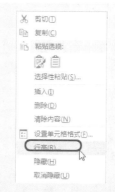

图 2-140　选择【行高】命令

步骤 05　设置完成后单击【确定】按钮，即可改变所选工作行的行高，如图 2-142 所示。

步骤 06　选择 "D1" 单元格，按住鼠标向右拖曳，至 M1 单元格后释放鼠标，选择 D1:M1 单元格区域，如图 2-143 所示。

图 2-141　【行高】对话框　　　图 2-142　设置行高后的效果　　　图 2-143　选择单元格区域

步骤 07　在【开始】选项卡中，单击【对齐方式】组中的【合并后居中】右侧的下拉三角按钮，在弹出的下拉菜单中选择【合并后居中】命令，如图 2-144 所示。

步骤 08　执行完该命令后即可将选择的单元格合并。双击合并后的单元格，确认光标处于闪动的状态下，输入相应的文字信息，如图 2-145 所示。

图 2-144　选择【合并后居中】命令

图 2-145　输入文本信息

步骤09　选择输入的文本信息，在【开始】选项卡中，将【字体】组中的【字体】设置为【方正准圆简体】，将【字号】设置为 26，如图 2-146 所示。

步骤10　选择工作行 2，使用同样的方法打开【行高】对话框，在该对话框中将【行高】设置为 25，如图 2-147 所示。

步骤11　设置完成后单击【确定】按钮，分别在 D2、F2 单元格中输入相应的文本信息，如图 2-148 所示。

图 2-146　设置字体样式

图 2-147　设置行高

图 2-148　输入相应的文本信息

步骤12　选择 H2 单元格，按住鼠标向右拖曳，至 M2 单元格后释放鼠标，选择 H2:M2 单元格区域，如图 2-149 所示。

步骤13　在【开始】选项卡中，单击【对齐方式】组中的【合并后居中】右侧的下拉三角按钮，在弹出的下拉菜单中选择【合并后居中】命令，即可将选择的单元格合并，合并后的效果如图 2-150 所示。

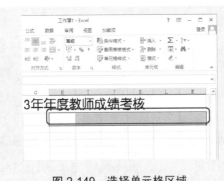

图 2-149　选择单元格区域

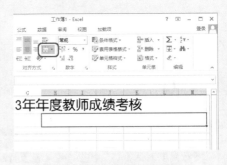

图 2-150　合并后的效果

步骤14　在该单元格中输入文本信息，然后选择 D2:H2 单元格区域，在【字体】组中将【字号】设置为 14，如图 2-151 所示。

步骤15　依次选择 J、K、L、M 工作列，如图 2-152 所示。

图 2-151　设置字号

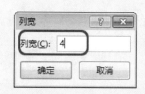

图 2-152　选择工作列

步骤 16　单击鼠标右键，在弹出的快捷菜单中选择【列宽】命令，如图 2-153 所示。

步骤 17　弹出【列宽】对话框，在该对话框中将【列宽】设置为 4，如图 2-154 所示。

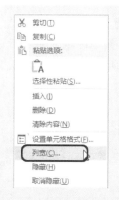

图 2-153　选择【列宽】命令　　　　　　图 2-154　【列宽】对话框

步骤 18　设置完成后单击【确定】按钮。改变列宽后的效果如图 2-155 所示。

步骤 19　选择工作行 3，然后按住 Alt 键的同时选择工作行 6～16，如图 2-156 所示。

图 2-155　设置列宽后的效果

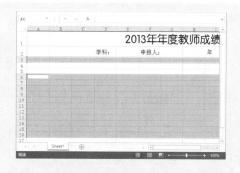

图 2-156　选择工作行

步骤 20　单击鼠标右键，在弹出的快捷菜单中选择【行高】命令，如图 2-157 所示。

步骤 21　在弹出的【行高】对话框中将【行高】设置为 35，设置完成后单击【确定】按钮。设置行高后的效果如图 2-158 所示。

图 2-157　选择【行高】命令

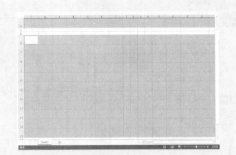

图 2-158　设置行高后的效果

步骤22　使用同样的方法选择工作行 4、5，以及工作行 17，并将其行高设置为 20。

步骤23　设置完成后选择 D3:M3 单元格区域，并将其合并，效果如图 2-159 所示。

步骤24　在该单元格中输入文本信息，并在【字体】组中将【字体】设置为【方正准圆简体】，将【字号】设置为 18，如图 2-160 所示。

图 2-159　合并单元格

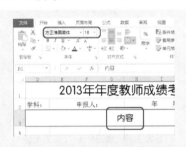

图 2-160　设置文本样式

步骤25　选择 D4:D5 单元格，将其合并，使用同样的方法，合并 E4:I5 单元格区域，合并 J4:M4 单元格区域，完成后的效果如图 2-161 所示。

步骤26　在合并后的单元格中输入相应的文本信息，并设置文本的样式，完成后的效果如图 2-162 所示。

图 2-161　合并后的效果

图 2-162　输入文本信息

步骤27　在工作列 D 中，为其设置编号。然后选择 E6:I6 单元格区域，将其合并单元格，如图 2-163 所示。

步骤28　合并完成后使用同样的方法，合并其他的单元格区域，完成后的效果如

图 2-164 所示。

图 2-163　合并单元格　　　　　　　　图 2-164　合并后的效果

步骤29　在合并后的单元格中输入相应的文本信息，输入完成后的效果如图 2-165 所示。

步骤30　选择全部的文本单元格，在【开始】选项卡中单击【对齐方式】组中的【左对齐】按钮，如图 2-166 所示。

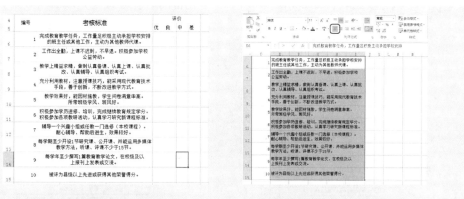

图 2-165　输入完成后的效果　　　　　　图 2-166　设置文本对齐方式

步骤31　设置完成后选择 D3:M15 单元格区域，单击鼠标右键，在弹出的快捷菜单中选择【设计单元格格式】命令，如图 2-167 所示。

步骤32　执行完该命令后，打开【设计单元格格式】对话框，如图 2-168 所示。

图 2-167　选择【设计单元格格式】命令　　图 2-168　【设计单元格格式】对话框

步骤 33 切换至【边框】选项卡，在【样式】列表框中寻找一种线条，然后单击【内边框】按钮 ⊞，如图 2-169 所示。

步骤 34 设置完成后单击【确定】按钮。更改后的效果如图 2-170 所示。

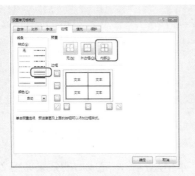

图 2-169 设置边框格式　　　　图 2-170 更改边框后的效果

步骤 35 设置 D2、F2、D6:D15、J5:M5 单元格的对齐方式，完成后的效果如图 2-171 所示。

步骤 36 选择 D16:H16 单元格区域，将其合并，并输入相应的文本信息，并设置其对齐方式，如图 2-172 所示。

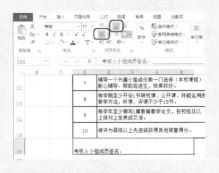

图 2-171 设置对齐方式后的效果　　　　图 2-172 设置文本的对齐方式

步骤 37 使用同样的方法合并 I17:M17 单元格区域，并输入相应的文本信息。

步骤 38 选择 D1:I17 单元格区域，单击鼠标右键，在弹出的快捷菜单中选择【设计单元格格式】命令，如图 2-173 所示。

步骤 39 在弹出的【设计单元格格式】对话框中切换到【填充】选项卡，在该选项卡中将背景颜色设置为浅黄色，如图 2-174 所示。

步骤 40 设置完成后单击【确定】按钮，即可为其填充颜色，效果如图 2-175 所示。

步骤 41 切换至【文件】选项卡，在打开的下拉菜单中选择【另存为】命令，如图 2-176 所示。

步骤 42 单击【浏览】按钮，在弹出的对话框中为其指定一个正确的存储路径并命名，如图 2-177 所示。

图 2-173　选择【设计单元格格式】命令

图 2-174　【设计单元格格式】对话框

图 2-175　完成后的效果

图 2-176　选择【另存为】命令

图 2-177　【另存为】对话框

步骤43　设置完成后单击【保存】按钮即可。

第 **3** 章

数据表格的查看与打印

在工作与生活中，经常需要查看数据表格，只有掌握了数据表格的各种查看方式，才可以快速地找到自己想要的信息。对数据表格页面进行相应的设置，然后通过打印可以将报表打印在纸上，便于阅读。

本章重点：

- ↳ 视图查看方式
- ↳ 其他方式查看
- ↳ 页面设置
- ↳ 设置页眉和页脚
- ↳ 打印工作表

3.1 使用视图方式查看数据表格

用户可以在【视图】选项卡中，选择不同的视图查看方式查看数据表格，如【普通视图】、【分页预览视图】和【页面布局视图】等。用户也可以通过【自定义视图】按钮来设置和定义自己所需要应用的视图。

3.1.1 普通视图

当用户打开 Excel 数据表格时，系统默认情况下是以【普通视图】的方式显示数据表格的，如图 3-1 所示。

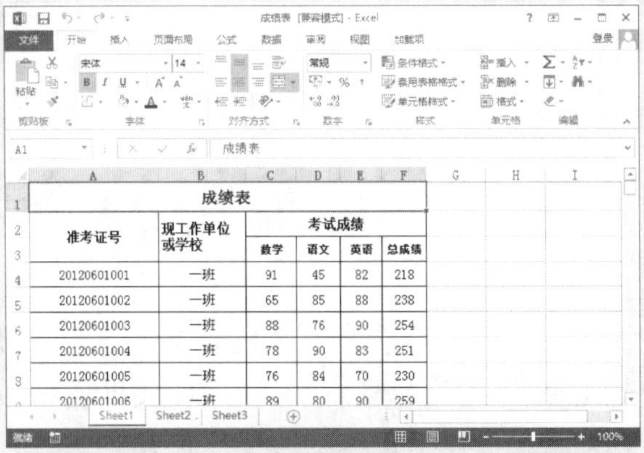

图 3-1 在【普通视图】方式下查看数据表格

在【普通视图】中查看数据表格，是用户经常使用的查看方式。在此视图中，用户可以对数据表格进行输入和编辑操作。

3.1.2 分页预览视图

当需要打印多页数据表格时，在【普通视图】中不方便用户对打印的数据表格进行查看。Excel 2013 为用户提供了【分页预览视图】。

下面来介绍使用【分页预览视图】方式查看数据表格的方法，具体的操作步骤如下。

步骤01 打开数据表格，切换至【视图】选项卡，在【工作簿视图】组中单击【分页预览】按钮，如图 3-2 所示。

步骤02 系统将【普通视图】切换为【分页预览视图】方式，效果如图 3-3 所示。

步骤03 将鼠标移至蓝色的粗线上，当鼠标变成←→或↕形状时单击并拖动鼠标，可以调整每页的显示范围，调整后的效果如图 3-4 所示。

当需要预览多张数据表格时，用户可以通过插入分页符，增加预览的页数。添加分页符的操作步骤如下。

步骤01 在【分页预览视图】中查看数据表格，调整显示位置，如图 3-5 所示。

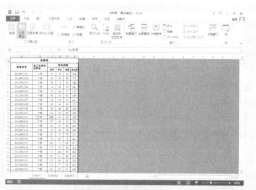

图 3-2 单击【分页预览】按钮　　图 3-3 在【分页预览视图】方式下查看数据表格

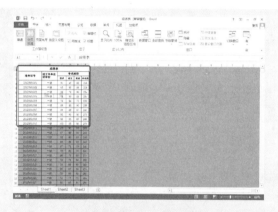

图 3-4 调整后的效果

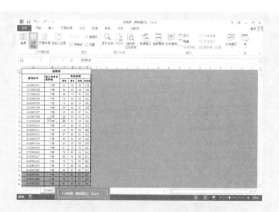

图 3-5 调整显示位置

步骤02 选中需要插入分页符的数据行，如图 3-6 所示。

步骤03 切换至【页面布局】选项卡，在【页面设置】组中单击【分隔符】按钮。在弹出的下拉菜单中选择【插入分页符】命令，如图 3-7 所示。

图 3-6　选中需要插入分页符的数据行

图 3-7　选择【插入分页符】命令

步骤 04 在【分页预览视图】中，就添加了分页符。页面被分成了 2 页，如图 5-8 所示。

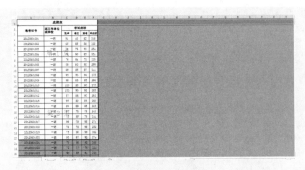

图 3-8　完成分页符的添加

3.1.3　页面布局视图

在【页面布局视图】中，用户可以查看打印文档的外观。在此视图中，用户可以检查工作表的起始位置和结束位置，并且可以方便地查看页面上的页眉和页脚。

下面介绍在【页面布局视图】中查看工作表的方法，具体操作步骤如下。

步骤 01 打开要查看的工作表，切换至【视图】选项卡，在【工作簿视图】组中单击【页面布局】按钮，如图 3-9 所示。

步骤 02 系统将【普通视图】切换为【页面布局视图】方式，效果如图 3-10 所示。

图 3-9　单击【页面布局】按钮

图 3-10　在【页面布局视图】方式下查看数据表格

在【页面布局视图】中，用户可以编辑页面的页眉和页脚。下面介绍在【页面布局视图】中编辑页眉和页脚的操作步骤。

步骤 01　在【页面布局视图】中查看工作表，单击表格顶部的【单击可添加页眉】字样，如图 3-11 所示。

步骤 02　在页眉处添加页眉文字"学生成绩表"，如图 3-12 所示。

图 3-11　单击【单击可添加页眉】字样

图 3-12　添加页眉

步骤 03　在页面的底部，单击【单击可添加页脚】字样，如图 3-13 所示。

图 3-13　单击【单击可添加页脚】字样

步骤 04　在页脚处添加页脚文字"第 1 页"，完成页脚的添加，如图 3-14 所示。

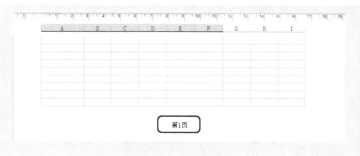

图 3-14　添加页脚

3.1.4　自定义视图

为了方便用户快速地在所需的应用视图中查看数据表格，Excel 2013 为用户提供了自定义视图功能。在此视图中，用户需要自己将当前的显示和打印设置并保存为自定义的视图。

下面将为大家介绍设置自定义视图的操作方法。

步骤01 继续对前一个例子进行操作。在【页面布局视图】中查看工作表，取消选中【显示】组中的【标尺】和【标题】复选框，如图 3-15 所示。

图 3-15 取消选中【标尺】和【标题】复选框

步骤02 单击【显示比例】组中的【显示比例】按钮，如图 3-16 所示。在弹出的【显示比例】对话框中选中 75%单选按钮，然后单击【确定】按钮，如图 3-17 所示。

图 3-16 单击【显示比例】按钮

图 3-17 【显示比例】对话框

步骤03 单击【工作簿视图】组中的【自定义视图】按钮，在弹出的【视图管理器】对话框中，单击【添加】按钮，如图 3-18 所示。

图 3-18 弹出【视图管理器】对话框

步骤04 在弹出的【添加视图】对话框中，设置【名称】为"成绩表"，然后单击【确定】按钮，如图 3-19 所示。

这样，自定义视图就设置完成了。当用户要在自定义视图中查看工作表时，用户单击【自定义视图】按钮，在弹出的【视图管理器】对话框中，选中【成绩表】选项，然后单击【显示】按钮，如图 3-20 所示。

图 3-19 设置视图名称为 "成绩表"

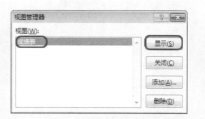

图 3-20 单击【显示】按钮

系统将在【成绩表】自定义视图中显示工作表，如图 3-21 所示。

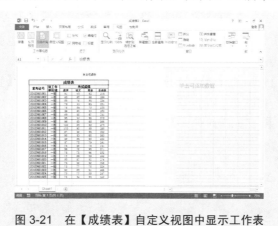

图 3-21 在【成绩表】自定义视图中显示工作表

3.2 使用其他方法查看数据表格

除了使用前面介绍的几种视图方式查看数据表格外，还可以使用在多窗口中查看、拆分查看、缩放查看和冻结区域等方法来查看数据表格。下面为大家介绍这些查看方法。

3.2.1 在多窗口中查看数据表格

当需要在多个窗口中查看数据表格时，用户可以将其并排查看。

在多窗口中查看是指先新建一个同样的工作簿窗口，然后将两个窗口并排进行查看、比较，具体的操作步骤如下。

步骤 01 打开要编辑的数据表格，切换至【视图】选项卡，在【窗口】组中单击【新建窗口】按钮，如图 3-22 所示。系统将新建一个工作簿窗口，源工作簿窗口的名称将自动更改。

步骤 02 切换至【视图】选项卡，在【窗口】组中单击【并排查看】按钮，即可将两个工作簿窗口并排放置，效果如图 3-23 所示。

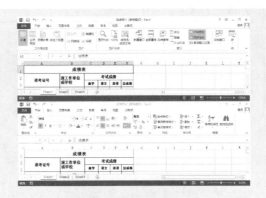

图 3-22　单击【新建窗口】按钮　　　　图 3-23　并排查看窗口

当拖动其中一个工作簿窗口的滚动条时，另一个工作簿窗口也会同时滚动。用户也可以更改窗口的排列方式，具体操作如下。

步骤01　继续对上例进行操作。切换至【视图】选项卡，在【窗口】组中单击【全部重排】按钮，如图 3-24 所示。

步骤02　弹出【重排窗口】对话框，在该对话框中选中【垂直并排】单选按钮，如图 3-25 所示。

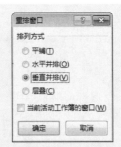

图 3-24　单击【全部重排】按钮　　　　图 3-25　【重排窗口】对话框

步骤03　单击【确定】按钮，垂直并排工作簿窗口的效果如图 3-26 所示。

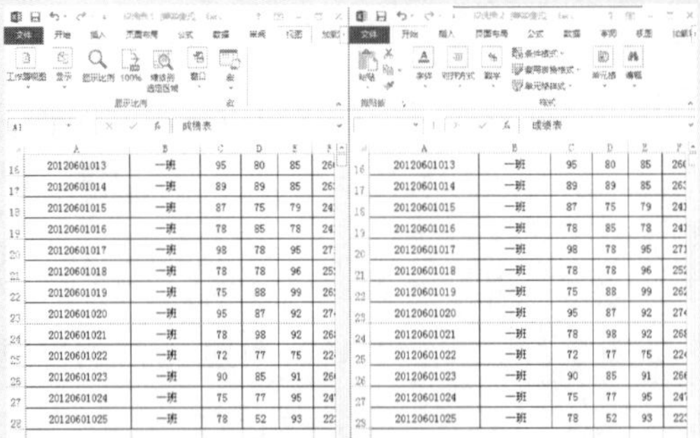

图 3-26　垂直并排工作簿窗口

3.2.2　拆分查看数据表格

拆分查看数据表格是指将工作簿窗口拆分成 4 个大小可调的窗格，当用户为一个工作表输入数据时，在向下滚动的过程中，尤其是当标题行消失后，有时会记错各列标题的相对位置。这时可以将窗口拆分为几部分，然后将标题部分保留在屏幕上不动，只滚动数据部分。

拆分查看的具体操作步骤如下。

步骤01　打开要编辑的数据表格，在【视图】选项卡的【窗口】组中，单击【拆分】按钮，如图 3-27 所示。

步骤02　系统将工作表自动拆分成 4 个大小可调的窗格，效果如图 3-28 所示。

图 3-27　单击【拆分】按钮　　　　　　图 3-28　拆分成 4 个窗格

步骤03　通过拖动窗口中的水平滚动条和垂直滚动条可以改变每个窗格的显示范围，效果如图 3-29 所示。

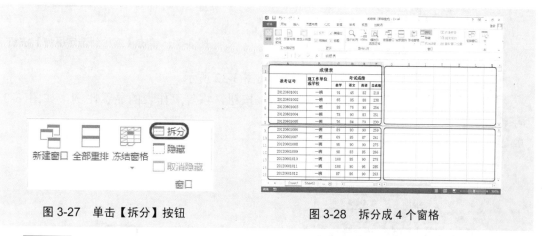

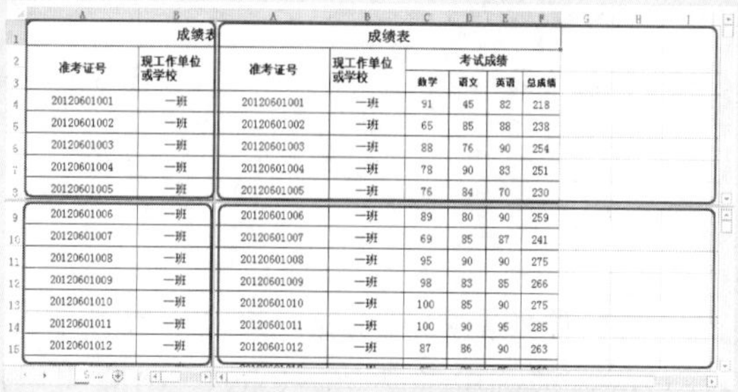

图 3-29　调整每个窗格的显示范围

用户可以通过再次单击【拆分】按钮，将工作表的拆分效果去除。

3.2.3　缩放查看数据表格

当用户需要通过放大或缩小查看某一个区域时，可以使用缩放查看。缩放查看是指将所有区域或选定的区域缩小或放大显示，具体的操作步骤如下。

步骤 01 打开要编辑的数据表格，选择要缩放的区域，如图 3-30 所示。

步骤 02 单击【显示比例】组中的【缩放到选定区域】按钮，如图 3-31 所示。

图 3-30 选择需缩放的区域　　　　　图 3-31 单击【缩放到选定区域】按钮

步骤 03 所选的区域就会被放大，效果如图 3-32 所示。

用户可以单击【显示比例】组中的 100%按钮，恢复工作表的显示比例，如图 3-33 所示。

图 3-32 缩放效果　　　　　图 3-33 单击 100%按钮

3.2.4 冻结窗格

当用户滚动工作表时，需要保持某些列或者行可以一直显示，尤其在显示标题首行或者首列时，可以方便用户对应行或列中的数值。Excel 2013 为用户提供了冻结窗格的方法，使得用户在滚动工作表时，将冻结的部分保持可见。

下面来介绍冻结窗格的使用方法，具体操作步骤如下。

步骤 01 打开要操作的数据表格，选中需要冻结的区域，如图 3-34 所示。系统将会冻结所选单元格的上面的行与左面的列。

图 3-34 选中需要冻结的区域

步骤 02 单击【窗口】组中的【冻结窗格】按钮，在打开的下拉菜单中选择【冻结拆分窗格】命令，如图 3-35 所示。

步骤 03 系统将冻结拆分窗格，滚动条向下移动时，顶部窗格将被冻结，如图 3-36 所示。

图 3-35 单击【冻结拆分窗格】按钮

成绩表					
准考证号	现工作单位或学校	考试成绩			
		数学	语文	英语	总成绩
20120601016	一班	78	85	78	241
20120601017	一班	98	78	95	271
20120601018	一班	78	78	96	252
20120601019	一班	75	88	99	262
20120601020	一班	95	87	92	274
20120601021	一班	78	98	92	268
20120601022	一班	72	77	75	224
20120601023	一班	90	85	91	266
20120601024	一班	75	77	95	247
20120601025	一班	78	52	93	223

图 3-36 顶部窗格被冻结

步骤 04 滚动条向右移动时，左部窗格将被冻结，如图 3-37 所示。

用户也可以使用【冻结窗格】下拉菜单中的【冻结首行】或【冻结首列】命令，如图 3-38 所示。这样可以快速的冻结工作表中的首行或首列。

成绩表				
准考证号	现工作单位或学校	语文	英语	总成绩
20120601016	一班	85	78	241
20120601017	一班	78	95	271
20120601018	一班	78	96	252
20120601019	一班	88	99	262
20120601020	一班	87	92	274
20120601021	一班	98	92	268
20120601022	一班	77	75	224
20120601023	一班	85	91	266
20120601024	一班	77	95	247
20120601025	一班	52	93	223

图 3-37 左部窗格被冻结

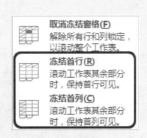

图 3-38 【冻结首行】或【冻结首列】

3.3 页 面 设 置

在有些时候，制作完成的数据表格需要打印。在打印工作表之前，用户可以根据需要对要打印的表格进行页面设置。页面设置主要包括设置页边距、设置打印方向和纸张大小、设置打印区域等。

3.3.1 设置页边距

页边距是指文字与纸张边缘的距离。Excel 2013 为用户提供了 3 种页边距的设置方案，分别为【普通】、【宽】和【窄】，如图 3-39 所示。

图 3-39 【普通】、【宽】和【窄】页边距

用户也可以自定义页边距，设置所需的页边距，如同在 Word 中设置页边距一样。下面来介绍自定义页边距的设置方法，操作步骤如下。

步骤01 打开要编辑的数据表格，切换至【页面布局】选项卡，单击【页面设置】组中的【页边距】按钮，如图 3-40 所示。

步骤02 在弹出的下拉菜单中选择【自定义边距】命令，如图 3-41 所示。

图 3-40 单击【页边距】按钮   图 3-41 选择【自定义边距】命令

步骤 03　在弹出的【页面设置】对话框中，设置页边距。【上】与【下】微调框都设置为 0.5；【左】和【右】微调框都设置为 2.5；在【居中方式】选项组中选中【水平】和【垂直】复选框，如图 3-42 所示。

图 3-42　设置页边距

步骤 04　单击【打印预览】按钮，用户可以预览打印效果，如图 3-43 所示。

当用户需要按相同的页边距设置其他数据表格时，可以单击【页边距】按钮，在弹出的下拉菜单中出现【上次的自定义设置】命令，用户可选择该命令设置页边距，如图 3-44 所示。

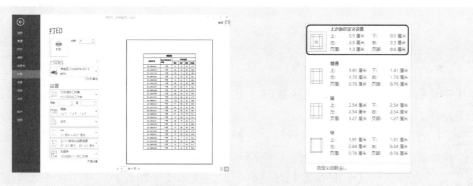

图 3-43　预览打印效果　　　　　图 3-44　选择【上次的自定义设置】命令

3.3.2　设置打印方向和纸张大小

在打印数据表格时，会对打印方向和纸张的大小有要求，系统默认的打印方向是纵向，纸张为 A4。用户可以根据自己的需要进行设置。下面为大家介绍打印方向和纸张大小的相关设置，具体的操作如下。

步骤 01　打开要编辑的数据表格，切换至【页面布局】选项卡，单击【页面设置】组中的【纸张方向】按钮，如图 3-45 所示。

步骤 02　在弹出的下拉菜单中选择【横向】命令，如图 3-46 所示。

图 3-45　单击【纸张方向】按钮　　　　图 3-46　选择【横向】命令

步骤03 单击【纸张大小】按钮，在弹出的下拉菜单中选择 A3 命令，如图 3-47 所示。

步骤04 打印方向和纸张大小的设置效果如图 3-48 所示。

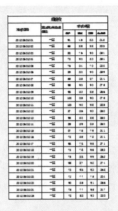

图 3-47　选择 A3 命令　　　　　　　图 3-48　打印方向和纸张大小的设置效果

3.3.3　设置打印区域

当用户要打印工作表中的特定区域时，可以自己选择打印区域。下面介绍设置打印区域的相关操作。

步骤01 打开需要编辑的数据表格，切换至【页面布局】选项卡，在【页面设置】组中单击右下角的按钮，如图 3-49 所示。

步骤02 在弹出的【页面设置】对话框中，切换至【工作表】选项卡，单击按钮，如图 3-50 所示。

图 3-49　单击【页面设置】组中右下角的按钮　　　图 3-50　单击选择区域按钮

步骤 03　选择要打印的区域，然后单击 ■ 按钮，如图 3-51 所示。

图 3-51　选择打印区域

步骤 04　返回【页面设置】对话框，【打印区域】文本框中将显示所选中的区域，如图 3-52 所示。

步骤 05　单击【打印预览】按钮，在【打印】窗口中查看选中的打印区域，如图 3-53 所示。

图 3-52　【打印区域】文本框中将显示所选中的区域

成绩表					
准考证号	现工作单位或学校	考试成绩			
		数学	语文	英语	总成绩
201 20601001	一班	91	45	82	218
201 20601002	一班	65	85	88	238
201 20601003	一班	88	76	90	254
201 20601004	一班	78	90	83	251
201 20601005	一班	76	84	70	230
201 20601006	一班	89	80	90	259
201 20601007	一班	69	85	87	241
201 20601008	一班	95	90	90	275
201 20601009	一班	98	85	85	266
201 20601010	一班	100	85	90	275

图 3-53　查看选中的打印区域

3.4　设置页眉和页脚

页眉和页脚分别位于打印页的顶端和底端。设置的页眉和页脚不会在视图中显示出来，但可以被打印出来。

3.4.1　使用内置的页眉和页脚

页眉和页脚通常显示文档的附加信息，常用来插入时间、日期、页码、单位名称、徽标等。其中，页眉在页面的顶部，页脚在页面的底部。通常页眉也可以添加文档注释等内容。

Excel 2013 中提供了多种格式的页眉和页脚，可以在【页面设置】对话框中选择内置

的页眉和页脚，具体的操作步骤如下。

步骤01 打开需要编辑的数据表格，切换至【页面布局】选项卡，在【页面设置】组中，单击右下角的按钮，如图 3-54 所示。

图 3-54　单击【页面设置】组中右下角的按钮

步骤02 在弹出的【页面设置】对话框中，切换至【页眉/页脚】选项卡，如图 3-55 所示。

步骤03 在【页眉】下拉列表框中选择 Sheet1 选项，在【页脚】下拉列表框中选择【第 1 页】选项，如图 3-56 所示。

图 3-55　【页眉/页脚】选项卡　　　　图 3-56　设置页眉和页脚

步骤04 单击【打印预览】按钮，如图 3-57 所示。查看打印的效果，如图 3-58 所示。

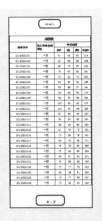

图 3-57　单击【打印预览】按钮　　　　图 3-58　查看打印效果

3.4.2 自定义页眉和页脚

如果 Excel 2013 中内置的页眉和页脚不能满足需要时，用户可以根据需要自定义设置页眉和页脚，具体操作步骤如下。

步骤01 打开需要编辑的数据表格，切换至【页面布局】选项卡，在【页面设置】组中，单击右下角的按钮，如图 3-59 所示。

步骤02 在弹出的【页面设置】对话框中，切换至【页眉/页脚】选项卡，单击【自定义页眉】按钮，如图 3-60 所示。

图 3-59　单击【页面设置】组中右下角的按钮

图 3-60　单击【自定义页眉】按钮

步骤03 在弹出的【页眉】对话框中，在【左】列表框中单击【日期】按钮，系统将插入当前日期。在【右】列表框中单击【文件】按钮，系统将插入文件名，如图 3-61 所示。

步骤04 单击【确定】按钮后，系统将返回【页眉/页脚】选项卡，查看插入页眉的效果。然后单击【自定义页脚】按钮，如图 3-62 所示。

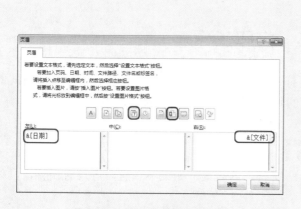

图 3-61　插入日期和文件名

图 3-62　单击【自定义页脚】按钮

步骤05 在弹出的【页脚】对话框中，在【中】列表框中输入文字"第"，然后单击

【插入页码】按钮，继续输入文字"页"，如图 3-63 所示。

步骤06 单击【确定】按钮后，系统将返回【页眉/页脚】选项卡，查看插入自定义页脚的效果，如图 3-64 所示。

图 3-63 输入文字和插入页码　　　　　图 3-64 插入自定义页脚的效果

步骤07 单击【打印预览】按钮，如图 3-65 所示。查看打印的效果，如图 3-66 所示。

 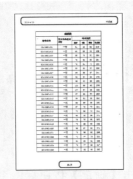

图 3-65 单击【打印预览】按钮　　　　　图 3-66 查看打印效果

3.5　打印工作表

在编辑完成工作表后，有时需要打印工作表。打印工作表是指将设置好页面格式的工作表打印到纸上。可以打印选择区域的数据、工作表或单元格网格线等。

3.5.1　打印预览

在打印工作表之前，可以先预览一下打印的效果，如果不满意，可及时调整，具体操作步骤如下。

步骤01 打开需要编辑的数据表格，切换至【文件】选项卡，在窗体的左侧菜单中，选择【打印】命令，如图 3-67 所示。

步骤02 在窗口的右侧，显示打印预览的效果，如图 3-68 所示。

图 3-67　选择【打印】命令

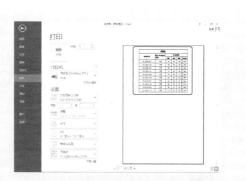

图 3-68　打印预览的效果

步骤 03　单击窗口右下角的【缩放到页面】按钮，将会缩放页面，效果如图 3-69 所示。

步骤 04　单击【显示边距】按钮，页面的四周看到边距框线，如图 3-70 所示。

图 3-69　缩放页面

图 3-70　显示页边距

3.5.2　打印设置

用户在确定打印之前，往往需要对打印进行相关的设置，如设置打印的页数、选择打印机和选择打印区域等。下面就为大家介绍打印设置的相关内容。

编辑完成数据表格后，切换至【文件】选项卡，单击【打印】按钮。用户可以在【份数】微调框中输入要打印的数量，如图 3-71 所示。

用户也可以在【打印机】选项组中，选择所要使用的打印机，如图 3-72 所示。

图 3-71　输入要打印的数量

图 3-72　选择打印机

当用户要将选定的区域打印时，可以在【设置】选项组中选择【打印选定区域】选项，如图 3-73 所示。

下面为大家讲解对打印设置进行的相关操作，具体操作步骤如下。

步骤 01 打开编辑完成的数据表格，选择要打印的区域，如图 3-74 所示。

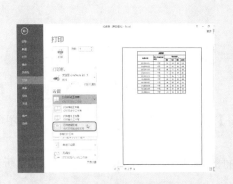

图 3-73 选择【打印选定区域】选项

图 3-74 选择要打印的区域

步骤 02 切换至【文件】选项卡，选择【打印】命令，设置【份数】为"10"，然后选择打印机，如图 3-75 所示。

步骤 03 在【设置】选项组中，选择【打印选定区域】选项，如图 3-76 所示。

图 3-75 打印设置

图 3-76 选择【打印选定区域】选项

步骤 04 单击【打印】按钮，即可将【打印预览】中的内容打印，如图 3-77 所示。

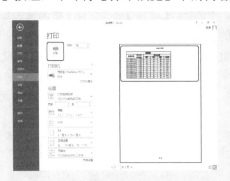

图 3-77 单击【打印】

3.5.3　打印单元格网格线

为了方便用户查看单元格中的信息，在打印时需要将单元格网格线一同打印。下面来介绍打印单元格网格线的方法，具体操作步骤如下。

步骤01　打开要编辑的数据表格，切换至【页面布局】选项卡，单击【页面设置】组中右下角的 按钮，如图 3-78 所示。

图 3-78　单击右下角的 按钮

步骤02　在弹出的【页面设置】对话框中，切换至【工作表】选项卡，选中【网格线】复选框，如图 3-79 所示。

步骤03　单击【打印预览】按钮，单击窗口右下侧的【缩放到页面】按钮，查看打印单元格网格线的效果，如图 3-80 所示。

图 3-79　选中【网格线】复选框

图 3-80　打印单元格网格线的效果

3.5.4　打印行标题

当打印多张工作表时，往往首页的标题无法在其他页面显示，如图 3-81 所示。在查看没有显示标题的打印页面中，每个数据所代表的意义难以理解，要解决这个问题，可以使用 Excel 2013 中提供的打印标题功能，将选择的行或列在每个打印页面上都显示出来。

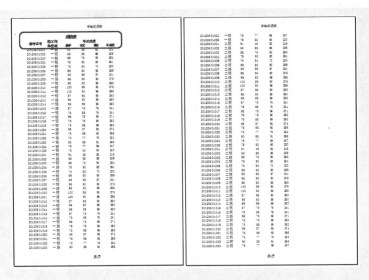

图 3-81　多张工作表

下面来介绍打印行标题的方法，具体的操作步骤如下。

步骤01　打开要编辑的数据表格，切换至【页面布局】选项卡，单击【工作表选项】组中右下角的 ⌐ 按钮，如图 3-82 所示。

步骤02　在弹出的【页面设置】对话框中，单击【工作表】选项卡中的【顶端标题行】文本框右侧的【选择区域】按钮，如图 3-83 所示。

图 3-82　单击右下角的 ⌐ 按钮

图 3-83　单击【选择区域】按钮

步骤03　选择要显示的顶端标题行，如图 3-84 所示。

步骤04　单击【选择区域】按钮，返回【页面设置】对话框。在【顶端标题行】文本框中将显示所选中的区域，如图 3-85 所示。单击【打印预览】按钮，查看打印效果。

步骤05　在打印预览中查看工作表，每页将显示行标题，如图 3-86 所示。

图 3-84　选择要显示的顶端标题行

图 3-85　单击【打印预览】按钮

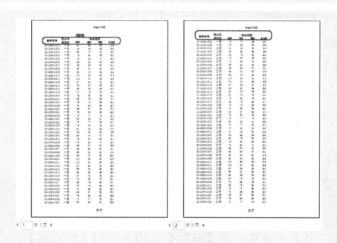

图 3-86　查看工作表

当用户需要打印列标题时，可以参照上述步骤在【页面设置】对话框中单击【工作表】选项卡中的【左端标题列】文本框右侧的【选择区域】按钮，如图 3-87 所示。

图 3-87　单击【左端标题列】文本框右侧的【选择区域】按钮

3.6 上机练习

本小节将用到本章所学习到的知识制作两个例子，来巩固本章所学习的知识。

3.6.1 打印“利润分配表”模板

本节我们介绍打印“利润分配表”模板的方法，效果如图 3-88 所示。

打印“利润分配表”模板的具体操作步骤如下。

步骤01 新建空白工作簿，选中 A1:D1 单元格区域，在【开始】选项卡下的【对齐方式】组中单击【合并后居中】按钮，如图 3-89 所示。

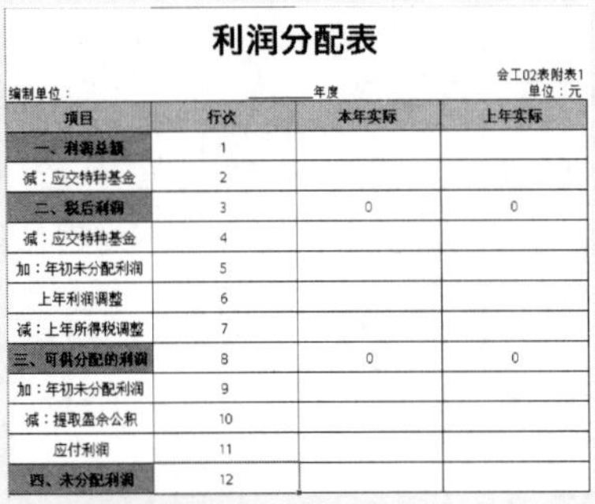
利润分配表

会工02表附表1

编制单位： 年度 单位：元

项目	行次	本年实际	上年实际
一、利润总额	1		
减：应交特种基金	2		
二、税后利润	3	0	0
减：应交特种基金	4		
加：年初未分配利润	5		
上年利润调整	6		
减：上年所得税调整	7		
三、可供分配的利润	8	0	0
加：年初未分配利润	9		
减：提取盈余公积	10		
应付利润	11		
四、未分配利润	12		

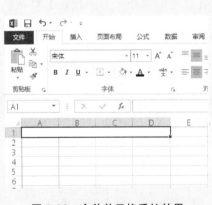

图 3-88 效果图

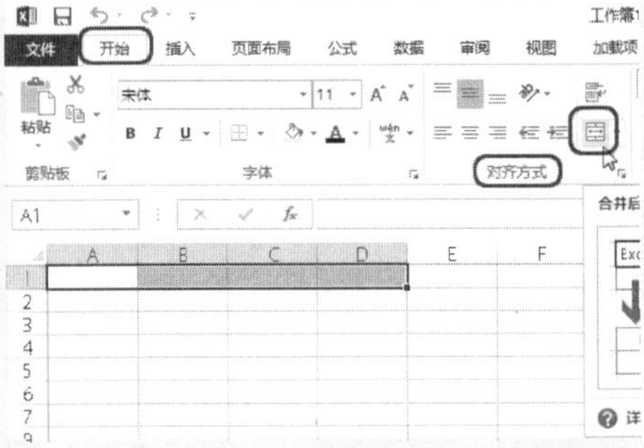

图 3-89 单击【合并后居中】按钮

步骤02 执行上述操作后即可完成对所选单元格的合并，效果如图 3-90 所示。

步骤03 选中 A1 单元格，在【开始】选项卡下的【单元格】组中单击【格式】按钮，在弹出的下拉菜单中选择【行高】命令，如图 3-91 所示。

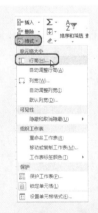

图 3-90 合并单元格后的效果

图 3-91 选择【行高】命令

步骤04 在弹出的【行高】对话框中将【行高】设置为“30”，如图 3-92 所示。

步骤05 设置 A1 单元格行高后的效果如图 3-93 所示。

图 3-92　设置行高　　　　　　　　图 3-93　设置单元格行高后的效果

步骤 06 选中 A1 单元格，在【开始】选项卡下的【单元格】组中单击【格式】按钮，在弹出的下拉菜单中选择【列宽】命令，在弹出的【列宽】对话框中将【列宽】设置为"20"，执行该操作后即可完成对 A1 单元格的设置，效果如图 3-94所示。

步骤 07 使用同样的方法将第 2 行和第 3 行均合并单元格，合并后的效果如图 3-95所示。

图 3-94　设置单元格列宽后的效果　　　图 3-95　合并第 2 行和第 3 行单元格后的效果

步骤 08 选中 A4:D16 单元格区域，使用同样的方法将所选单元格的行高设置为"25"，效果如图 3-96 所示。

步骤 09 选中 A1 单元格，在【开始】选项卡下的【字体】组中将【字体】设置为【宋体】、【字号】设置为"28"，然后在 A1 单元格中输入"利润分配表"，效果如图 3-97 所示。

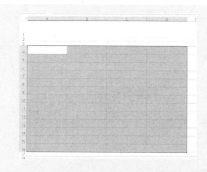

图 3-96　设置所选单元格行高后的效果　　　图 3-97　在 A1 单元格中输入文本

步骤 10　在 A2 和 A3 单元格中输入如图 3-98 所示的文本。

步骤 11　选中 A4:D16 单元格区域，在【开始】选项卡下的【单元格】组中单击【格式】按钮，在弹出的下拉菜单中选择【自动调整列宽】命令，如图 3-99 所示。

图 3-98　在 A2 和 A3 单元格中输入文本　　　图 3-99　选择【自动调整列宽】命令

步骤 12　选中 A4:D16 单元格区域，使用同样的方法将【字体】设置为【宋体】、【字号】设置为"12"，然后在单元格中输入如图 3-100 所示的文本。

步骤 13　选择如图 3-101 所示的单元格，在【开始】选项卡下的【字体】组中单击【加粗】按钮 B ，效果如图 3-101 所示。

图 3-100　在 A4:D16 单元格区域中输入文本　　　图 3-101　将选择的单元格内的文本加粗

步骤 14　选中 A4:D4 单元格区域，在【开始】选项卡下的【字体】组中单击【填充颜色】按钮 右侧的下三角按钮，在弹出的下拉菜单中选择【蓝色，着色 1，淡色 40%】样式，如图 3-102 所示。

步骤 15　执行该操作后即可完成对所选单元格填充颜色的操作，效果如图 3-103 所示。

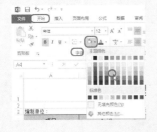

图 3-102　设置 A4:D4 单元格区域的颜色　　　图 3-103　设置所选单元格颜色后的效果

步骤 16　使用同样的方法将 A5、A7、A12、A16 单元格的填充颜色设置为【蓝-灰，文字 2，淡色 40%】样式，效果如图 3-104 所示。

步骤 17　在【页面布局】选项卡下的【页面设置】组中单击【纸张方向】按钮，在弹出的下拉菜单中选择【横向】命令，如图 3-105 所示。

图 3-104　为所选单元格填充颜色后的效果　　　图 3-105　选择【横向】命令

步骤 18　在【页面布局】选项卡下的【页面设置】组中单击【页边距】按钮，在弹出的下拉菜单中选择【自定义边距】命令，如图 3-106 所示。

步骤 19　在弹出的【页面设置】对话框中切换【页边距】选项卡，在【居中方式】选项组中将【水平】和【垂直】复选框选中，然后单击【确定】按钮，如图 3-107 所示。

 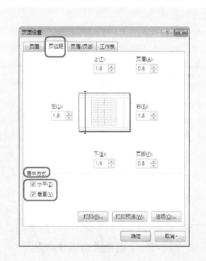

图 3-106　选择【自定义边距】命令　　　图 3-107　选中【水平】和【垂直】复选框

步骤 20　选择【文件】|【打印】命令，如图 3-108 所示。

步骤 21　在【打印】选项组中将【份数】设置为 "1"；在【设置】选项组中将【页数】设置为 "1"～"1"，如图 3-109 所示。

步骤 22　设置完成后即可对其进行打印。

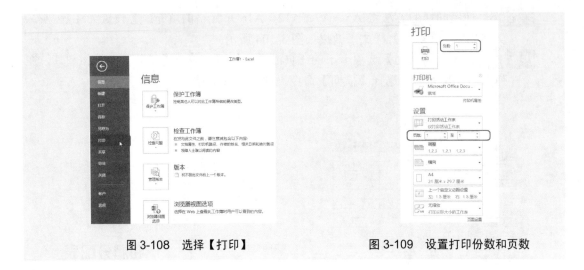

图 3-108　选择【打印】　　　　图 3-109　设置打印份数和页数

3.6.2　打印电费通知单

本节将用到页面设置、设置页眉/页脚等知识来打印"电费通知单"，完成后的效果如图 3-110 所示。

步骤01　打开随书附带光盘中的 CDROM\素材\第 4 章\电费通知单.xlsx 工作表，选择 A1:G17 单元格区域，切换到【页面布局】选项卡，在【页面设置】组中单击【打印区域】按钮，在弹出的下拉菜单中选择【设置打印区域】命令，如图 3-111 所示。

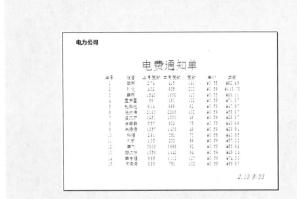

图 3-110　电费通知单效果图

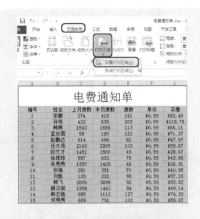

图 3-111　选择【设置打印区域】命令

步骤02　设置完成后打印区域的边界被添加了线，如图 3-112 所示。

步骤03　切换到【布局】选项卡，在【页面设置】组中单击【页面设置】按钮，在弹出的【页面设置】对话框中切换到【页面】选项卡，选中【横向】单选按钮，再选中【缩放比例】单选按钮，并将【缩放比例】设置为"160"，单击【纸张大小】右侧的下三角按钮，在弹出的下拉菜单中选择 A4 命令，如图 3-113 所示。

编号	姓名	上月度数	本月度数	度数	单价	实缴
1	李娜	274	415	141	¥0.59	¥82.49
2	孙悦	432	635	203	¥0.59	¥118.76
3	韩燕	1543	1656	113	¥0.59	¥66.11
4	孟庆国	58	180	122	¥0.59	¥71.37
5	赵鹏达	614	696	82	¥0.59	¥47.97
6	任大伟	2163	2265	102	¥0.59	¥59.67
7	白文才	1451	1500	49	¥0.59	¥28.67
8	徐菲菲	557	632	75	¥0.59	¥43.88
9	朱秀秀	1357	1403	46	¥0.59	¥26.91
10	张强	281	351	70	¥0.59	¥40.95
11	刘凯	135	233	98	¥0.59	¥57.33
12	韩飞	3606	3698	92	¥0.59	¥53.82
13	薛汉斌	1358	1442	84	¥0.59	¥49.14
14	韩志强	985	1112	127	¥0.59	¥74.30
15	何秀秀	689	791	102	¥0.59	¥59.67

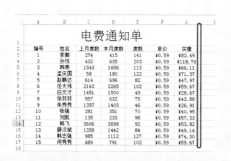

图 3-112　设置打印区域效果

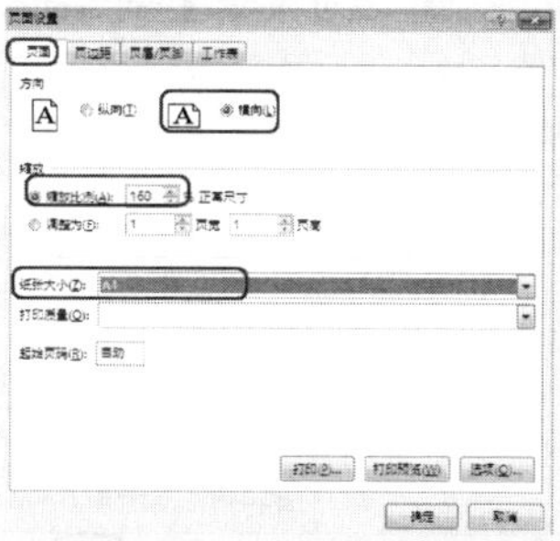

图 3-113　【页面设置】对话框

步骤04　设置完成后单击【打印预览】按钮，效果如图 3-114 所示。

步骤05　在打印预览左侧单击【页面设置】按钮，打开【页面设置】对话框，切换到【页眉/页脚】选项卡，单击【自定义页眉】按钮，打开【页眉】对话框，在【左】列表框中输入“电力公司”。选择输入的文本，单击【格式文本】按钮，如图 3-115 所示。

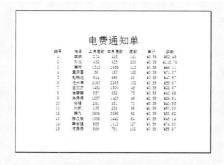

图 3-114　打印效果预览

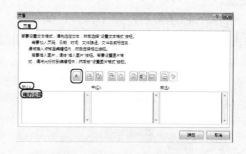

图 3-115　【页眉】对话框

步骤06　弹出【字体】对话框，将【字体】设置为【宋体(标题)】，将【字形】设置为【加粗】，将【大小】设置为“14”，如图 3-116 所示。

步骤07　单击两次【确定】按钮后返回到【页面设置】对话框，此时【页眉】下拉列表框中显示出所设置的页面内容，如图 3-117 所示。

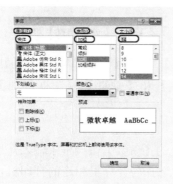

图 3-116　【字体】对话框

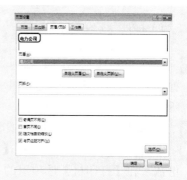

图 3-117　【页面设置】对话框

步骤 08 在【页面设置】对话框中单击【自定义页脚】按钮，打开【页脚】对话框，在【右】列表框中输入"2013/8/23"。选择输入的时间，单击【格式文本】按钮，如图 3-118 所示。

图 3-118 【页脚】对话框

步骤 09 打开【字体】对话框，将【字形】设置为【倾斜】，将【字体】设置为【汉仪长艺体简】，将【大小】设置为"14"，如图 3-119 所示。

步骤 10 单击两次【确定】按钮，返回到【页面设置】对话框，此时在【页脚】下拉列表框中显示出所设置的页脚内容，如图 3-120 所示。

图 3-119 【字体】对话框　　　　　图 3-120 【页面设置】对话框

步骤 11 切换到【页边距】选项卡，将【页脚】设置为"1.2"，其他使用默认设置，在【居中方式】选项组中选中【水平】和【垂直】复选框，如图 3-121 所示。

步骤 12 单击【确定】按钮，打印预览中的效果如图 3-122 所示。

步骤 13 单击【确定】按钮，在【打印】选项组的【份数】微调框中输入需要打印的份数，在【打印机】选项组的下拉列表框中选择与计算机相连的打印机，然后单击【打印】按钮，即可将制作的电费通知单打印输出，如图 3-123 所示。

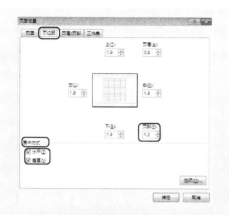

图 3-121　设置页边距

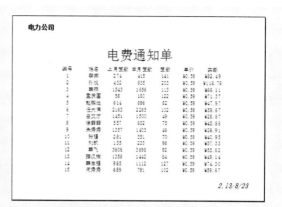

图 3-122　打印预览效果

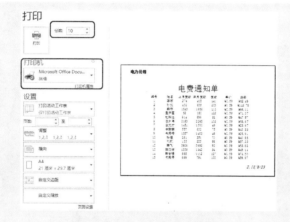

图 3-123　设置打印机与份数

第**4**章

数据的输入与编辑

数据可以被分为多种类型，在工作表中输入数据是最基本的操作，本章将讲解各种数据的输入方法。设置单元格格式可以规范数据的类型，这对保证数据的正确性，以及对数据的处理运算非常重要。

本章重点：

➡ 在 Excel 中输入数据
➡ 单元格的数据类型
➡ 快速填充数据表格
➡ 数据的查找与撤消恢复

4.1 表格的内容及其格式

在 Excel 2013 中，不同类型的数据的输入方法是不一样的。下面我们介绍文本、日期、时间等类型数据的输入方法。

4.1.1 输入文本

在工作簿中输入的文本类型一般包括汉字、英文字母、数字以及符号等。在 Excel 2013 中，文本型数据用来作为数据型数据的说明、分类或标签。

步骤01 新建一个工作簿。单击【文件】按钮，在打开的界面中选择【新建】选项，然后选择【空白工作簿】，如图 4-1 所示。

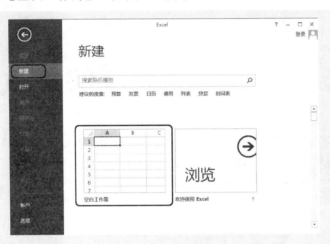

图 4-1 空白工作簿

步骤02 完成工作簿的创建。在新工作表中选择 A2 单元格，在其中输入"编号"，如图 4-2 所示。

步骤03 输入完成后按键盘上的 Tab 键，选择 B2 单元格，在编辑栏中输入"姓名"，如图 4-3 所示。

图 4-2 输入文本(1)   图 4-3 输入文本(2)

步骤04 使用相同的方法在各单元格中输入文本，如图 4-4 所示。

步骤 05 选择 A2:G22 单元格区域，如图 4-5 所示。

图 4-4　完成输入　　　　　　　　　图 4-5　选择单元格

步骤 06 切换至【开始】选项卡，在【对齐方式】组中单击【居中】按钮，如图 4-6 所示。

步骤 07 选择 A1:G1 单元格区域，切换至【开始】选项卡，在【对齐方式】组中单击【合并后居中】按钮，如图 4-7 所示。

图 4-6　居中

步骤 08 在 A1 单元格中输入文本，切换至【开始】选项卡，在【字体】组中将【字号】设置为"20"，如图 4-8 所示。

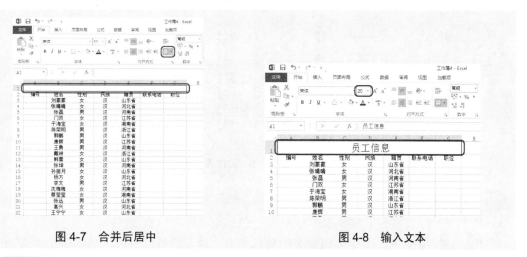

图 4-7　合并后居中　　　　　　　　图 4-8　输入文本

步骤 09 选择 F2:G2 单元格区域，切换至【开始】选项卡，在【单元格】组中单击

【格式】按钮，在打开的下拉菜单中选择【列宽】命令，如图 4-9 所示。

步骤 10　弹出【列宽】对话框，将【列宽】设置为"9"，如图 4-10 所示。

图 4-9　调整列宽　　　　　　　　　　　图 4-10　设置列宽

提示：在调整列宽或行高的时候，还可以切换至【开始】选项卡，然后在【单元格】组中单击【格式】按钮，在打开的下拉菜单中选择【自动调整列宽】或【自动调整行高】命令来实现行高与列宽的调整。

步骤 11　单击【确定】按钮，所建工作表如图 4-11 所示。

	A	B	C	D	E	F	G	H
1				员工信息				
2	编号	姓名	性别	民族	籍贯	联系电话	职位	
3		刘蒙蒙	女	汉	山东省			
4		张晴晴	女	汉	河北省			
5		张磊	男	汉	河南省			
6		门双	女	汉	江苏省			
7		于海宝	女	汉	湖南省			
8		陈荣明	男	汉	浙江省			
9		郭鹏	男	汉	山东省			
10		康辉	男	汉	江苏省			
11		王勇	男	汉	河南省			
12		戴琳	女	汉	浙江省			
13		韩雪	女	汉	山东省			
14		张坤	男	汉	河南省			
15		孙丽月	女	汉	山东省			
16		杨方	女	汉	河北省			
17		李文	男	汉	江苏省			
18		沈梅梅	女	汉	河南省			
19		蔡莹莹	女	汉	湖南省			
20		张远	男	汉	山东省			
21		高兴	女	汉	河北省			
22		王宁宁	女	汉	山东省			
23								

图 4-11　工作表

4.1.2　输入数据

数据型数据是 Excel 中使用最多的数据类型。输入数值的时候，数据显示在活动单元格和编辑栏中。

步骤 01 根据如图 4-12 所示的工作表，选择 A2 单元格，在单元格中输入"50134"。

步骤 02 在 B2 单元格中输入"0.512"，如图 4-13 所示。

步骤 03 按照相同的方法可以完成其他数据的输入，如图 4-14 所示。

图 4-12　输入数字　　　图 4-13　输入数据　　　图 4-14　输入数据

提示：输入文字、数字、分数等数据类型时，Excel 2013 不一定将它们认定为文本、数值、分数等数据类型。具体数据类型由单元格格式来决定。

提示：可以按照"0+空格+分数"的形式来输入分数，以避免被自动转换为日期，如图 4-15 所示。

```
3月4日
3/4
```

图 4-15　输入分数

4.1.3　输入日期

在制作记录表的时候，往往会涉及日期和时间型数据的输入。下面介绍在 Excel 中输入日期的方法。

步骤 01 依据第 4.1.1 节创建的工作表，在 H2 单元格中输入"入职日期"，在 H3 单元格中输入"2010/4/16"，如图 4-16 所示。

	A	B	C	D	E	F	G	H
1				员工信息				
2	编号	姓名	性别	民族	籍贯	联系电话	职位	入职日期
3		刘蒙蒙	女	汉	山东省			2010/4/16
4		张晴晴	女	汉	河北省			
5		张磊	男	汉	河南省			
6		门双	女	汉	江苏省			
7		于海宝	女	汉	湖南省			
8		陈荣明	男	汉	浙江省			
9		郭鹏	男	汉	山东省			
10		康辉	男	汉	江苏省			

图 4-16　输入日期

步骤 02 按照相同的方法在各单格中输入日期，如图 4-17 所示。

图 4-17　输入日期

提示：在输入日期时用左斜线或短线分隔日期的年、月、日。如果要输入当前的日期，按下 Ctrl+"；"组合键即可。

4.1.4　输入时间

在 Excel 2013 中设置了许多时间的格式。在工作表中输入时间时，需要特定的格式进行定义。下面介绍在 Excel 中输入时间的方法。

步骤01　根据如图 4-18 所示的工作表，在 A2 单元格中输入"3:12:56"，即可输入时间。

步骤02　按照相同的方式可以完成其他时间的输入，如图 4-19 所示。

图 4-18　输入时间

图 4-19　输入时间

提示：时间类型数据有多种特定格式，可以通过【设置单元格格式】对话框进行设置。打开【设置单元格格式】对话框，切换至【数字】选项卡，在【分类】列表框中选择【自定义】选项，在右侧的【类型】列表框中进行选择，如图 4-20 所示。

图 4-20　设置格式

4.2　单元格的数据类型

在单元格中输入的数据应符合现实要求，或为了使用要求，还应对它们设置数据类型。例如，工作表中"联系电话"列中的数字基本是不用来计算的，因此将这些单元格中的数据类型设置为文本更合适；"生产数量"列中数据在现实中属于数值型数据，它们要用来计算，因此将这些单元格中数据定义为数值型才正确；再例如要输入货币，应将单元格格式设置为货币，以确保所输数据的数据类型的正确性。

4.2.1　常规格式

常规单元格格式不包含任何特定的数字格式。在单元格中输入的数据被默认为常规单元格格式。

步骤 01　启动 Excel 2013，在单元格中输入数据，如图 4-21 所示。

步骤 02　在已输入数据的单元格上右击，在弹出的快捷菜单中选择【设置单元格格式】命令，如图 4-22 所示。

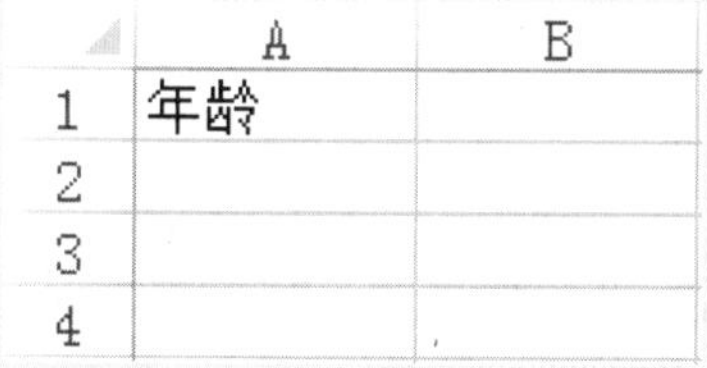

	A	B
1	年龄	
2		
3		
4		

图 4-21　输入数据

图 4-22　选择【设置单元格格式】命令

步骤 03　弹出【设置单元格格式】对话框，在【数字】选项卡中可以看到该单元格格式被默认为【常规】，即在该单元格中输入的数据为常规数据类型，如图 4-23 所示。

步骤 04　在工作表中输入数字"24"，如图 4-24 所示。

图 4-23　设置常规单元格格式

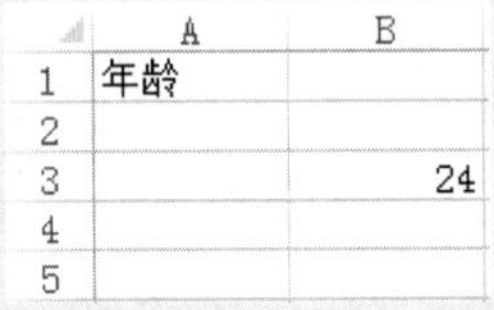

图 4-24　输入数字

步骤 05　查看该单元格的格式时，会发现依然为【常规】，并非【数值】。由此可见，在未进行指定时，或属于 Excel 2013 不自动识别的数据，其单元格格式会被默认为【常规】，如图 4-25 所示。

图 4-25　常规单元格格式

4.2.2　数值格式

数值格式用于需要进行算术计算的数据。可以指定要使用的小数位数，是否使用千位分隔符以及如何显示负数。默认的数值格式有两位小数位。

步骤 01　启动 Excel 2013，新建空白工作簿，并在工作表中输入数据"24"，如图 4-26

所示。

步骤02　在已有数据的单元格上右击，在弹出的快捷菜单中选择【设置单元格格式】命令，如图 4-27 所示。

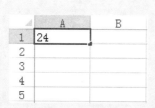

图 4-26　输入数据

图 4-27　选择【设置单元格格式】命令

步骤03　弹出【设置单元格格式】对话框，如图 4-28 所示。

步骤04　切换至【数字】选项卡，在【分类】列表框中选择【数值】选项，然后单击【确定】按钮，如图 4-29 所示。

图 4-28　【设置单元格格式】对话框

图 4-29　设置数值格式

步骤05　这样就完成了数值格式的设置，如图 4-30 所示。

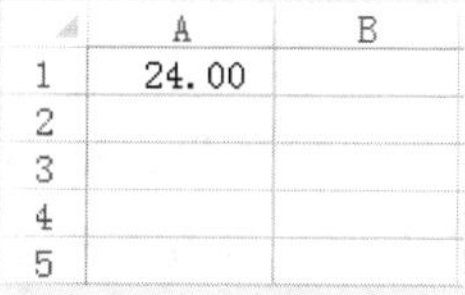

图 4-30　数值格式

提示：更改单元格格式后，在该单元格中输入的数据都将被转换为所设置的格式，如图 4-31 所示。

数值格式的小数位数、负数的表示形式等可以在【设置单元格格式】对话框中进行设置。

图 4-31　数值

4.2.3　货币格式

货币格式用于表示一般的货币数值。默认情况下货币格式有两位小数位，在数值前面有一个货币符号，至于显示何种货币符号则与设置的计算机地区区域相匹配。例如，计算机所设区域为中国时，则默认显示人民币符号"￥"。货币格式的小数位数、货币符号、负数的表示形式是可以设置的。

步骤 01　在工作表中单击 A 列标题，选择该列，如图 4-32 所示。

步骤 02　切换至【开始】选项卡，在【数字】组中选择数字格式，在打开的下拉菜单中选择【货币】命令，如图 4-33 所示。

图 4-32　选择列　　　　　　　图 4-33　选择数字格式

步骤 03　在 A1 单元格中输入"商品单价"，如图 4-34 所示。

步骤 04　在 A2 单元格中输入"50"，如图 4-35 所示。

步骤 05　按照相同的方法可以完成其他商品单价的输入，如图 4-36 所示。

图 4-34　输入数据　　　　图 4-35　输入数据　　　　图 4-36　完成输入

 提示：设置某列的单元格格式后，所作设置将应用到该列的所有单元格。

4.2.4　会计专用格式

会计专用格式属于货币格式，会计格式可对一列数值进行货币符号和小数点对齐。默认情况下，会计格式有两位小数位，带有货币符号。

步骤01　选择上节工作表的 A 列，如图 4-37 所示。

步骤02　切换至【开始】选项卡，在【单元格】组中单击【格式】按钮，在打开的下拉菜单中选择【设置单元格格式】命令，如图 4-38 所示。

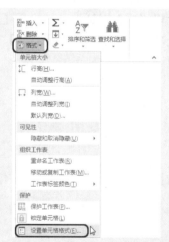

图 4-37　选择列　　　　　　图 4-38　选择【设置单元格格式】命令

步骤03　弹出【设置单元格格式】对话框，切换至【数字】选项卡，在【分类】列表框中选择【会计专用】命令，如图 4-39 所示。

步骤04　单击【确定】按钮完成设置，数据显示如图 4-40 所示。

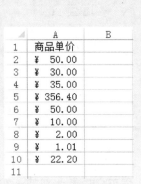

图 4-39　会计专用格式　　　　　　　　图 4-40　数据显示

4.2.5　日期格式

日期格式会根据指定的类型和区域设置(国家/地区)，将日期和时间系列数值显示为日期值。

步骤01　新建工作表，并选择 A 列，如图 4-41 所示。

步骤02　右击，在弹出的快捷菜单中选择【设置单元格格式】命令，将弹出【设置单元格格式】对话框，切换至【数字】选项卡，在【分类】列表框中选择【日期】选项，然后在右侧的【类型】列表框中选择一种类型，如图 4-42 所示。

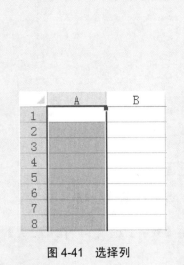

图 4-41　选择列　　　　　　　　　　图 4-42　日期格式

步骤03　单击【确定】按钮，在 A1 单元格中输入"生产日期"，如图 4-43 所示。

步骤04　在 A2 单元格中输入"2011 年 10 月 8 日"，如图 4-44 所示。

提示：如果单元格的宽度不够，其中的数据会显示为一串"#"符号，但不影响数据内容。通过调整单元格宽度即可解决该问题。

步骤05 按照相同的方式完成其他日期的输入，如图 4-45 所示。

	A	B	C
1	生产日期		
2			
3			
4			
5			
6			
7			
8			
9			

图 4-43　输入数据

	A	B
1	生产日期	
2	2011年10月8日	
3		
4		
5		
6		
7		
8		

图 4-44　输入日期

	A	B
1	生产日期	
2	2011年10月8日	
3	2011年11月9日	
4	2010年10月15日	
5	2011年10月11日	
6	2011年10月12日	
7	2011年4月13日	
8	2011年10月14日	
9	2011年10月15日	
10	2011年8月17日	
11		

图 4-45　完成输入

4.2.6　时间格式

时间格式会根据指定的类型和区域设置，将日期和时间系列数值显示为时间值。

步骤01 新建工作表并选择 A 列，右击，在弹出的快捷菜单中选择【设置单元格格式】命令，如图 4-46 所示。

图 4-46　选择【设置单元格格式】命令

步骤02 弹出【设置单元格格式】对话框，切换至【数字】选项卡，在【分类】列表框中选择【时间】选项，然后在右侧的【类型】列表框中选择一种类型，如图 4-47 所示。

步骤03 单击【确定】按钮，在该列中输入数据即可，如图 4-48 所示。

图 4-47　时间格式 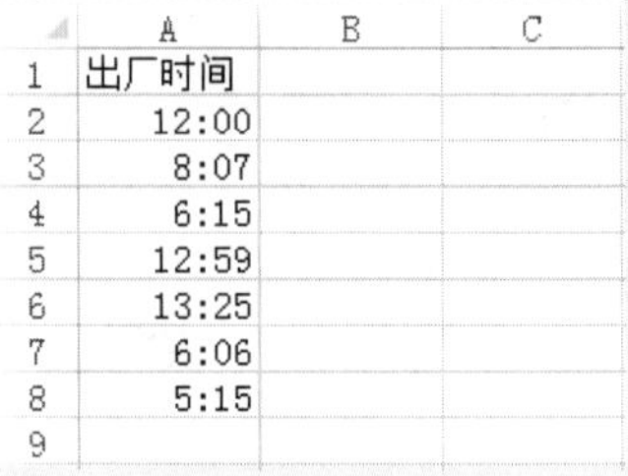　　　　　　　图 4-48　输入数据

4.2.7　文本格式

在文本单元格格式中，数字作为文本处理。单元格显示的内容与输入的内容完全一致。

步骤 01　新建工作表，选择前两列，如图 4-49 所示。

图 4-49　选择列

步骤 02　切换至【开始】选项卡，在【数字】组的【数字格式】下拉列表框中输入"文本"，如图 4-50 所示。

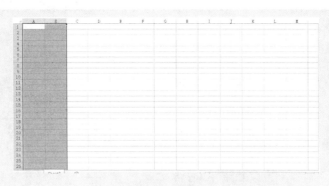

图 4-50　选择文本格式

步骤 03　完成设置。在这两列中输入的数据将变为文本格式，如图 4-51 所示。

	A	B	C
1	籍贯	年龄	
2	山东省	23	
3	河北省	24	
4	湖南省	26	
5	江苏省	27	
6	浙江省	25	
7	广西省	26	
8	福建省	27	
9			

图 4-51 输入内容

4.2.8 自定义格式

自定义格式允许修改现有数字格式代码的副本。它会创建一个自定义数字格式并将其添加到数字格式代码的列表中。可以添加 200～250 个自定义格式，具体取决于安装的 Excel 的语言版本。

步骤01 新建工作表并选择第一列，右击，在弹出的快捷菜单中选择【设置单元格格式】命令，如图 4-52 所示。

步骤02 弹出【设置单元格格式】对话框，在【分类】列表框中选择【自定义】选项，然后在右侧的【类型】文本框中输入"000"，如图 4-53 所示。

图 4-52 选择【设置单元格格式】命令

图 4-53 自定义格式

步骤03 单击【确定】按钮，在 A1 单元格中输入"编号"，如图 4-54 所示。

步骤04 在 A2 单元格中输入"1"，按照相同的方法完成其他数据的输入，如图 4-55 所示。

	A	B	C
1	编号		
2			
3			
4			
5			
6			
7			
8			
9			
10			

图 4-54　输入数据

	A	B	C
1	编号		
2	001		
3	003		
4	005		
5	015		
6	012		
7	215		
8	004		
9	100		
10	011		
11			

图 4-55　完成输入

4.2.9　百分比格式

百分比格式将单元格中的数值乘以 100，并以百分数形式显示。默认的百分比格式有两位小数位。

步骤01 新建工作表，选择第一列，右击，在弹出的快捷菜单中选择【设置单元格格式】命令，弹出【设置单元格格式】对话框，在【分类】列表框中选择【百分比】选项，如图 4-56 所示。

图 4-56　百分比格式

步骤02 单击【确定】按钮，在 A1 单元格中输入"比例"，如图 4-57 所示。

步骤03 在 A2 单元格中输入"0.7"，按照相同的方法完成其他数据的输入，如图 4-58 所示。

	A	B
1	比例	
2		
3		
4		
5		
6		
7		
8		

图 4-57　输入内容

	A	B
1	比例	
2	0.70%	
3	1.00%	
4	2.00%	
5	0.80%	
6	50.00%	
7	3.00%	
8	50.00%	
9	55.00%	
10	12.00%	
11		

图 4-58　完成输入

4.2.10 分数格式

分数格式会根据指定的分数类型以分数形式显示数字，默认格式分母为一位数。

步骤01 新建工作表，选择第一列单元格，右击，在弹出的快捷菜单中选择【设置单元格格式】命令，弹出【设置单元格格式】对话框，切换至【数字】选项卡，在【分类】列表框中选择【分数】选项，如图4-59所示。

图 4-59　分数格式

步骤02 单击【确定】按钮，在 A1 单元格中输入"进度"，如图 4-60 所示。

步骤03 在 A2 单元格中输入"1/2"，按照相同的方法完成其他数据的输入，如图 4-61 所示。

	A	B
1	进度	
2		
3		
4		
5		
6		
7		

图 4-60　输入内容

	A	B
1	进度	
2	1/2	
3	2/3	
4	1/2	
5	1/3	
6	4/7	
7	4/9	
8		

图 4-61　完成输入

4.2.11 科学记数格式

科学计数格式以指数表示法显示数字，用"E+n"替代数字的一部分。其数值为用 10 的 n 次方乘以 E 前面的数字。

步骤01 新建工作表，选择第一列，右击，在弹出的快捷菜单中选择【设置单元格格式】命令，弹出【设置单元格格式】对话框。

步骤 **02** 切换至【数字】选项卡，在【分类】列表框中选择【科学记数】选项，如图 4-62 所示。

步骤 **03** 在 A1 单元格中输入"数量"，如图 4-63 所示。

步骤 **04** 在 A2 单元格中输入"1.23E+12"，按照相同的方法完成其他数据的输入，如图 4-64 所示。

图 4-62 科学记数

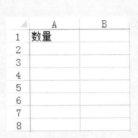

图 4-63 输入内容

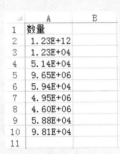

图 4-64 完成输入

4.3 快速填充数据表格

输入数据时，经常会在各单元格中输入相同的内容，或者是内容存在等差、等比关系以及一段连续的日期，可以利用自动填充功能来迅速地填充数据，从而节省工作时间，提高工作效率。

4.3.1 使用填充命令

在 Excel 中可以使用填充命令实现自动填充。

步骤 **01** 启动 Excel 2013，在工作表中选择 A1 单元格，输入"使用填充命令"，并调整列宽，如图 4-65 所示。

步骤 **02** 选择 A1:A5 单元格区域，如图 4-66 所示。

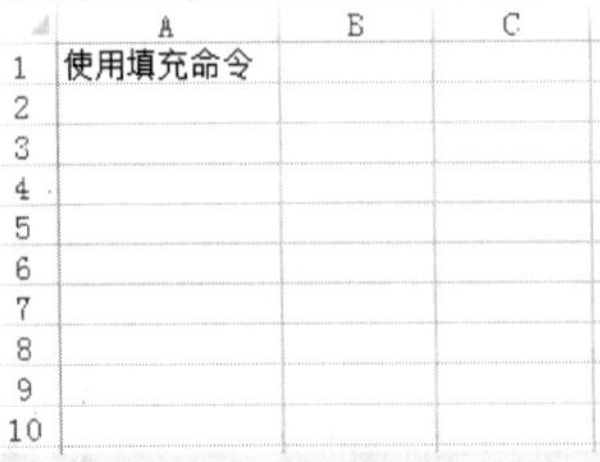

图 4-65 输入内容

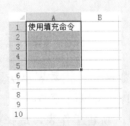

图 4-66 选择单元格

步骤03 切换至【开始】选项卡，在【编辑】组中单击【填充】按钮 ⊡▾，在弹出的下拉菜单中选择【向下】命令，如图 4-67 所示。

步骤04 选中的单元格会填充上数据，完成后的效果如图 4-68 所示。

图 4-67　向下填充　　　　　　　　　　　　　　　　图 4-68　填充数据

4.3.2　填充相同的数据序列

填充相同的数据序列时，使用填充柄填充即可将单元格中的数据进行复制。

步骤01 启动 Excel 2013，在工作表中选择 A1 单元格，输入"100"，如图 4-69 所示。

步骤02 选择 A1 单元格，然后将鼠标指针放置在 A1 单元格的右下角，鼠标指针变为 ✛ 形状，如图 4-70 所示。

步骤03 按住鼠标并向下拖曳，到达目标单元格后释放鼠标，这样相同的数据就填充完成，如图 4-71 所示。

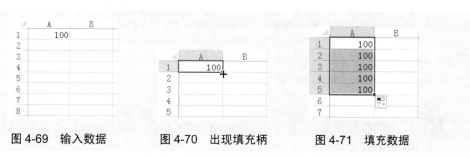

图 4-69　输入数据　　　　图 4-70　出现填充柄　　　　图 4-71　填充数据

4.3.3　填充有规律的数据序列

Excel 中提供了默认的自动填充数值序列的功能。数值类型包括等差、等比序列。按住 Ctrl 键，相邻单元格的数据将按照递增或者递减的方式进行填充。

步骤01 新建工作表，在 A1 单元格中输入"编号"、A2 单元格中输入"1"，如图 4-72 所示。

步骤02 选中 A2 单元格，将鼠标指针放置在 A2 单元格的右下角，鼠标形状变为 ✛，如图 4-73 所示。

步骤03 按住 Ctrl 键的同时，向下拖曳鼠标至目标位置，完成填充，如图 4-74 所示。

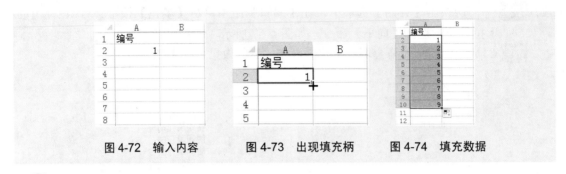

图 4-72　输入内容　　　　图 4-73　出现填充柄　　　　图 4-74　填充数据

4.3.4　填充文本序列

Excel 还提供了快速填充文本的功能。使用填充柄填充文本时，相邻单元格将填充相同的内容。

步骤 01　新建工作表，在 A1 单元格中输入"相同"，如图 4-75 所示。

步骤 02　选中 A1 单元格，然后将鼠标指针放置在 A1 单元格的右下角，当鼠标形状变为 ✚ 时，向下拖曳鼠标至目标位置，完成填充，如图 4-76 所示。

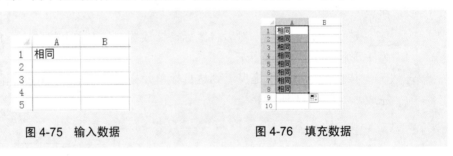

图 4-75　输入数据　　　　　　图 4-76　填充数据

4.3.5　填充日期序列

日期和时间是特殊的数据类型，数据长度一般是固定不变的。

步骤 01　新建工作表，在 A1 单元格中输入"日期"，在 A2 单元格中输入"2013/5/26"，如图 4-77 所示。

步骤 02　选中 A2 单元格，然后将鼠标指针放置在 A2 单元格的右下角，当鼠标指针变为 ✚ 形状时，向下拖曳鼠标指针至目标位置，松开鼠标，完成填充，如图 4-78 所示。

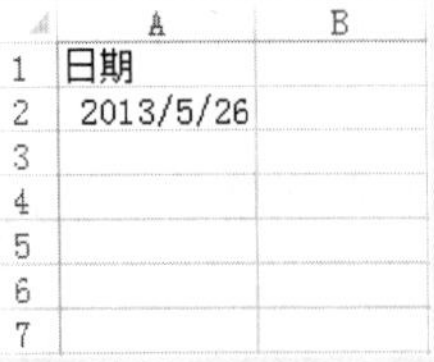

图 4-77　输入数据 　　　　　　图 4-78　填充数据

4.3.6 填充星期序列

星期的填充属于自定义里面的一种，下面介绍星期序列的填充。

步骤01 新建工作表，在 A1 单元格中输入"星期"，在 A2 单元格中输入"星期五"，如图 4-79 所示。

步骤02 选中 A2 单元格，然后将鼠标指针放置在 A2 单元格的右下角，当鼠标变为 **＋** 形状时，向下拖曳鼠标至目标位置，松开鼠标，完成填充，如图 4-80 所示。

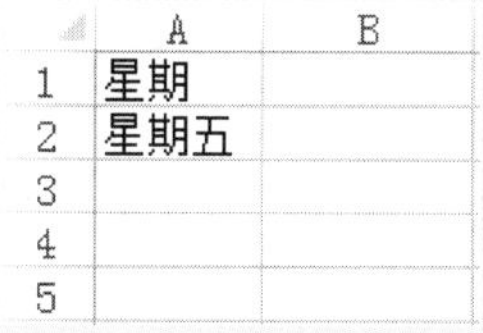

图 4-79 输入数据    图 4-80 填充数据

4.3.7 填充自定义序列

自定义填充可以使数据按照用户需要的方式进行填充，如以等差序列、等比序列进行填充。下面介绍自定义填充。

步骤01 新建工作表，选择 A1 单元格，在该单元格中输入"10"，如图 4-81 所示。

步骤02 选中 A1 单元格，切换至【开始】选项卡，在【编辑】组中单击【填充】按钮 ▦ ，在弹出的下拉菜单中选择【序列】命令，如图 4-82 所示。

图 4-81 输入数据   图 4-82 选择【序列】命令

步骤03 弹出【序列】对话框，选中【序列产生在】选项组中的【列】单选按钮和【类型】选项组中的【等比序列】单选按钮，将【步长值】设置为"2"，将【终止值】设置为【600】，如图 4-83 所示。

步骤 04 单击【确定】按钮，完成填充，如图 4-84 所示。

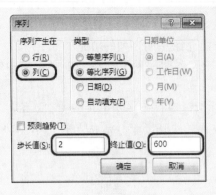

图 4-83 进行设置   图 4-84 填充数据

4.4 数据的查找替换与撤消恢复功能

当工作表中的数据繁多时，会遇到修改某一具体数据的情况，这时可以使用查找和替换功能。如果执行了错误操作，可以使用撤消功能将其撤消。使用撤消功能后，还可以使用恢复功能恢复执行的操作。

4.4.1 查找和替换数据

使用查找和替换功能可以在工作表中快速定位用户要找的信息，并且可以有选择地用其他值代替。

步骤 01 新建工作表，在 A1 单元格中输入"星期日"，如图 4-85 所示。

步骤 02 选择 A1 单元格，向下填充，如图 4-86 所示。

图 4-85 输入数据   图 4-86 填充数据

步骤 03 切换至【开始】选项卡，在【编辑】组中单击【查找和选择】按钮，在弹出的下拉菜单中选择【查找】命令，如图 4-87 所示。

步骤 04 弹出【查找和替换】对话框，切换至【替换】选项卡，在【查找内容】后面的文本框中输入【星期日】，在【替换为】后面的文本框中输入【周日】，如图 4-88 所示。

图 4-87　选择【查找】命令

图 4-88　替换内容

步骤05 单击【全部替换】按钮，如图 4-89 所示。

步骤06 弹出提示对话框，单击【确定】按钮，如图 4-90 所示。

图 4-89　单击【全部替换】按钮

图 4-90　提示对话框

步骤07 返回【查找和替换】对话框，单击【关闭】按钮，完成数据的替换，如图 4-91 所示。

图 4-91　替换结果

4.4.2　撤消和恢复数据

Excel 2013 会自动记录正在进行的操作和最近执行过的操作。如果执行了错误的操作，可以利用撤消功能来返回操作前的状态；执行撤消后，也可以使用恢复功能来恢复操作。

步骤01 新建工作表，在 A1 单元格中输入"数据"，如图 4-92 所示。

步骤 02 　选中 A1 单元格，进行填充，如图 4-93 所示。

图 4-92　输入数据　　　　　　　　　　图 4-93　填充数据

步骤 03 　在快速访问工具栏中单击【撤消】按钮，如图 4-94 所示。

步骤 04 　执行的自动填充被撤消，返回操作前状态，如图 4-95 所示。

图 4-94　单击【撤消】按钮　　　　　　图 4-95　返回填充前状态

步骤 05 　在快速访问工具栏中单击【恢复】按钮，如图 4-96 所示。

步骤 06 　恢复自动填充操作，如图 4-97 所示。

图 4-96　单击【恢复】按钮　　　　　　图 4-97　恢复填充

4.5　上　机　练　习

使用本章所讲的内容可以更方便快捷地创建工作表，可以大大提高工作效率。

4.5.1　制作生产记录表

本节我们介绍的"正伟科技产品生产记录"效果如图 4-98 所示。

制作"正伟科技产品生产记录"的具体操作步骤如下。

步骤 01 　新建空白工作簿，选中 A1:F1 单元格区域，然后在【开始】选项卡下的【对齐方式】组中单击【合并后居中】按钮，如图 4-99 所示。

图 4-98 效果图

图 4-99 单击【合并后居中】按钮

步骤02 执行该操作后即可完成对单元格的合并，效果如图 4-100 所示。

步骤03 然后在【开始】选项卡下的【单元格】组中单击【格式】按钮右侧的下三角按钮，在弹出的下拉菜单中选择【行高】命令，如图 4-101 所示。

图 4-100 合并单元格后的效果

图 4-101 选择【行高】命令

步骤04 在弹出的【行高】对话框中将【行高】设置为"50"，然后单击【确定】按钮，如图 4-102 所示。

步骤05 执行该操作后即可完成对单元格行高的设置，效果如图 4-103 所示。

图 4-102 设置行高

图 4-103 设置单元格行高后的效果

步骤 06 选中 A3:F12 单元格区域，使用同样的方法将单元格的【行高】设置为"25"，效果如图 4-104 所示。

步骤 07 在【开始】选项卡下的【单元格】组中单击【格式】按钮右侧的下三角按钮，在弹出的下拉菜单中选择【自动调整列宽】命令，如图 4-105 所示。

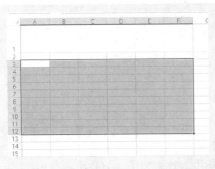

图 4-104 设置 A2:F12 单元格区域的行高　　图 4-105 选择【自动调整列宽】命令

步骤 08 选中 A1 单元格，在【开始】选项卡下的【字体】组中将【字体】设置为【宋体】、【字号】设置为"20"，如图 4-106 所示。

步骤 09 选择 A1 单元格并在其中输入"正伟科技产品生产记录"，按 Enter 键确定，如图 4-107 所示。

图 4-106 设置字体和字号　　　　　图 4-107 在 A1 单元格中输入文字

步骤 10 选中 A2:F2 单元格区域，使用同样的方法合并单元格，在单元格中输入"单位：台"，按 Enter 键确定，如图 4-108 所示。

图 4-108 在 A2:F2 单元格区域中输入字符

步骤 11 选中 A2 单元格，切换到【开始】选项卡，在【对齐方式】组中单击【右对齐】按钮。执行该操作后即可完成对单元格内文字右对齐，效果如图 4-109 所示。

步骤12 在 A3:F3 单元格区域中输入如图 4-110 所示的文字。

 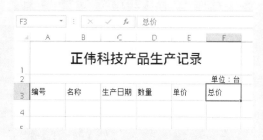

图 4-109 将 A2 单元格的文字右对齐后的效果   图 4-110 在 A3:F3 单元格区域中输入文字

步骤13 在 A4 单元格中输入"Z001",将光标放置在 A3 单元格的右下角,光标变为 ✚ 样式,按住鼠标左键向下拖动至 A12 单元格后,效果如图 4-111 所示。

步骤14 在 B4:B12 单元格区域中输入如图 4-112 所示的文字。

图 4-111 使用自动填充   图 4-112 在 B4:B12 单元格区域中输入文字

步骤15 选中 C4:C12 单元格区域,右键单击所选的单元格,在弹出的快捷菜单中选择【设置单元格格式】命令,如图 4-113 所示。

图 4-113 选择【设置单元格格式】命令

步骤16 在弹出的【设置单元格格式】对话框的【数字】选项卡下的【日期】设置界面中选择【2012 年 3 月 14 日】选项，然后单击【确定】按钮，如图 4-114 所示。

步骤17 在 C4 单元格中输入"2013 年 1 月 1 日"，按 Enter 键确定，效果如图 4-115 所示。

图 4-114　选择格式

图 4-115　设置单元格格式后输入文本的效果

步骤18 选中 C4 单元格，将光标放置在 C4 单元格的右下角，光标变为 ✚ 样式，按住鼠标左键向下拖动至 C12 单元格，效果如图 4-116 所示。

图 4-116　使用自动填充

步骤19 选择 D4:D12 单元格区域并右击，在弹出的快捷菜单中选择【设置单元格格式】命令，在弹出的对话框中切换到【数字】选项卡，在【数值】设置界面中将【小数位数】设置为"0"，然后选中【使用千位分隔符】复选框，单击【确定】按钮，如图 4-117 所示。

步骤20 在 D4:D12 单元格区域中输入如图 4-118 所示的文本。在每个单元格中输入文本后按 Enter 键即可进入下一个单元格。

图 4-117　设置数值格式

图 4-118　在 D4:D12 单元格区域中输入文本

步骤 21　选中 E4:E12 单元格区域并右击，在弹出的快捷菜单中选择【设置单元格格式】命令，在弹出的对话框中切换到【数字】选项卡，在【货币】设置界面中将【小数位数】设置为"0"，将【货币符号(国家/地区)】设置为"¥"，然后单击【确定】按钮，如图 4-119 所示。

步骤 22　在 E4:E12 单元格区域中输入如图 4-120 所示的文本。在每个单元格中输入文本后按 Enter 键即可进入下一个单元格。

图 4-119　设置货币格式

图 4-120　在 E4:E12 单元格区域中输入文本

步骤 23　选中 F4:F12 单元格区域并右击，在弹出的快捷菜单中选择【设置单元格格式】命令，在弹出的对话框中切换到【数字】选项卡，在【自定义】设置界面中将【类型】设置为"¥####"，然后单击【确定】按钮，如图 4-121 所示。

步骤 24　设置完成后在 F4 单元格中输入"="，然后单击 D4 单元格后会在 D4 单元格上显示蓝色边框，并在 F4 单元格中显示蓝色字体的"D4"，效果如图 4-122所示。

图 4-121　选择自定义

图 4-122　执行操作后的效果

步骤25　继续在 F4 单元格中输入 "*"，单击 E4 单元格会在 E4 单元格上显示红色边框，并在 F4 单元格中显示红色字体的 "E4"，效果如图 4-123 所示。

步骤26　按 Enter 键即可获得总价，选中 F4 单元格，将光标放置在 F4 单元格的右下角，光标变为 ✚ 样式，按住鼠标左键向下拖动至 F12 单元格，效果如图 4-124 所示。

图 4-123　执行操作后的效果

图 4-124　拖动至 F12 单元格后的效果

步骤27　在【开始】选项卡下的【单元格】组中单击【格式】按钮，在弹出的下拉菜单中选择【自动调整列宽】命令，如图 4-125 所示。

步骤28　执行该操作后即可完成对 F4:F12 单元格区域列宽的自动调整，效果如图 4-126 所示。

步骤29　选中 A3:F12 单元格区域，在【开始】选项卡下的【对齐方式】组中单击【居中】按钮，如图 4-127 所示。

图 4-125　选择【自动调整列宽】命令　　　图 4-126　选择【自动调整列宽】命令后的效果

步骤 30　执行该操作后即可完成对所选单元格的居中设置，然后对完成后的场景进行保存，效果如图 4-128 所示。

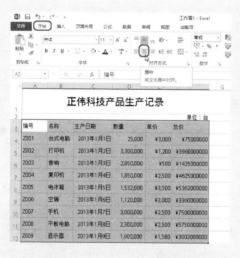

图 4-127　单击【居中】按钮　　　　　　　图 4-128　完成后的效果

4.5.2　制作公司工资明细表

下面利用本章所学习的知识来制作"公司工资明细表"。

步骤 01　启动 Excel 2013 程序，在打开的界面中选择【空白工作簿】选项，如图 4-129 所示。

步骤 02　选择完成后即可新建一个空白工作簿，如图 4-130 所示。

图 4-129 选择【空白工作簿】选项

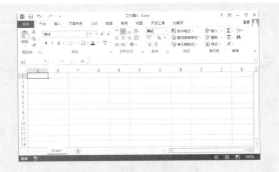
图 4-130 新建空白工作簿

步骤 03 选中 A1:J1 单元格区域，切换到【开始】选项卡，在【对齐方式】组中单击【合并后居中】按钮 右侧的下三角按钮，在弹出的下拉菜单中选择【合并后居中】命令，如图 4-131 所示。

步骤 04 设置完成后，所选择的单元格即可合并，效果如图 4-132 所示。

图 4-131 选择【合并后居中】命令

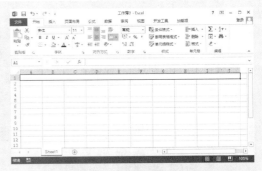
图 4-132 设置完成后的效果

步骤 05 选中 A1 单元格，切换到【开始】选项卡，在【单元格】组中单击【格式】按钮，在弹出的下拉菜单中选择【行高】命令，如图 4-133 所示。

步骤 06 选择完成后会弹出【行高】对话框，在该对话框的【行高】文本框中输入"35"，输入完后单击【确定】按钮，如图 4-134 所示。

图 4-133 选择【行高】命令

图 4-134 【行高】对话框

步骤07 设置单元格行高后的效果如图 4-135 所示。

步骤08 选中 A1 单元格，在其中输入文本"公司工资明细表"，选中文本，切换到【开始】选项卡，在【字体】组中将【字体】设置为默认，【字号】设置为"24"，【字体颜色】设置为【红色】，如图 4-136 所示。

图 4-135 设置行高后的效果

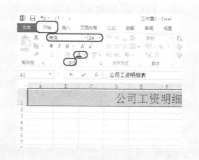

图 4-136 设置文本字体

步骤09 设置文本后的效果如图 4-137 所示。

步骤10 在 A2:J14 单元格区域中输入文本，输入完后的效果如图 4-138 所示。

图 4-137 设置完文本后的效果

图 4-138 输入完文本后的效果

步骤11 选中 A1 单元格，切换到【开始】选项卡，在【字体】组中单击【填充颜色】按钮，在弹出的下拉菜单中选择【金色，着色 4，淡色 80%】命令，如图 4-139 所示。

步骤12 选择完成后的效果如图 4-140 所示。

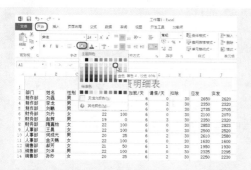

图 4-139 选择【金色，着色 4，淡色 80%】命令

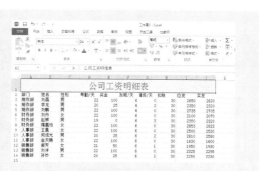

图 4-140 设置完成后的效果

步骤 13 选择 A2:J2 单元格区域，运用前面操作的步骤为其填充【橙色，着色 2，淡色 60%】，完成后的效果如图 4-141 所示。

步骤 14 运用相同的方法为 A3:J5 单元格区域填充颜色为【绿色，着色 6，淡色 60%】，为 A6:J8 单元格区域设置颜色为【蓝色，着色 1，淡色 40%】，为 A9:J11 单元格区域设置颜色为【金色，着色 4，淡色 40%】，为 A12:J14 单元格区域设置颜色为【橙色，着色 2，淡色 40%】，设置完成后的效果如图 4-142 所示。

图 4-141　设置完成后的效果　　　　图 4-142　设置完成后的效果

步骤 15 选中 C3:C14 单元格区域，切换到【开始】选项卡，在【样式】组中单击【条件格式】按钮，在弹出的下拉菜单中选择【文本包含】命令，如图 4-143 所示。

步骤 16 弹出【文本中包含】对话框，在该对话框的文本框中输入文本"女"，在【设置为】下拉列表框中选择【浅红填充色深红色文本】选项，然后单击【确定】按钮，如图 4-144 所示。

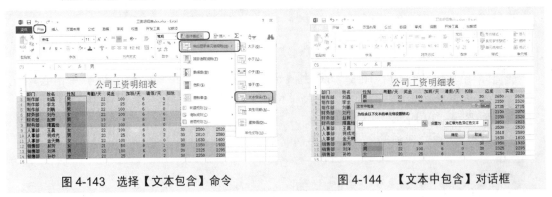

图 4-143　选择【文本包含】命令　　　　图 4-144　【文本中包含】对话框

步骤 17 设置完成后即可将包含"女"的单元格突出显示，完成后的效果如图 4-145 所示。

步骤 18 选中 D4:D14 单元格区域，切换到【开始】选项卡，在【样式】组中单击【条件格式】按钮，在弹出的下拉菜单中选择【等于】命令，如图 4-146 所示。

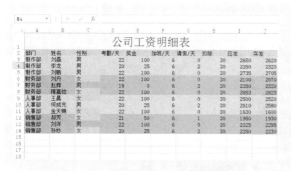

图 4-145 包含"女"的单元格突出显示

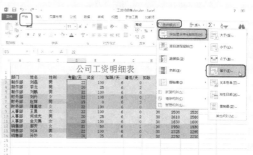

图 4-146 选择【等于】命令

步骤19 弹出【等于】对话框，在该对话框的文本框中输入"20"，在【设置为】下拉列表框中选择【黄填充色深黄色文本】选项，如图 4-147 所示。

步骤20 设置完成后单击【确定】按钮即可突出显示"20"单元格，效果如图 4-148 所示。

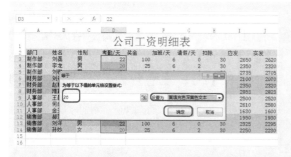

图 4-147 【等于】对话框

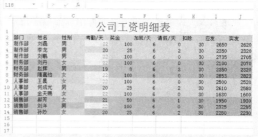

图 4-148 设置完成后的效果

步骤21 选择 E4:E14 单元格区域，用相同的方法为此区域突出显示"100"单元格，设置完成后的效果如图 4-149 所示。

步骤22 选中 I3:J14 单元格区域，切换到【开始】选项卡，在【样式】组中单击【条件格式】按钮，在弹出的下拉菜单中选择【数据条】命令，在其级联菜单中选择【蓝色数据条】命令，如图 4-150 所示。

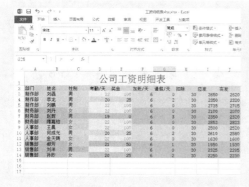

图 4-149 设置完成后的效果

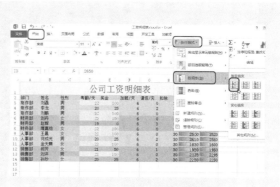

图 4-150 选择【蓝色数据条】命令

步骤23 设置完成后即可为所选区域添加蓝色数据条，效果如图 4-151 所示。

步骤24 选中 A2:J14 单元格区域，切换到【开始】选项卡，在【样式】组中单击【套用表格样式】按钮，在弹出的下拉菜单中选择【表样式中等深浅 22】命令，如图 4-152 所示。

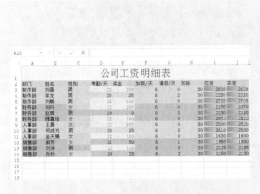

图 4-151　设置完成后的效果

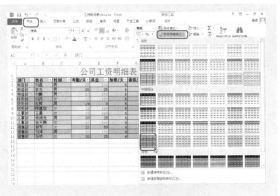

图 4-152　选择表格样式

步骤25 设置完成后即可为选中的单元格套用所选择的表格样式，如图 4-153 所示。

步骤26 选中 F3:H14 单元格区域，切换到【开始】选项卡，在【字体】组中单击【条件格式】按钮，在弹出的下拉菜单中选择【绿-黄-红色阶】命令，如图 4-154 所示。

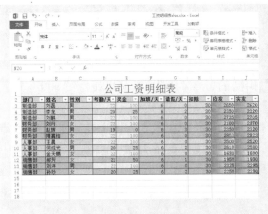

图 4-153　套用表格样式后的效果

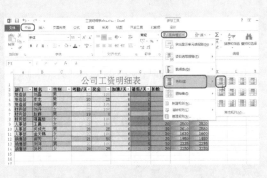

图 4-154　选择【绿-黄-红色阶】命令

步骤27 设置完成后即可为选中的区域添加绿-黄-红色阶，效果如图 4-155 所示。

步骤28 至此，公司工资明细表制作完成了。切换到【文件】选项卡，在弹出的下拉菜单中选择【另存为】命令，单击【浏览】按钮，如图 4-156 所示。

步骤29 在弹出的【另存为】对话框中选择路径，设置完路径后单击【保存】按钮即可保存该文件。

图 4-155 设置完成后的效果	图 4-156 选择【另存为】命令

第 **5** 章

单元格的引用与工作表的美化

在 Excel 2013 中提供了多种美化表格的方式，用户可以根据需要对工作表进行美化，从而达到色彩鲜明、美观大方的目的。本章将主要介绍单元格的引用和工作表的美化。

本章重点：

- ➥ 引用单元格
- ➥ 为单元格或单元格区域命名
- ➥ 表格的基本操作
- ➥ 边框的添加与设置
- ➥ 背景填充
- ➥ 套用样式

5.1　引用单元格

在 Excel 中，引用单元格的一个非常有用的特性就是用户可以将某个单元格中的公式复制到其他单元格中，并进行粘贴，下面将对其进行简单介绍。

5.1.1　相对引用

相对引用是指单元格的引用会随着公式所在的单元格的位置的改变而进行更改。使用相对引用的具体操作步骤如下。

步骤01 按 Ctrl+O 组合键，在弹出的界面中选择【计算机】，单击【浏览】按钮，在弹出的对话框中选择随书附带光盘中的 CDROM\素材\第 6 章\女装库存统计.xlsx，如图 5-1 所示。

步骤02 单击【打开】按钮，将该文件打开，效果如图 5-2 所示。

图 5-1　选择素材文件

图 5-2　打开的素材文件

步骤03 在打开的工作表中选择 F3 单元格，在该单元格中输入"=D3*E3"，如图 5-3 所示。

图 5-3　输入公式

步骤04 输入完成后，将鼠标放置在单元格的右下角，当鼠标变为 + 时，按住鼠标向下拖动，释放鼠标后，即可引用 F3 单元格中的公式，效果如图 5-4 所示。

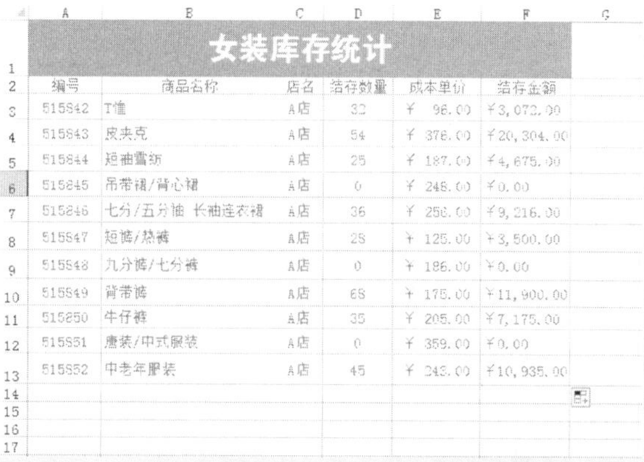

女装库存统计					
编号	商品名称	店名	结存数量	成本单价	结存金额
515842	T恤	A店	32	¥ 96.00	¥3,072.00
515843	皮夹克	A店	54	¥ 376.00	¥20,304.00
515844	短袖雪纺	A店	25	¥ 187.00	¥4,675.00
515845	吊带裙/背心裙	A店	0	¥ 248.00	¥0.00
515846	七分/五分袖 长袖连衣裙	A店	36	¥ 256.00	¥9,216.00
515847	短裤/热裤	A店	28	¥ 125.00	¥3,500.00
515848	九分裤/七分裤	A店	0	¥ 186.00	¥0.00
515849	背带裤	A店	68	¥ 175.00	¥11,900.00
515850	牛仔裤	A店	35	¥ 205.00	¥7,175.00
515851	唐装/中式服装	A店	0	¥ 359.00	¥0.00
515852	中老年服装	A店	45	¥ 243.00	¥10,935.00

图 5-4 引用公式后的效果

5.1.2 绝对引用

绝对引用是指单元格的地址不会随着单元格的位置变化而进行变化，无论将公式粘贴到任何单元格中，公式所引用的还是原始的数据。绝对引用的具体操作步骤如下。

步骤01 继续上面的操作，在工作表标签栏中选择 Sheet2，如图 5-5 所示。

步骤02 选择 F3 单元格，在该单元格中输入“=$D$3*$E$3”，输入后的效果如图 5-6 所示。

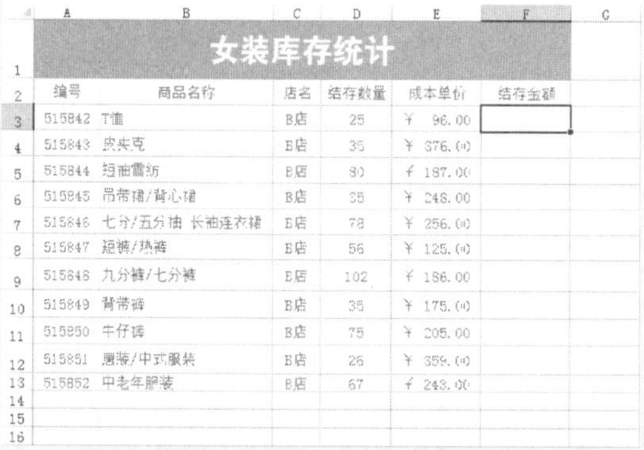

女装库存统计					
编号	商品名称	店名	结存数量	成本单价	结存金额
515842	T恤	B店	25	¥ 96.00	
515843	皮夹克	B店	35	¥ 376.00	
515844	短袖雪纺	B店	80	¥ 187.00	
515845	吊带裙/背心裙	B店	35	¥ 248.00	
515846	七分/五分袖 长袖连衣裙	B店	78	¥ 256.00	
515847	短裤/热裤	B店	56	¥ 125.00	
515848	九分裤/七分裤	B店	102	¥ 186.00	
515849	背带裤	B店	35	¥ 175.00	
515850	牛仔裤	B店	75	¥ 205.00	
515851	唐装/中式服装	B店	26	¥ 359.00	
515852	中老年服装	B店	67	¥ 243.00	

图 5-5 选择 Sheet2

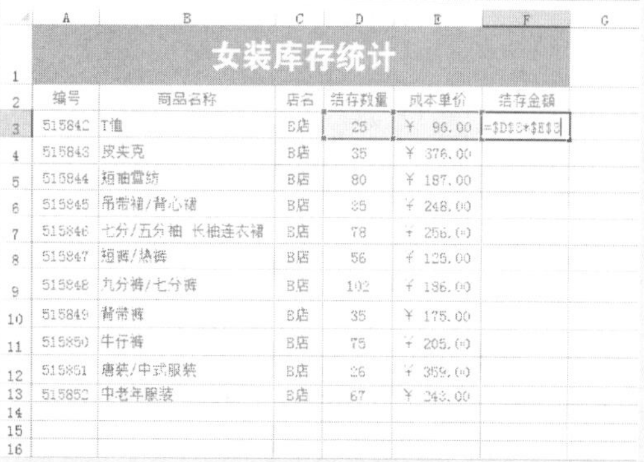

女装库存统计					
编号	商品名称	店名	结存数量	成本单价	结存金额
515842	T恤	B店	25	¥ 96.00	=$D$3*$E$3
515843	皮夹克	B店	35	¥ 376.00	
515844	短袖雪纺	B店	80	¥ 187.00	
515845	吊带裙/背心裙	B店	35	¥ 248.00	
515846	七分/五分袖 长袖连衣裙	B店	78	¥ 256.00	
515847	短裤/热裤	B店	56	¥ 125.00	
515848	九分裤/七分裤	B店	102	¥ 186.00	
515849	背带裤	B店	35	¥ 175.00	
515850	牛仔裤	B店	75	¥ 205.00	
515851	唐装/中式服装	B店	26	¥ 359.00	
515852	中老年服装	B店	67	¥ 243.00	

图 5-6 输入公式

步骤03 输入完成后，按 Enter 键确认，即可完成计算，如图 5-7 所示。

步骤04 将鼠标放置在 F3 单元格的右下角，当鼠标变为 + 时，按住鼠标向下进行拖动，释放鼠标后，即可完成绝对引用，效果如图 5-8 所示。

图 5-7 计算后的结果   图 5-8 绝对引用后的效果

5.1.3 混合引用

混合引用是指行固定而列不固定或列固定而行不固定的单元格引用，如果在字母前添加$，而数字前没有，则列是固定的，行是不固定的，相反，则列是不固定的，行是固定的。混合引用的具体操作步骤如下。

步骤01 继续上面的操作，在工作表标签栏中选择 Sheet2，选择 F10 单元格，并在该单元格中输入"=$D10*E10"，如图 5-9 所示。

步骤02 输入完成后，将鼠标放置在单元格的右下角，当鼠标变为 + 时，按住鼠标向右进行拖动，释放鼠标后，即可完成混合引用，如图 5-10 所示。

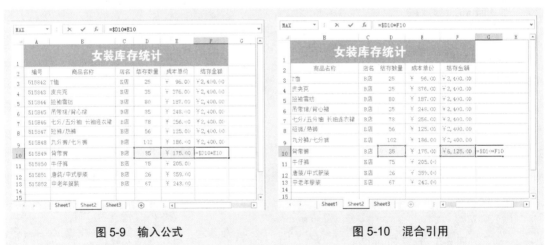

图 5-9 输入公式   图 5-10 混合引用

5.1.4 三维引用

三维引用是指可以对不同工作表中的不同单元格进行引用。三维引用的具体操作步骤如下。

步骤 01 继续上一实例的操作，在工作表标签栏中选择 Sheet3，选择 C3 单元格，在该单元格中输入"=Sheet1！F3+Sheet2！F3"，如图 5-11 所示。

步骤 02 输入完成后，按 Enter 键确认，即可计算出结果，完成后的效果如图 5-12 所示。

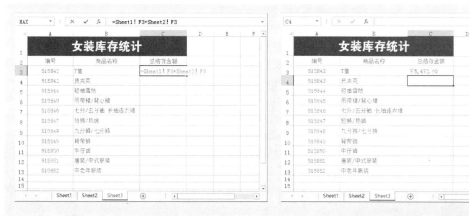

图 5-11　输入公式　　　　　　　　　　图 5-12　计算后的效果

5.1.5　循环引用

循环引用是指公式直接或间接引用了该公式所在的单元格。在计算循环引用公式时，必须启用迭代计算，而迭代的意思就是重复工作表直到满足特定的数值条件。使用循环引用的操作步骤如下。

步骤 01 继续上面的操作，在工作表标签栏中选择 Sheet1，选择 D14 单元格，在该单元格中输入"=SUM(D3:D14)"，如图 5-13 所示。

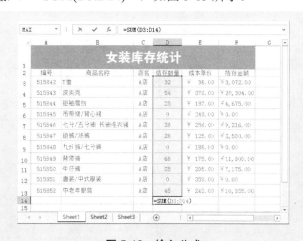

图 5-13　输入公式

步骤 02 输入完成后，按 Enter 键确认，即可弹出一个提示对话框，如图 5-14 所示。

图 5-14　提示对话框

步骤 03　在该对话框中单击【确定】按钮。单击【文件】按钮，在弹出的下拉菜单中选择【选项】命令，如图 5-15 所示。

步骤 04　在弹出的【Excel 选项】对话框中切换到【公式】选项设置界面，选中【启用迭代计算】复选框，将【最多迭代次数】设置为 1，如图 5-16 所示。

图 5-15　选择【选项】命令	图 5-16　设置迭代计算

步骤 05　设置完成后，单击【确定】按钮，即可计算结果。完成后的效果如图 5-17 所示。

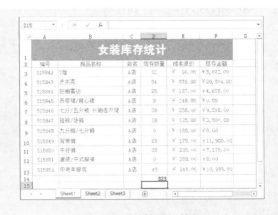

图 5-17　计算后的效果

5.2　为单元格或单元格区域命名

在 Excel 中，用户可以对单元格或单元格区域添加简单而容易辨认的名称。本节将对

其进行简单介绍。

5.2.1 为单元格命名

在 Excel 中，用户可以为某个单个的单元格命名，其具体操作步骤如下。

步骤 01 继续上面的操作，在工作表中选择 B2 单元格，切换到【公式】选项卡，在【定义的名称】组中单击【定义名称】右侧的下三角按钮，在弹出的下拉菜单中选择【定义名称】命令，如图 5-18 所示。

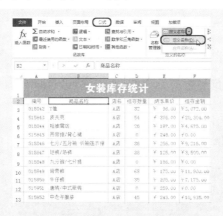

图 5-18 选择【定义名称】命令

步骤 02 执行该命令后，在弹出的【新建名称】对话框中将【名称】设置为"商品名称"，如图 5-19 所示。

步骤 03 设置完成后，单击【确定】按钮，即可完成为单元格命名的操作，如图 5-20 所示。

图 5-19 输入名称

图 5-20 命名后的效果

除了上面所叙述的方法之外，用户还可以在选中的单元格上右击，在弹出的快捷菜单中选择【定义名称】命令，如图 5-21 所示，在弹出的对话框中为其命名即可。

图 5-21　选择【定义名称】命令

5.2.2　为单元格区域命名

下面将介绍如何为单元格区域命名，具体操作步骤如下。

步骤01　继续上一实例的操作，在工作表中选择 E7:E13 单元格，右击，在弹出的快捷菜单中选择【定义名称】命令，如图 5-22 所示。

图 5-22　选择【定义名称】命令

步骤02　在弹出的【新建名称】对话框中输入名称，如图 5-23 所示。

步骤03　输入完成后，单击【确定】按钮。完成后的效果如图 5-24 所示。

图 5-23　输入名称　　　　　　　**图 5-24　设置后的效果**

5.2.3 粘贴名称

下面将介绍如何粘贴名称，具体操作步骤如下。

步骤01 继续上面的操作，在工作表标签栏中选择 Sheet2，选择 E3:E13 单元格区域，切换到【公式】选项卡，在【定义的名称】组中单击【用于公式】按钮，在弹出的下拉菜单中选择【粘贴名称】命令，如图 5-25 所示。

步骤02 在弹出的【粘贴名称】对话框中选择【单价】选项，如图 5-26 所示。然后单击【确定】按钮即可。

图 5-25 选择【粘贴名称】命令

图 5-26 选择名称

5.2.4 删除名称

下面将介绍如何删除名称，具体操作步骤如下。

步骤01 在工作表标签栏中选择 Sheet1，切换到【公式】选项卡，在【定义的名称】组中单击【名称管理器】按钮，如图 5-27 所示。

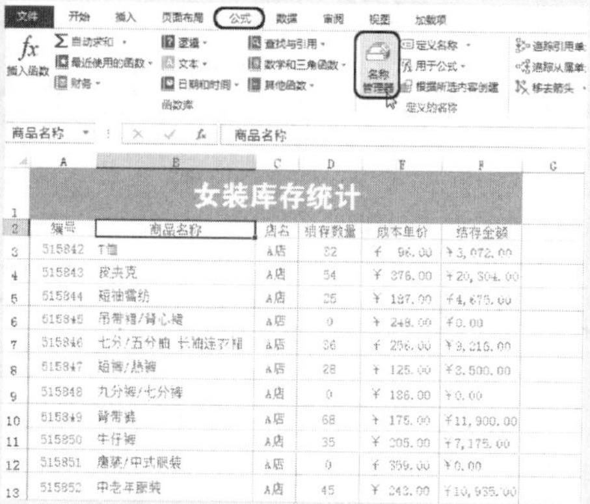

图 5-27 单击【名称管理器】按钮

步骤 02 在弹出的【名称管理器】对话框中选择【单价】选项，然后单击【删除】按钮，如图 5-28 所示。

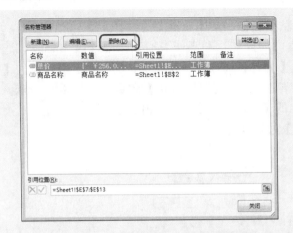

图 5-28 选择名称并单击【删除】按钮

步骤 03 执行该操作后，即可弹出一个提示对话框提示是否删除名称，如图 5-29 所示。

步骤 04 单击【确定】按钮，即可将选中的名称删除。完成后的效果如图 5-30 所示，然后单击【关闭】按钮即可。

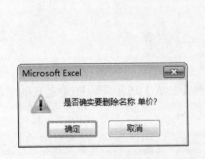

图 5-29 提示对话框

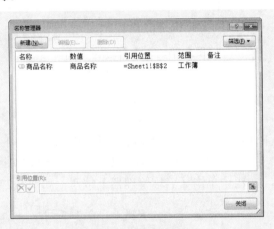

图 5-30 删除名称

5.2.5 根据所选内容创建名称

下面将介绍如何根据所选内容创建名称，具体操作步骤如下。

步骤 01 在工作表中选择 A2:B13 单元格区域，切换到【公式】选项卡，在【定义的名称】组中单击【根据所选内容创建】按钮，在弹出的【以选定区域创建名称】对话框中选中【首行】、【最右列】复选框，如图 5-31 所示。

步骤 02 设置完成后，单击【确定】按钮，在弹出的提示对话框中单击【是】按钮，如图 5-32 所示。

图 5-31 【以选定区域创建名称】对话框

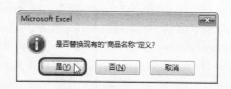

图 5-32 提示对话框

步骤 03 执行该操作后，即可完成根据所选内容创建名称的操作。完成后的效果如图 5-33 所示。

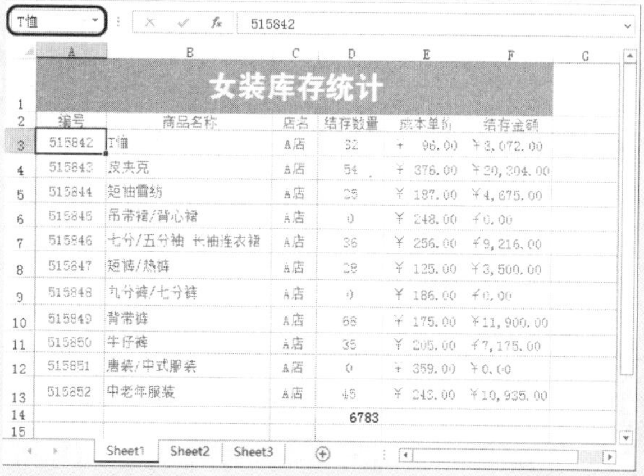

图 5-33 设置后的效果

5.3 表格的基本操作

在 Excel 中，用户在输入数据之后，可以根据需要对其进行美化，例如设置字体、字号、字体颜色等，本节将对其进行简单介绍。

5.3.1 设置字体和字号

在 Excel 中，用户难免会对输入数据的字体和字号不满意，为了数据的醒目和突出，用户可以根据需要设置字体和字号。其具体操作步骤如下。

步骤 01 按 Ctrl+O 组合键，在弹出的界面中选择【计算机】，单击【浏览】按钮，在弹出的对话框中选择随书附带光盘中的 CDROM\素材\第 6 章\营养成分表.xlsx，如图 5-34 所示。

步骤 02 单击【打开】按钮，将该文件打开，效果如图 5-35 所示。

图 5-34　选择素材文件

步骤03 在工作表中选择 A1 单元格并右击，在弹出的快捷菜单中选择【设置单元格格式】命令，如图 5-36 所示。

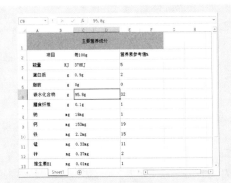

图 5-35　打开的素材文件

图 5-36　选择【设置单元格格式】命令

步骤04 在弹出的【设置单元格格式】对话框中切换到【字体】选项卡，在【字体】列表框中选择【汉仪综艺体简】，在【字号】列表框中选择 24，如图 5-37 所示，然后单击【确定】按钮即可。

步骤05 设置完成后，单击【确定】按钮，效果如图 5-38 所示。

图 5-37　设置字体和字号

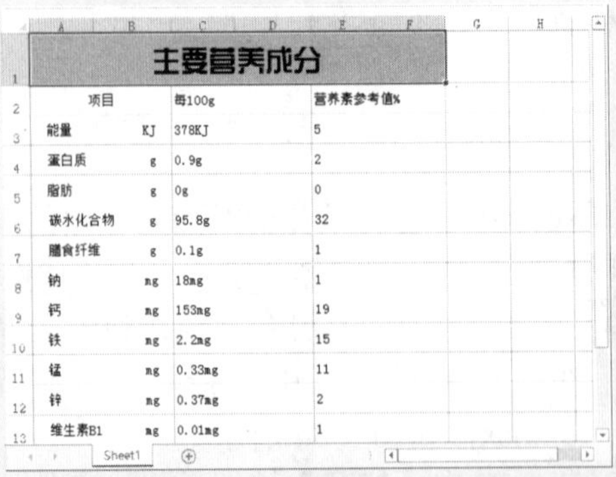

图 5-38　设置字体和字号后的效果

5.3.2　设置字体颜色

下面介绍如何设置字体的颜色，具体操作步骤如下。

步骤 01　继续上面的操作，在工作表中选择 A1 单元格并右击，在弹出的快捷菜单中选择【设置单元格格式】命令，如图 5-39 所示。

步骤 02　在弹出的【设置单元格格式】对话框中切换到【字体】选项卡，单击【颜色】下拉列表框的下三角按钮，在弹出的下拉列表中选择如图 5-40 所示的颜色。

图 5-39　选择【设置单元格格式】命令 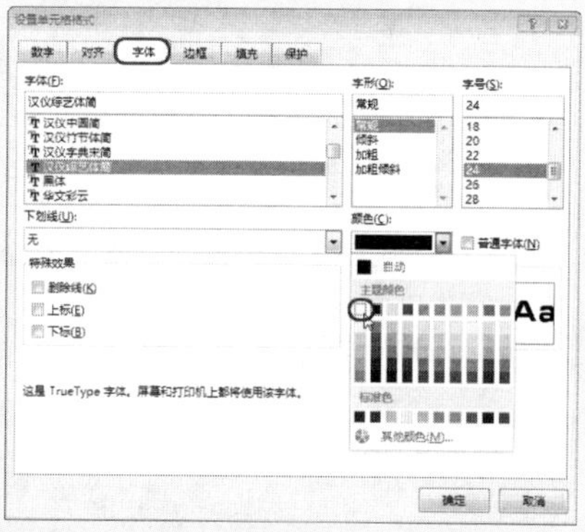　　　　　　图 5-40　选择颜色

步骤 03　设置完成后，单击【确定】按钮，即可为选中的文字设置字体颜色。完成后的效果如图 5-41 所示。

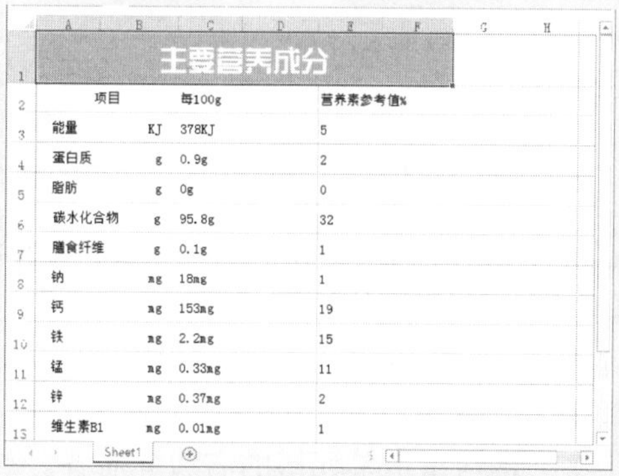

图 5-41　设置字体颜色后的效果

5.3.3　设置文本的对齐方式

下面介绍如何设置文本的对齐方式，具体操作步骤如下。

步骤 01　在工作表中选择 C2:E14 单元格区域并右击，在弹出的快捷菜单中选择【设置单元格格式】命令，如图 5-42 所示。

步骤 02　在弹出的【设置单元格格式】对话框中切换到【对齐】选项卡，单击【水平

对齐】下拉列表框的下三角按钮，在弹出的下拉列表中选择【居中】选项，如图 5-43 所示。

图 5-42　选择【设置单元格格式】命令

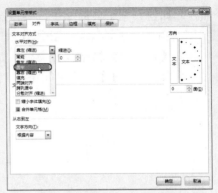

图 5-43　选择【居中】选项

步骤 03 设置完成后，即可将选中的对象居中对齐，效果如图 5-44 所示。

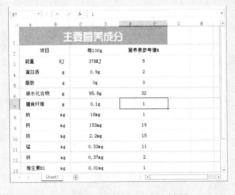

图 5-44　居中对齐后的效果

在【对齐】选项卡的【文本对齐方式】选项组中的选项介绍如下。

- 【水平对齐】、【垂直对齐】下的选项如下。
    - 靠左(缩进)：将文本与指定单元格的左边界对齐。
    - 居中：将文本在指定单元格中水平居中显示。
    - 靠右(缩进)：将文本与指定单元格的右边界对齐。
    - 填充：使文本重复地将单元格填满。
    - 两端对齐：将文本在指定单元格中按照水平方向上两边对齐。
    - 跨列居中：当同时选择多个单元格时，使用该对齐方式，系统会将位于同一行的多个单元格看作是一个大单元格，没有了列的限制，使这些单元格中的内容居中显示在大单元格中。
    - 分散对齐：将文本在指定单元格中按照水平方向上靠左右两边对齐。
    - 垂直对齐：使文本在单元格中上下居中。
    - 靠上：将文本与指定的单元格上边界对齐。

◆ 居中：将文本在指定的单元格中垂直居中显示。

◆ 靠下：将文本与指定的单元格下边界对齐。

◆ 两端对齐：将文本在指定单元格中按照垂直方向上两边对齐。

◆ 分散对齐：将文本在指定单元格中按垂直方向上两边上下对齐。

● 【文本控制】选项组中的选项如下。

◆ 自动换行：在单元格中输入文本时自动换行。

◆ 缩小字体填充：将字体缩小以填充单元格。

◆ 合并单元格：把几个单元格合并成一个单元格。

5.3.4　设置数字格式

在 Excel 中，用户可以根据需要设置数字的格式，具体操作步骤如下。

步骤01 继续上面的操作，在工作表中选择 E3:E14 单元格区域，如图 5-45 所示。

步骤02 右击，在弹出的快捷菜单中选择【设置单元格格式】命令，如图 5-46 所示。

图 5-45　选择单元格

图 5-46　选择【设置单元格格式】命令

步骤03 在弹出的【设置单元格格式】对话框中切换到【数字】选项卡，在【分类】列表框中选择【百分比】选项，将【小数位数】设置为 0，如图 5-47 所示。

步骤04 设置完成后，单击【确定】按钮，即可设置选中数字的格式。完成后的效果如图 5-48 所示。

图 5-47　设置【小数位数】选项

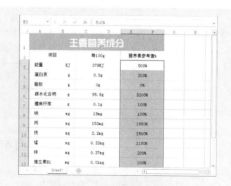

图 5-48　设置数字格式

5.3.5 设置文本方向

在 Excel 中，用户可以根据需要对文本的方向进行设置。

设置文字的方向可以通过在【开始】选项卡的【对齐方式】组中单击【方向】按钮，在弹出的下拉菜单中选择文字的方向即可，如图 5-49 所示。

除此之外，用户还可以根据需要设置文字旋转的角度，例如在【方向】下拉菜单中选择【设置单元格对齐方式】命令，如图 5-50 所示。

图 5-49　【方向】下拉菜单　　　　图 5-50　选择【设置单元格对齐方式】命令

然后在弹出的对话框中设置旋转角度即可，如图 5-51 所示。

图 5-51　调整角度

5.4　边框的添加与设置

在 Excel 中，用户可以根据需要为表格添加边框，并对其进行设置，从而达到美观的效果。本节将对如何添加边框并对其设置进行简单的介绍。

5.4.1　添加边框

常用的报表中都带有表格，而边框是表格的重要组成部分。本节将介绍如何添加边框。

1. 通过命令添加边框

下面将介绍如何通过命令添加边框，具体操作步骤如下。

步骤 01　选择要添加边框的单元格区域，例如选择 A1:F14 单元格区域，如图 5-52 所示。

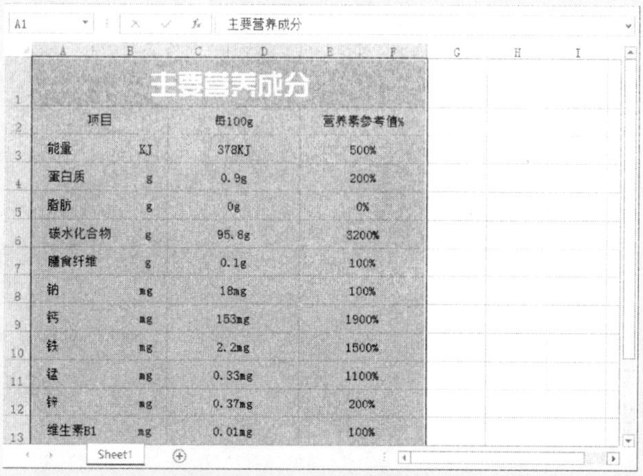

图 5-52　选择单元格区域

步骤 02　切换到【开始】选项卡，在【字体】组中单击【边框】右侧的下三角按钮，在弹出的下拉菜单中选择【所有线框】命令，如图 5-53 所示。

步骤 03　执行该命令后，即可为选中的区域添加边框，完成后的效果如图 5-54 所示。

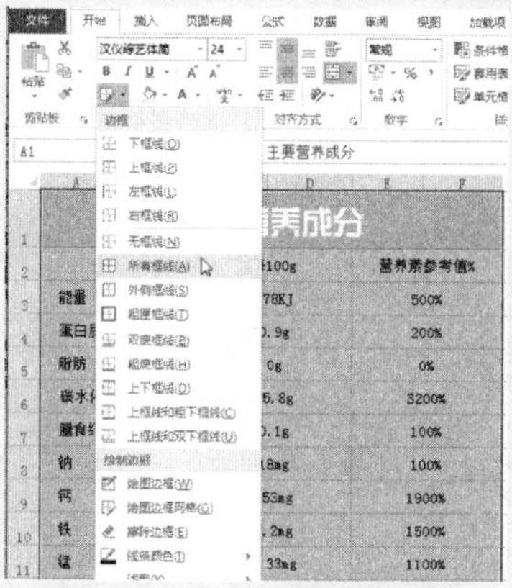

图 5-53　选择【所有线框】命令

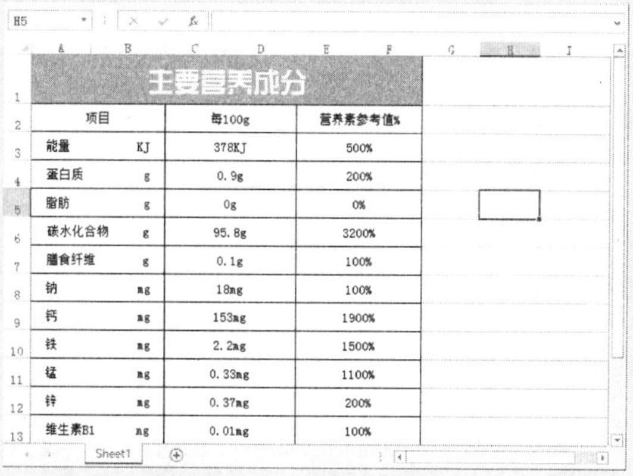

图 5-54　添加边框线后的效果

2. 使用对话框添加边框

下面将介绍如何使用对话框添加边框，具体操作步骤如下。

步骤01 选择要添加边框的单元格区域，例如选择 A2:F6 单元格区域，如图 5-55 所示。

步骤02 右击，在弹出的快捷菜单中选择【设置单元格格式】命令，如图 5-56 所示。

图 5-55 选择单元格区域　　　　　图 5-56 选择【设置单元格格式】命令

步骤03 在弹出的【设置单元格格式】对话框中切换到【边框】选项卡，单击【外边框】按钮，如图 5-57 所示。

步骤04 设置完成后，单击【确定】按钮。添加边框后的效果如图 5-58 所示。

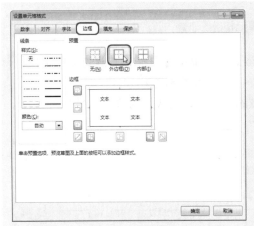 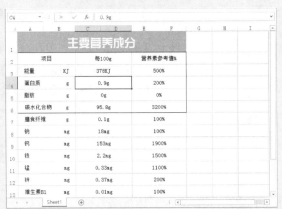

图 5-57 【边框】选项卡　　　　　图 5-58 添加边框后的效果

3. 绘制边框

下面将介绍如何绘制边框，具体操作步骤如下。

步骤01 切换到【开始】选项卡，在【字体】组中单击【边框】右侧的下三角按钮，在弹出的下拉菜单中选择【绘制边框】命令，如图 5-59 所示。

步骤02 执行该命令后，在要添加边框的单元格中进行绘制，效果如图 5-60 所示。

图 5-59　选择【绘制边框】命令　　　　图 5-60　绘制边框后的效果

4. 绘制边框网格

下面将介绍如何绘制边框网格，具体操作步骤如下。

步骤 01　切换到【开始】选项卡，在【字体】组中单击【边框】右侧的下三角按钮，在弹出的下拉菜单中选择【绘制边框网格】命令，如图 5-61 所示。

步骤 02　执行该命令后，在要添加边框网格的单元格中进行绘制，效果如图 5-62 所示。

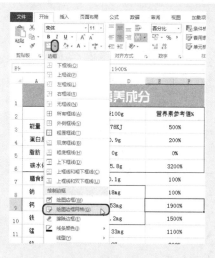

图 5-61　选择【绘制边框网格】命令　　　　图 5-62　绘制边框网格后的效果

5.4.2　设置边框线条

下面将介绍如何设置边框线条，具体操作步骤如下。

步骤 01　在工作表中选择要设置边框线条的单元格区域，如图 5-63 所示。

步骤 02 右击，在弹出的快捷菜单中选择【设置单元格格式】命令，如图 5-64 所示。

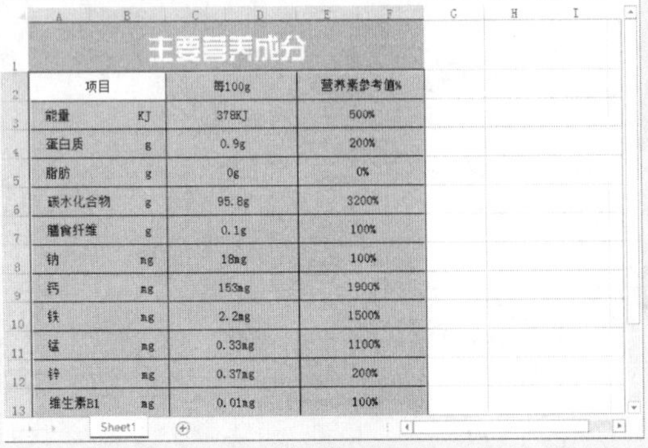

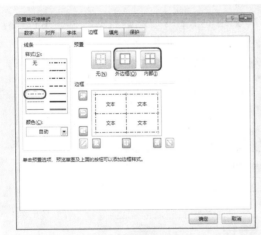

图 5-63　选择单元格区域

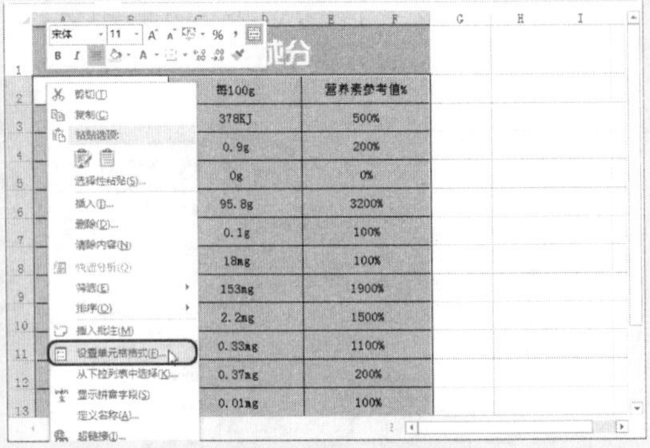

图 5-64　选择【设置单元格格式】命令

步骤 03 在弹出的【设置单元格格式】对话框中切换到【边框】选项卡，在【样式】列表框中选择如图 5-65 所示的样式，然后分别单击【外边框】按钮 ⊞ 和【内部】按钮 ⊞。

步骤 04 选择完成后，单击【确定】按钮，即可应用该样式，如图 5-66 所示。

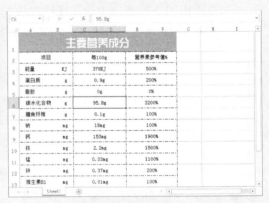

图 5-65　选择边框样式

图 5-66　应用样式

5.4.3　设置线条颜色

下面将介绍如何设置边框线条的颜色，具体操作步骤如下。

步骤 01 选择要设置线条颜色的单元格区域，右击，在弹出的快捷菜单中选择【设置单元格格式】命令，在弹出的【设置单元格格式】对话框中单击【颜色】下拉列表框的下三角按钮，在弹出的下拉列表中选择【浅绿】选项，如图 5-67 所示。

步骤 02 分别单击【外边框】按钮 ⊞ 和【内部】按钮 ⊞，然后单击【确定】按钮，即可完成设置线条颜色的操作，如图 5-68 所示。

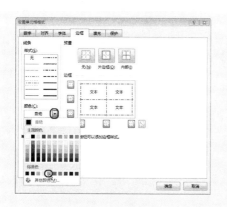

图 5-67 选择颜色

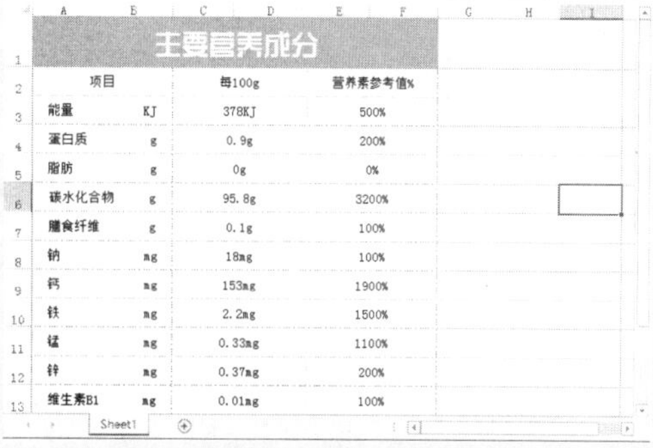

图 5-68 设置线条颜色后的效果

5.4.4 删除边框

在 Excel 中，删除边框的方式有很多种，本节将对其进行简单介绍。

步骤01 选择要删除边框的单元格区域，在【开始】选项卡的【字体】组中，单击【框线】右侧的下三角按钮，在弹出的下拉菜单中选择【无框线】命令，如图 5-69 所示。

步骤02 执行该操作后，即可删除边框，效果如图 5-70 所示。

图 5-69 选择【无框线】命令

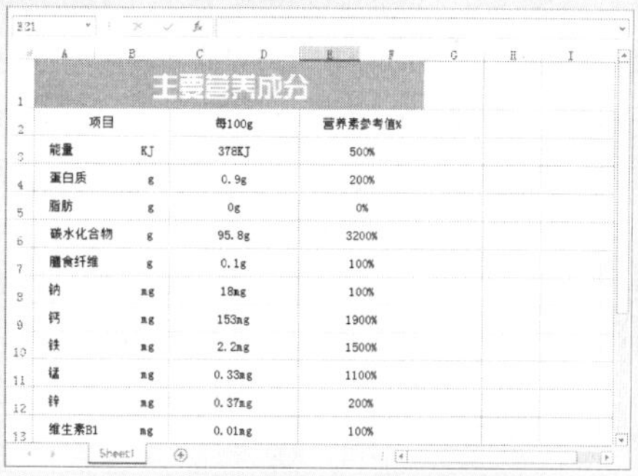

图 5-70 删除边框后的效果

提示：在选择的单元格区域上右击，在弹出的快捷菜单中选择【设置单元格格式】命令，在弹出的【设置单元格格式】对话框中切换到【边框】选项卡，在【预置】选项组中单击【无】按钮，如图 5-71 所示。然后单击【确定】按钮，这样也同样可以将边框删除。

图 5-71　单击【无】按钮

5.5　背 景 填 充

在 Excel 中，有时为了突出显示数据，可以为其填充背景颜色以及图案等。

5.5.1　添加背景颜色

下面将介绍如何为表格填充背景颜色，具体操作步骤如下。

步骤01　按 Ctrl+O 组合键，在弹出的界面中选择【计算机】，单击【浏览】按钮，在弹出的对话框中选择随书附带光盘中的 CDROM\素材\第 6 章\电脑配置单.xlsx，如图 5-72 所示。

步骤02　单击【打开】按钮，将该文件打开，效果如图 5-73 所示。

图 5-72　选择素材文件　　　　图 5-73　打开的素材文件

步骤03　打开素材文件，在工作表中选择 A1:A17 单元格区域，右击，在弹出的快捷菜单中选择【设置单元格格式】命令，如图 5-74 所示。

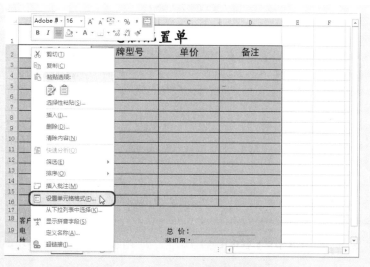

图 5-74　选择【设置单元格格式】命令

步骤04 在弹出的【设置单元格格式】对话框中切换到【填充】选项卡，在【背景色】选项组中选择要填充的颜色即可，如图 5-75 所示。

步骤05 设置完成后，单击【确定】按钮，即可完成设置背景色的操作，如图 5-76 所示。

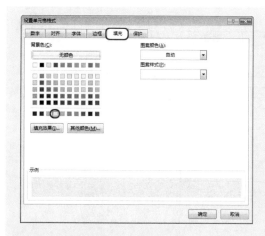

图 5-75　选择颜色　　　　　　　　　　图 5-76　填充背景颜色后的效果

如果在【背景色】选项组中没有用户所需的颜色，可以单击【其他颜色】按钮，在弹出的【颜色】对话框中切换到【自定义】选项卡，在该选项卡中设置所需的颜色即可，如图 5-77 所示。

除此之外，用户还可以在【开始】选项卡的【字体】组中单击【填充颜色】右侧的下三角按钮，在弹出的下拉菜单中选择填充的背景颜色，如图 5-78 所示。

图 5-77 【自定义】选项卡

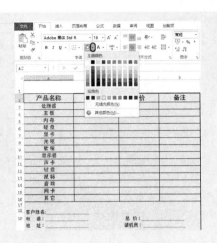

图 5-78 填充颜色下拉菜单

5.5.2 设置渐变填充

下面将介绍如何设置渐变填充，具体操作步骤如下。

步骤01 在工作表中选择 A17 单元格，右击，在弹出的快捷菜单中选择【设置单元格格式】命令，如图 5-79 所示。

图 5-79 选择【设置单元格格式】命令

步骤02 在弹出的【设置单元格格式】对话框中切换到【填充】选项卡，然后单击【填充效果】按钮，如图 5-80 所示。

步骤03 在弹出的【填充效果】对话框中单击【颜色 1】下拉列表框的下三角按钮，在弹出的下拉列表中选择【黄色】选项，如图 5-81 所示。

图 5-80 【填充】选项卡

图 5-81 选择颜色

步骤04 再单击【颜色 2】下拉列表框的下三角按钮，在弹出的下拉列表中选择【浅绿】选项，如图 5-82 所示。

步骤05 设置完成后，再在【变形】选项组中单击如图 5-83 所示的样式。

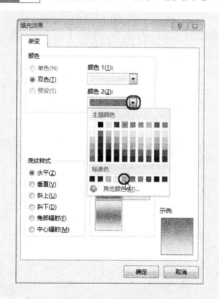

图 5-82 设置颜色 2

图 5-83 选择变形

步骤06 设置完成后，单击【确定】按钮，返回到【设置单元格格式】对话框，单击【确定】按钮，即可完成渐变填充。填充渐变后的效果如图 5-84 所示。

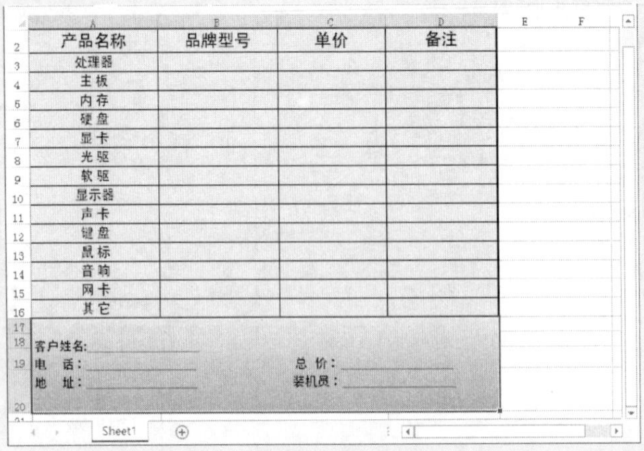

图 5-84　填充渐变后的效果

5.5.3　设置图案填充

下面将介绍如何设置图案填充，具体操作步骤如下。

步骤 01　在工作表中选择 A1 单元格，右击，在弹出的快捷菜单中选择【设置单元格格式】命令，如图 5-85 所示。

步骤 02　在弹出的【设置单元格格式】对话框中切换到【填充】选项卡，单击【图案颜色】下拉列表框的下三角按钮，在弹出的下拉列表中选择【橙色】选项，如图 5-86 所示。

图 5-85　选择【设置单元格格式】命令

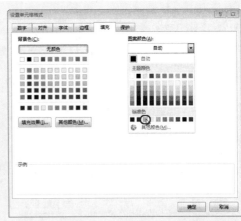

图 5-86　选择【橙色】

步骤 03　单击【图案样式】下拉列表框的下三角按钮，在弹出的下拉列表中选择如图 5-87 所示的图案。

步骤 04　单击【确定】按钮，即可应用该图案，效果如图 5-88 所示。

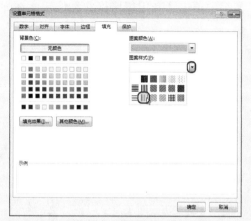

图 5-87 选择图案样式

图 5-88 应用图案样式

5.6 套 用 样 式

为了提高工作效率，用户可以根据需要在 Excel 中选择内置的样式，本节将对其进行简单介绍。

5.6.1 套用表格样式

在 Excel 中，用户可以根据需要套用内置的表格样式，具体操作步骤如下。

步骤01 按 Ctrl+O 组合键，在弹出的界面中选择【计算机】，单击【浏览】按钮，在弹出的对话框中选择随书附带光盘中的 CDROM\素材\第 6 章\电脑配置单.xlsx，如图 5-89 所示。

步骤02 单击【打开】按钮，将该文件打开，效果如图 5-90 所示。

图 5-89 选择素材文件

图 5-90 打开的素材文件

步骤03 在工作表中选择 A2:D16 单元格区域，如图 5-91 所示。

步骤 04 切换到【开始】选项卡，在【样式】组中单击【套用表格格式】按钮，在弹出的下拉菜单中选择如图 5-92 所示的样式。

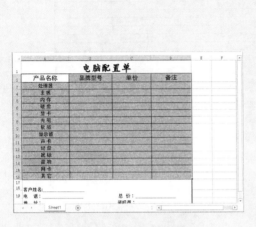

图 5-91 选择单元格区域

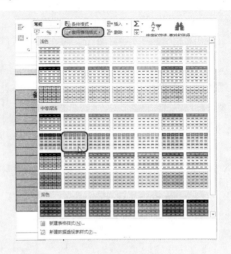

图 5-92 选择样式

步骤 05 在弹出的【套用表格式】对话框中单击【确定】按钮，如图 5-93 所示。

步骤 06 执行该操作后，即可应用该样式，效果如图 5-94 所示。

图 5-93 【套用表格式】对话框

图 5-94 应用样式后的效果

5.6.2 套用单元格样式

在 Excel 2013 中，用户可以根据内置的单元格样式快速改变标题样式、背景等，下面将对其进行简单介绍。

步骤 01 在工作表中选择 A1 单元格，如图 5-95 所示。

步骤 02 切换到【开始】选项卡，在【样式】组中单击【单元格样式】按钮，在弹出的下拉菜单中选择如图 5-96 所示的样式。

步骤 03 再在工作表中选择 A17 单元格，在【样式】组中单击【单元格样式】按钮，在弹出的下拉菜单中选择如图 5-97 所示的样式。

图 5-95　选择 A1 单元格

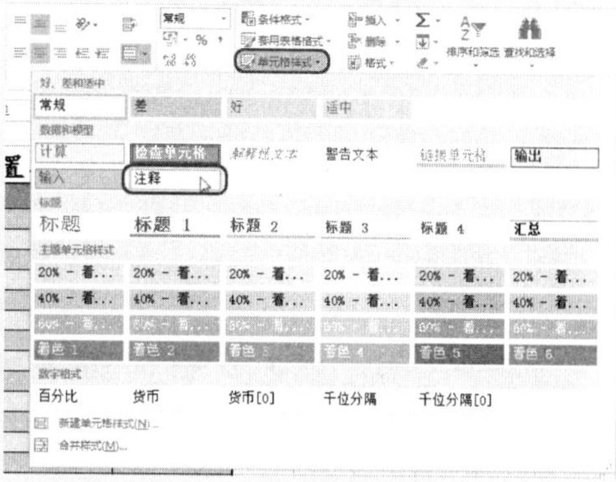

图 5-96　选择单元格样式

步骤04　执行该操作后，即可应用单元格样式，效果如图 5-98 所示。

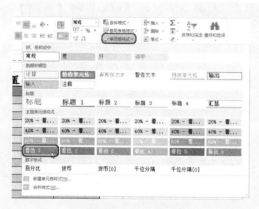

图 5-97　选择单元格样式

图 5-98　应用单元格样式后的效果

5.7　上 机 练 习

本节将根据本章所学的内容来制作两个案例，其中包括课程表、家具店销售记录表，通过这两个案例的学习，可以对本章的内容进行巩固。

5.7.1　制作课程表

下面将介绍如何制作课程表，效果如图 5-99 所示，其具体操作步骤如下。

步骤01　启动 Excel 2013，选择 A1:I1 单元格区域，右击，在弹出的快捷菜单中选择【设置单元格格式】命令，如图 5-100 所示。

步骤02　在弹出的【设置单元格格式】对话框中切换到【对齐】选项卡，在【文本控制】选项组中选中【合并单元格】复选框，如图 5-101 所示。

图 5-99　课程表

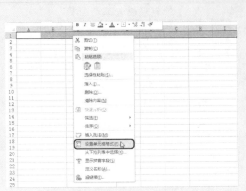

图 5-100　选择【设置单元格格式】命令

步骤 03　单击【确定】按钮，确认 A1 单元格处于选中状态，切换到【开始】选项
卡，在【单元格】组中单击【格式】按钮，在弹出的下拉菜单中选择【行高】命
令，如图 5-102 所示。

图 5-101　【对齐】选项卡

图 5-102　选择【行高】命令

步骤 04　在弹出的【行高】对话框中将【行高】设置为"60"，如图 5-103 所示。

步骤 05　设置完成后，单击【确定】按钮，切换到【开始】选项卡，在【字体】组中
单击【填充颜色】右侧的下三角按钮，在弹出的下拉菜单中选择如图 5-104 所
示的颜色。

步骤 06　在 A1 单元格中输入文字，选中该单元格，切换到【开始】选项卡，在【字
体】组中将【字体】设置为【方正魏碑简体】，将【字号】设置为 36，将【字体
颜色】设置为白色；在【对齐方式】组中单击【居中】按钮，如图 5-105 所示。

步骤 07　切换到【插入】选项卡，在【插图】组中单击【联机图片】按钮，在弹出的
窗口中输入要查找的内容，如图 5-106 所示。

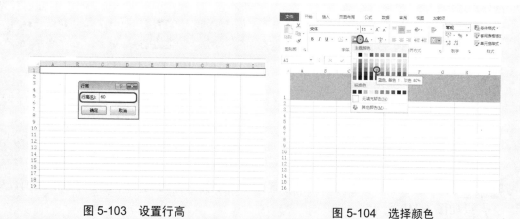

图 5-103　设置行高　　　　　　　　　图 5-104　选择颜色

图 5-105　设置字体和对齐方式

图 5-106　输入查找内容

步骤 08　按 Enter 键进行搜索，在搜索结果中选择要插入的对象，如图 5-107 所示。

图 5-107　选择对象

步骤 09　单击【插入】按钮，即可将选择的对象插入到工作表中，如图 5-108 所示。

步骤 10　调整插入对象的位置，切换到【图片工具】下的【格式】选项卡，在【大小】组中单击【裁剪】按钮，然后调整裁剪框的大小，如图 5-109 所示。

图 5-108 　插入对象后的效果

图 5-109 　调整裁剪框的大小

步骤 11 　调整完成后，在其他空白位置处单击鼠标，即可完成对选中对象的裁剪，效果如图 5-110 所示。

步骤 12 　选择 A2 单元格，切换到【开始】选项卡，在【单元格】组中单击【格式】按钮，在弹出的下拉菜单中选择【行高】命令，如图 5-111 所示。

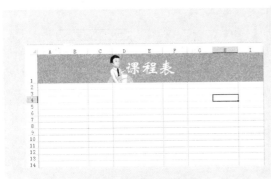

图 5-110 　裁剪后的效果

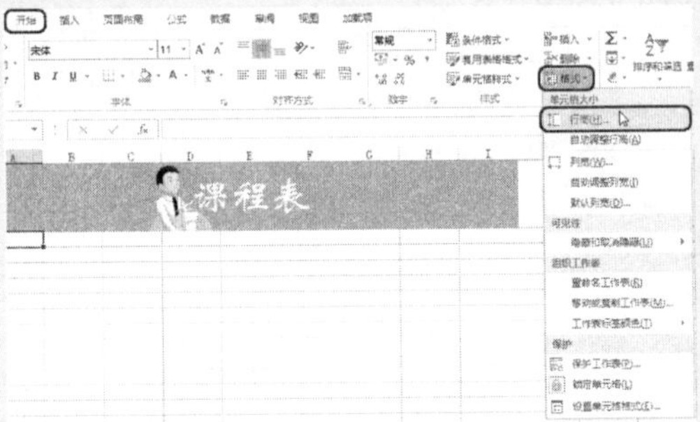

图 5-111 　选择【行高】命令

步骤 13 　在弹出的【行高】对话框中将【行高】设置为 "35"，如图 5-112 所示。

步骤 14 　设置完成后，单击【确定】按钮，选择 A2:G2 单元格区域，在【单元格】组中单击【格式】按钮，在弹出的下拉菜单中选择【列宽】命令，如图 5-113 所示。

图 5-112 　设置行高

图 5-113 　选择【列宽】命令

步骤 15 　在弹出的【列宽】对话框中将【列宽】设置为 "10"，如图 5-114 所示。

步骤 16 　设置完成后，单击【确定】按钮，选择 A2 单元格，右击，在弹出的快捷菜单中选择【设置单元格格式】命令，如图 5-115 所示。

图 5-114　设置列宽

图 5-115　选择【设置单元格格式】命令

步骤 17　在弹出的【设置单元格格式】对话框中切换到【边框】选项卡，在【边框】选项组中单击如图 5-116 所示的按钮。

步骤 18　单击【确定】按钮，在 A2 单元格中输入文字，效果如图 5-117 所示。

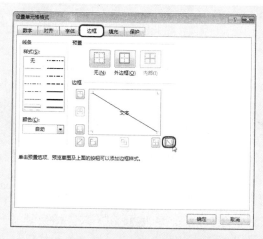

图 5-116　【边框】选项卡

图 5-117　输入文字

步骤 19　使用同样的方法在 B2:G2 单元格区域中输入文字。选中 B2:G2 单元格区域，切换到【开始】选项卡，在【对齐方式】组中单击【居中】按钮，如图 5-118 所示。

步骤 20　选择 A2:G2 单元格区域，在【开始】选项卡的【字体】组中单击【填充颜色】按钮右侧的下三角按钮，在弹出的下拉菜单中选择【其他颜色】命令，如图 5-119 所示。

步骤 21　在弹出的【颜色】对话框中切换到【自定义】选项卡，将 RGB 值设置为 221、235、247，如图 5-120 所示。

步骤 22　设置完成后，单击【确定】按钮，即可为选中的单元格填充颜色，如图 5-121 所示。

图 5-118　输入文字并居中对齐

图 5-119　选择【其他颜色】命令

图 5-120　设置 RGB 值

图 5-121　填充背景颜色后的效果

步骤23　选择如图 5-122 所示的四行单元格，右击，在弹出的快捷菜单中选择【行高】命令，如图 5-122 所示。

步骤24　在弹出的【行高】对话框中将【行高】设置为"23"，如图 5-123 所示。

步骤25　设置完成后，单击【确定】按钮，选择 A3:A6 单元格区域，切换到【开始】选项卡，在【对齐方式】组中单击【合并后居中】按钮，将该单元格区域合并后并居中，如图 5-124 所示。

图 5-122　选择【行高】命令

图 5-123　设置行高

步骤26　在该单元格中输入文字并选中该单元格，切换到【开始】选项卡，在【字体】组中将【字体】设置为【方正魏碑简体】，将【字号】设置为"18"，如图 5-125 所示。

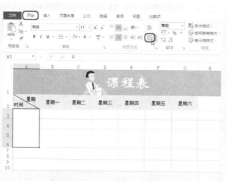

图 5-124　合并单元格

图 5-125　设置字体和字号

步骤 27　在【对齐方式】组中单击【方向】按钮，在弹出的下拉菜单中选择【竖排文字】命令，如图 5-126 所示。

步骤 28　根据前面所介绍的方法对其他单元格进行调整，调整后的效果如图 5-127 所示。

图 5-126　选择【竖排文字】命令

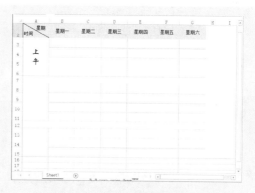

图 5-127　对单元格进行调整

步骤 29　在各个单元格中输入文字，并对其进行设置，效果如图 5-128 所示。

步骤 30　按住 Ctrl 键选择如图 5-129 所示的单元格区域。

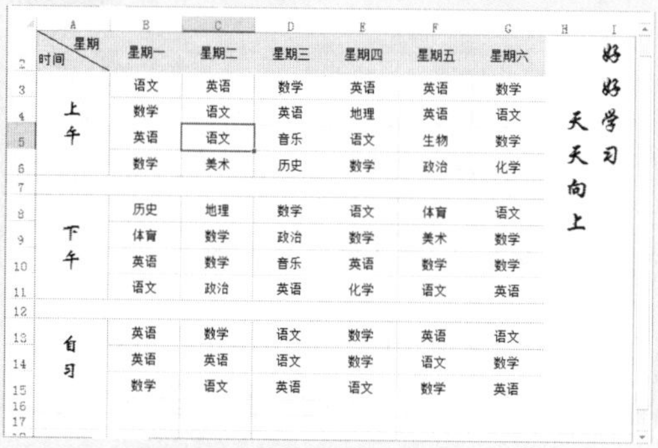

图 5-128　输入文字

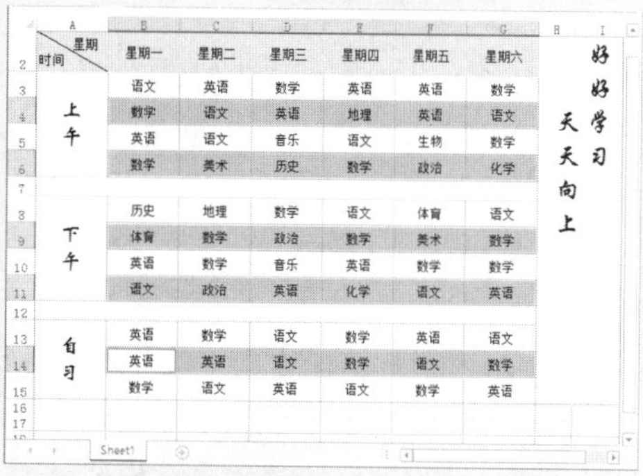

图 5-129　选择单元格区域

步骤 31 切换到【开始】选项卡，在【字体】组中单击【填充颜色】右侧的下三角按钮，在弹出的下拉菜单中选择如图 5-130 所示的颜色。

步骤 32 切换到【开始】选项卡，在【字体】组中单击【框线】右侧的下三角按钮，在弹出的下拉菜单中选择【线条颜色】命令，再在弹出的子菜单中选择【其他颜色】命令，如图 5-131 所示。

图 5-130 选择颜色

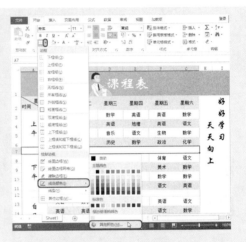

图 5-131 选择【其他颜色】命令

步骤 33 在弹出的【颜色】对话框中切换到【自定义】选项卡，将其 RGB 值设置为 91、155、213，如图 5-132 所示。

步骤 34 设置完成后，单击【确定】按钮，再在【字体】组中单击【框线】右侧的下三角按钮，在弹出的下拉菜单中选择【绘制边框网格】命令，如图 5-133 所示。

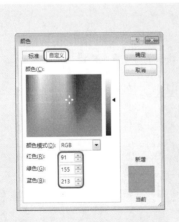

图 5-132 设置 RGB 值

图 5-133 选择【绘制边框网格】命令

步骤 35 执行该操作后，按住鼠标进行绘制，为单元格添加边框，效果如图 5-134 所示。

步骤 36 切换到【插入】选项卡，在【插图】组中单击【联机图片】按钮，在弹出的窗口中输入查找内容，如图 5-135 所示。

步骤 37 按 Enter 键进行搜索，在搜索结果中选择要插入的对象，如图 5-136 所示。

图 5-134　绘制边框后的效果　　　　　图 5-135　输入查找内容

步骤 38　单击【插入】按钮，即可将选中的对象插入到工作表中，调整其位置，效果如图 5-137 所示。

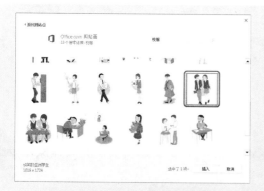

图 5-136　选择要插入的对象　　　　　图 5-137　调整图片的位置

步骤 39　在工作表中选择 A2:G15 单元格区域，切换到【开始】选项卡，在【字体】组中单击【文本颜色】右侧的下三角按钮，在弹出的下拉菜单中选择【其他颜色】命令，在弹出的【颜色】对话框中将 RGB 值设置为 47、117、181，如图 5-138 所示。

步骤 40　设置完成后，单击【确定】按钮，完成后的效果如图 5-139 所示。

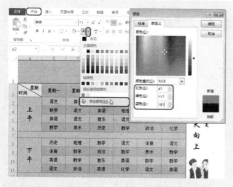

图 5-138　设置 RGB 值　　　　　图 5-139　设置颜色后的效果

步骤41 单击【文件】按钮，在弹出的界面中选择【保存】选项，再选择【计算机】选项，单击【浏览】按钮，如图 5-140 所示。

步骤42 在弹出的【另存为】对话框中指定保存路径，将【文件名】设置为“成绩表”，如图 5-141 所示。

步骤43 设置完成后，单击【保存】按钮，即可对完成后的场景进行保存。

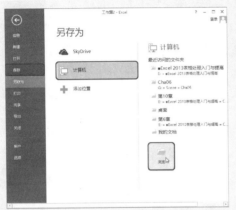

图 5-140 单击【浏览】按钮

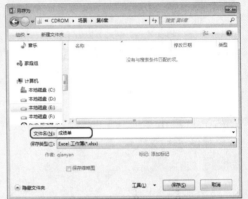

图 5-141 指定保存路径并设置文件名

5.7.2 制作家具店销售记录表

下面将介绍如何制作家具店销售记录表，效果如图 5-142 所示，其具体操作步骤如下。

锦绣店家具销售记录

编号	名称	风格	数量	单价	总价
HL51651	真皮转角沙发	现代风格	20	¥6499	¥129980
HL51652	真皮沙发套装	美式古典风格	8	¥16800	¥134400
HL51653	清新布艺沙发	现代风格	16	¥6982	¥111712
HL51654	桃花芯木双人沙发	美式古典风格	9	¥8900	¥80100
HL51655	韩式实木书柜	韩式田园风格	22	¥4998	¥109956
HL51656	多功能组合书柜	美式古典风格	17	¥12800	¥217600
HL51657	餐厅5件套装	欧式田园风格	20	¥7829	¥156580
HL51658	餐厅7键套装	美式古典风格	7	¥9680	¥67760
HL51659	钢化玻璃餐台	现代风格	9	¥1680	¥15120
HL51660	紫色印花餐桌	现代风格	14	¥1280	¥17920
HL51661	全实木长餐桌	中式风格	9	¥2820	¥25380

芷江店家具销售记录

编号	名称	风格	数量	单价	总价
HL51651	真皮转角沙发	现代风格	15	¥6499	¥97485
HL51652	真皮沙发套装	美式古典风格	13	¥16800	¥218400
HL51653	清新布艺沙发	现代风格	20	¥6982	¥139640
HL51654	桃花芯木双人沙发	美式古典风格	9	¥8900	¥80100
HL51655	韩式实木书柜	韩式田园风格	16	¥4998	¥79968
HL51656	多功能组合书柜	美式古典风格	6	¥12800	¥76800
HL51657	餐厅5件套装	欧式田园风格	12	¥7829	¥93948
HL51658	餐厅7键套装	美式古典风格	16	¥9680	¥154880
HL51659	钢化玻璃餐台	现代风格	17	¥1680	¥28560
HL51660	紫色印花餐桌	现代风格	10	¥1280	¥12800
HL51661	全实木长餐桌	中式风格	8	¥2820	¥22560

总销售表

编号	名称	风格	数量	总价
HL51651	真皮转角沙发	现代风格	15	¥227465
HL51652	真皮沙发套装	美式古典风格	13	¥352800
HL51653	清新布艺沙发	现代风格	20	¥251352
HL51654	桃花芯木双人沙发	美式古典风格	9	¥160200
HL51655	韩式实木书柜	韩式田园风格	16	¥189924
HL51656	多功能组合书柜	美式古典风格	6	¥294400
HL51657	餐厅5件套装	欧式田园风格	12	¥250528
HL51658	餐厅7键套装	美式古典风格	16	¥222640
HL51659	钢化玻璃餐台	现代风格	17	¥43680
HL51660	紫色印花餐桌	现代风格	10	¥30720
HL51661	全实木长餐桌	中式风格	8	¥47940

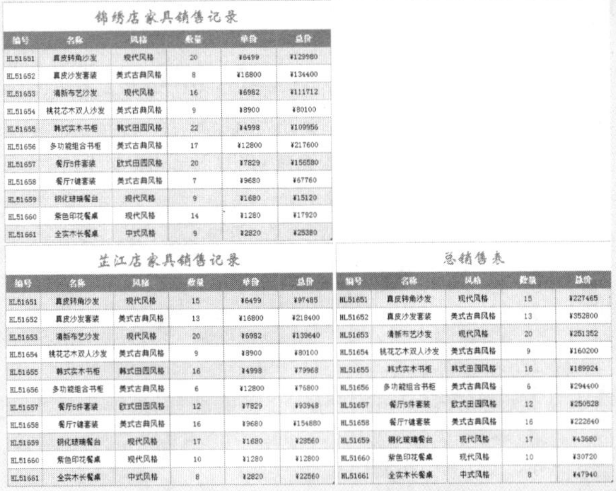

图 5-142 家具店销售记录表

步骤01 启动 Excel 2013，选择 A1:F1 单元格区域，切换到【开始】选项卡，在【对齐方式】组中单击【合并后居中】按钮，将该单元格区域合并后居中，如图 5-143 所示。

步骤02 继续选中该单元格，切换到【开始】选项卡，在【单元格】组中单击【格式】按钮，在弹出的下拉菜单中选择【行高】命令，如图 5-144 所示。

图 5-143 合并单元格　　　　　　　图 5-144 选择【行高】命令

步骤03 在弹出的【行高】对话框中将【行高】设置为"43"，如图 5-145 所示。

步骤04 设置完成后，单击【确定】按钮，在该单元格中输入文字。选中该单元格，切换到【开始】选项卡，在【字体】组中将【字体】设置为【汉仪魏碑简】，将【字号】设置为"24"，将文本颜色的 RGB 值设置为 47、117、181，如图 5-146 所示。

图 5-145 设置行高　　　　　　　图 5-146 设置字体、字号和文本颜色

步骤05 在 A2:F2 单元格区域中输入文字，并将其居中对齐，效果如图 5-147 所示。

步骤06 选择 A2:F13 单元格区域，切换到【开始】选项卡，在【格式】组中单击【套用表格格式】按钮，在弹出的下拉菜单中选择如图 5-148 所示的样式。

步骤07 在弹出的【套用表格式】对话框中选中【表包含标题】复选框，如图 5-149 所示。

步骤08 设置完成后，单击【确定】按钮，即可为选中的单元格区域应用该样式，效果如图 5-150 所示。

图 5-147　输入文字并将其居中对齐

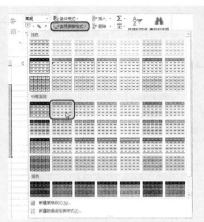

图 5-148　选择一种样式

图 5-149　【套用表格式】对话框

图 5-150　应用样式后的效果

步骤 09　选择 A2:F2 单元格区域，切换到【开始】选项卡，在【编辑】组中单击【排序和筛选】按钮，在弹出的下拉菜单中选择【筛选】命令，如图 5-151 所示。

步骤 10　选择 A2:F13 单元格区域，在【单元格】组中单击【格式】按钮，在弹出的下拉菜单中选择【行高】命令，如图 5-152 所示。

图 5-151　选择【筛选】命令

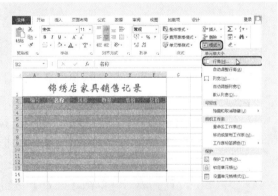

图 5-152　选择【行高】命令

步骤 11 在弹出的【行高】对话框中将【行高】设置为"26"，如图 5-153 所示。

步骤 12 设置完成后，单击【确定】按钮，效果如图 5-154 所示。

图 5-153 设置行高

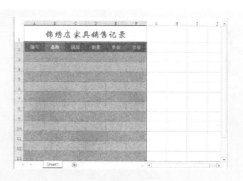

图 5-154 设置行高后的效果

步骤 13 根据相同的方法调整单元格的列宽。调整后的效果如图 5-155 所示。

步骤 14 选择 A2:F2 单元格区域，切换到【开始】选项卡，在【字体】组中将【字体】设置为【方正小标宋简体】，将【字号】设置为"12"，效果如图 5-156 所示。

图 5-155 调整列宽后的效果

图 5-156 设置字体和字号

步骤 15 在 A3 单元格中输入文字，将鼠标放置在该单元格的右下角，当鼠标变为 ✚ 时，按住鼠标向下拖动，如图 5-157 所示。

图 5-157 按住鼠标向下拖动

步骤16 释放鼠标后，即可完成填充，效果如图 5-158 所示。

步骤17 再在 D3:D13 单元格区域中输入文字，如图 5-159 所示。

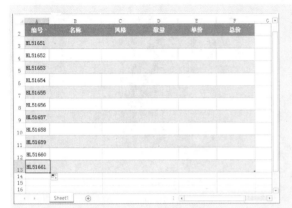

图 5-158　填充后的效果　　　　图 5-159　输入其他文字后的效果

步骤18 选择 E3:F13 单元格区域，右击，在弹出的快捷菜单中选择【设置单元格格式】命令，如图 5-160 所示。

步骤19 在弹出的【设置单元格格式】对话框中切换到【数字】选项卡，在【分类】列表框中选择【自定义】选项，在【类型】文本框中输入"￥####"，如图 5-161 所示。

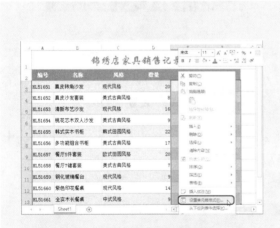

图 5-160　选择【设置单元格格式】命令

图 5-161　设置单元格格式

步骤20 设置完成后，单击【确定】按钮，在 E3:E13 单元格区域中输入数字，效果如图 5-162 所示。

步骤21 选择 F3 单元格，在该单元格中输入"=D3*E3"，如图 5-163 所示。

步骤22 按 Enter 键，系统将会在其下方的单元格中自动填充公式，效果如图 5-164 所示。

步骤23 选择 A3:F13 单元格区域，切换到【开始】选项卡，在【对齐方式】组中单击【居中】按钮 ，将选中的单元格区域居中对齐，效果如图 5-165 所示。

图 5-162　输入数字 　　　　　　　　　　　图 5-163　输入公式

图 5-164　填充公式后的效果 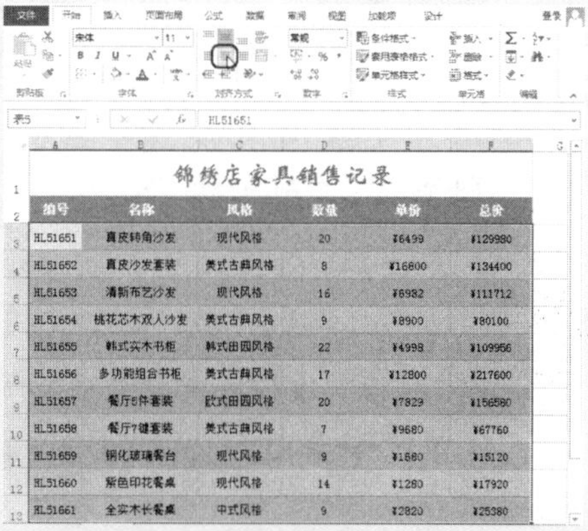　　　　　　　图 5-165　居中对齐

步骤 24 切换到【开始】选项卡，在【字体】组中单击【框线】右侧的下三角按钮，在弹出的下拉菜单中选择【其他颜色】命令，在弹出的【颜色】对话框中切换到【自定义】选项卡，将 RGB 值设置为 49、117、181，如图 5-166 所示。

步骤 25 设置完成后的，单击【确定】按钮，再在【字体】组中单击【下框线】右侧的下三角按钮，在弹出的下拉菜单中选择【绘制边框网格】命令，如图 5-167 所示。

图 5-166　设置 RGB 值 　　　　　　　　　图 5-167　选择【绘制边框网格】命令

步骤 26　执行该操作后，在工作表中对表格进行绘制，效果如图 5-168 所示。

步骤 27　绘制完成后，按 Esc 键，取消绘制。选择 A2:F2 单元格区域，在【字体】组中单击【填充颜色】按钮，将 RGB 值设置为 79、129、189。填充颜色后的效果如图 5-169 所示。

图 5-168　绘制边框后的效果

图 5-169　填充颜色

步骤 28　在工作表标签上右击，在弹出的快捷菜单中选择【重命名】命令，如图 5-170 所示。

步骤 29　将工作表标签命名为"销售记录 1"，然后再在该工作表标签上右击，在弹出的快捷菜单中选择【移动或复制】命令，如图 5-171 所示。

图 5-170　选择【重命名】命令

图 5-171　选择【移动或复制】命令

步骤 30　在弹出的【移动或复制工作表】对话框中选择【(移至最后)】选项，选中【建立副本】复选框，如图 5-172 所示。

步骤 31　单击【确定】按钮，将复制的工作表标签命名为"销售记录 2"，并修改该工作表中的内容，如图 5-173 所示。

步骤 32　使用同样的方法再对"销售记录 2"进行复制，并对复制后的工作表进行修改，效果如图 5-174 所示。

图 5-172　【移动或复制工作表】对话框

图 5-173　修改后的效果

步骤 33　双击 F3 单元格，将公式更改为 "=销售记录 1!F3+销售记录 2!F3"，如图 5-175 所示。

图 5-174　修改工作表后的效果

图 5-175　修改公式后的效果

步骤 34　按 Enter 键，即可将其他单元格中的公式进行修改，效果如图 5-176 所示。

步骤 35　选择 E 列单元格并右击，在弹出的快捷菜单中选择【删除】命令，如图 5-177 所示。

图 5-176　修改其他公式后的效果

图 5-177　选择【删除】命令

步骤36 执行该操作后，即可将该单元格删除，效果如图 5-178 所示。

编号	名称	风格	数量	总价
HL51651	真皮转角沙发	现代风格	15	¥227465
HL51652	真皮沙发套装	美式古典风格	13	¥352800
HL51653	清新布艺沙发	现代风格	20	¥251352
HL51654	桃花芯木双人沙发	美式古典风格	9	¥160200
HL51655	韩式实木书柜	韩式田园风格	16	¥189924
HL51656	多功能组合书柜	美式古典风格	6	¥294400
HL51657	餐厅5件套装	欧式田园风格	12	¥250528
HL51658	餐厅7键套装	美式古典风格	16	¥222640
HL51659	钢化玻璃餐台	现代风格	17	¥43680
HL51660	紫色印花餐桌	现代风格	10	¥30720
HL51661	全实木长餐桌	中式风格	8	¥47940

图 5-178 删除列后的效果

第6章

Excel 图表的应用

图表可以非常形象、直观地向其他人表达想要表达的内容，不仅可以表示各种数据数量的多少，还可以表示数量增加变化的情况以及部分数量同总数量之间的关系等信息。图表是数值的可视化表示，通过图表，用户能易于理解枯燥的数据，更利于发现容易被忽视的趋势和模式。

本章重点：

➔ 创建图表
➔ 图表的组成
➔ 创建各类型的图表
➔ 图表的编辑
➔ 美化图表

6.1 创 建 图 表

在 Excel 2013 中，可以创建两种图表，一种是嵌入式图表，即图表作为数据对象插入到数据所在的工作表中，作为对源数据的补充；另一种是工作表图表，即在 Excel 工作簿中对数据图表创建独立的工作。

6.1.1 使用快捷键创建图表

按 Alt+F 组合键或者按 F11 键可以快速地创建图表。按 Alt+F 组合键可以创建嵌入式图表，按 F11 键可以创建工作表图表。使用快捷键创建工作表图表的具体操作步骤如下。

步骤 01 新建空白工作簿，在单元格中输入数值，并选中 A1:F18 单元格区域，如图 6-1 所示。

步骤 02 按 F11 快捷键，即可插入一个名为"Chart1"的工作表，该工作表根据所选取的数据已经建立好了一个图表，如图 6-2 所示。

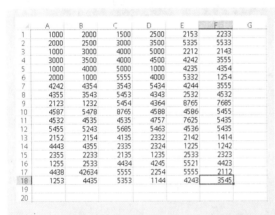

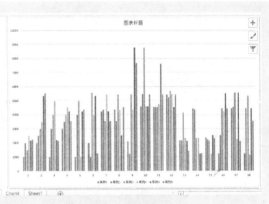

图 6-1　在工作簿中输入数值并选择 A1:F18 单元格区域　　　图 6-2　建立图表

6.1.2 使用功能区创建图表

在 Excel 2013 中使用功能区也可以方便地创建图表。

步骤 01 新建空白工作簿，在单元格中输入数值，如图 6-3 所示。

步骤 02 选中 A1:F18 单元格区域，如图 6-4 所示。

步骤 03 切换到【插入】选项卡，在【图表】组中单击【柱形图】按钮，在弹出的下拉菜单中选择【二维柱形图】区域下的【簇状柱形图】，如图 6-5 所示。

步骤 04 执行该操作后即可完成对工作簿插入图表的操作，效果如图 6-6 所示。

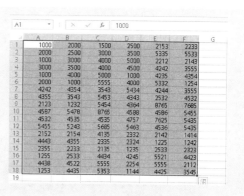

图 6-3　新建工作簿并输入数值　　　　　图 6-4　选中 A1:F18 的单元格区域

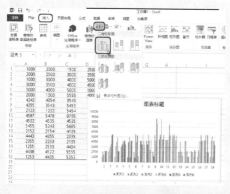

图 6-5　选择簇状柱形图　　　　　　　图 6-6　插入图表后的效果

6.1.3　使用图表向导创建图表

使用图表向导也可以创建图表，具体的操作步骤如下。

步骤 01　新建空白工作簿，在单元格中输入数值，然后选中 A1:F18 单元格区域，如图 6-7 所示。

步骤 02　切换到【插入】选项卡，在【图表】组中单击右下角的【查看所有图表】按钮 ，如图 6-8 所示。

图 6-7　选择 A1:F18 单元格区域　　　　图 6-8　单击【查看所有的图表】按钮

步骤 03 在弹出的【插入图表】对话框中切换到【所有图表】选项卡，在左侧的列表框中选择【柱形图】选项，在右侧的【柱形图】区域下选择【簇状柱形图】选项，如图 6-9 所示。

步骤 04 单击【确定】按钮，完成后的效果如图 6-10 所示。

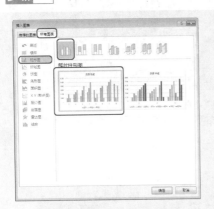

图 6-9　选择【簇状柱形图】选项

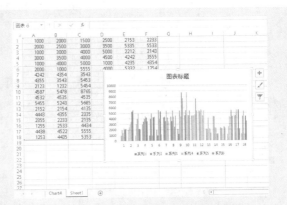

图 6-10　插入图表后的效果

6.2　图表的组成

图表主要是由图表区、绘图区、图表标题区、数据系列、坐标轴、图例、模拟运算、三维背景等部分组成。

6.2.1　图表区

图表区是整个图表以及图表中的数据。

步骤 01 新建空白工作簿，在单元格中输入数值，并创建图表。选择 Chart1 工作表，在图表中，当鼠标停留在图表元素上方时，Excel 会显示元素的名称，如图 6-11 所示。

步骤 02 选中 Chart1 工作表，在图表区中单击鼠标，这时已经选择图表，在标题栏中将显示【图表工具】选项，该选项包含【设计】、【格式】选项卡，如图 6-12 所示。

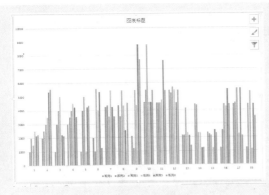

图 6-11　显示元素的名称

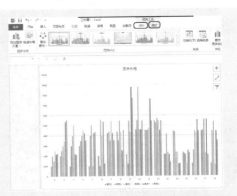

图 6-12　【设计】和【格式】选项卡

6.2.2 绘图区

绘图区主要显示数据表中的数据，数据随着数据表中的更新而更新。更改绘图区数据的具体步骤如下。

步骤 01 新建空白工作簿，在单元格中输入数值，并创建图表，然后在工作簿中选择 A1 单元格，将该单元格中的数据更改为 20000，如图 6-13 所示。

步骤 02 按 Enter 键或单击图表，这时图表绘图区区域会随之改变，如图 6-14 所示。

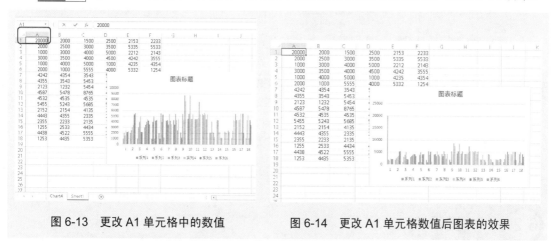

图 6-13　更改 A1 单元格中的数值　　　　图 6-14　更改 A1 单元格数值后图表的效果

6.2.3 标题

创建图表时，通过对单元格的引用，还可以将图表标题和坐标轴标题链接到相应的单元格中。在对工作表中的文本进行更改时，图表中链接的标题将随之自动更新。如果不希望显示标题，可以从图表中将其删除。为图表添加标题的具体操作步骤如下。

步骤 01 新建空白工作簿，在单元格中输入数值，并创建图表。选择图表，在图表上单击【图表标题】，如图 6-15 所示。

步骤 02 这时即可在图表中更改标题，更改后的效果如图 6-16 所示。

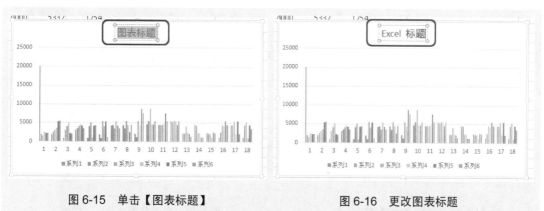

图 6-15　单击【图表标题】　　　　图 6-16　更改图表标题

步骤 03　选中图表标题，切换到【图表工具】下的【格式】选项卡，在【艺术字样式】组中单击【快速样式】按钮，在弹出的下拉菜单中选择一种样式，如图 6-17 所示。

步骤 04　在【格式】选项卡的【艺术字样式】组中单击【文字效果】按钮，在弹出的下拉菜单中选择【映像】命令，然后在弹出的子菜单中选择一种映像，如图 6-18 所示。

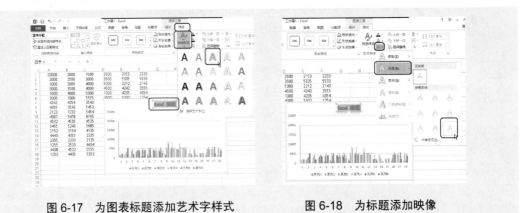

图 6-17　为图表标题添加艺术字样式　　　　图 6-18　为标题添加映像

6.2.4　数据系列

如果要快速表示图表中的数据，可以为图表的数据添加数据标签，在数据标签中可以显示系列名称、类别名称和百分比。为获得最佳细节，可以在每个数据标签中显示多个数据标签项，用逗号或指定的其他分隔符分隔各项。为防止数据标签重叠，方便阅读，可以调整数据标签在图表中的位置，当不再需要显示数据标签时，可以将其删除。向图表中添加数据标签的操作步骤具体如下。

步骤 01　新建空白工作簿，在单元格中输入数值，创建图表并选择图表。切换到【图表工具】下的【设计】选项卡，在【图表布局】组中单击【快速布局】按钮，在弹出的下拉菜单中选择【布局 2】命令，如图 6-19 所示。

步骤 02　这时数据标签的外侧就会显示数据，如图 6-20 所示。

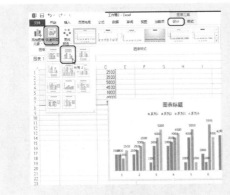

图 6-19　选择【布局 2】命令

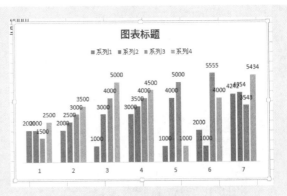

图 6-20　显示数据

6.2.5 坐标轴

默认情况下，Excel 会自动确定图表中坐标轴的刻度值，但也可以自定义刻度，以满足使用的需要。当在图表中绘制的数值涵盖范围非常大时，可以将垂直坐标轴更改为对数刻度。

步骤01 新建空白工作簿，在单元格中输入数值，并创建图表。选择图表，如图 6-21 所示。

步骤02 切换到【图表工具】下的【格式】选项卡，在【当前所选内容】组中单击【图表区】选项后面的下三角按钮，在弹出的下拉菜单中选择【垂直(值)轴】命令，如图 6-22 所示。

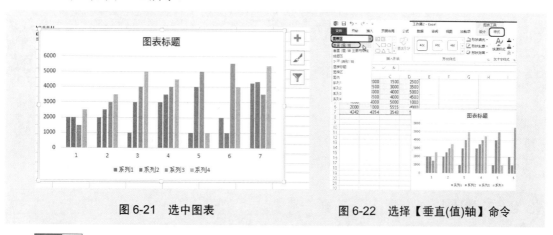

图 6-21　选中图表　　　　　　图 6-22　选择【垂直(值)轴】命令

步骤03 单击【设置所选内容格式】按钮，在弹出的对话框中切换到【坐标轴选项】选项卡，在【刻度线标记】选项组中将【主要类型】设置为【外部】，如图 6-23 所示。

步骤04 切换到【填充】选项卡，在【填充】选项组中单击【颜色】后面的下三角按钮，在弹出的下拉列表中选择【蓝色 着色 1，淡色 40%】，将【透明度】设置为 30%，如图 6-24 所示。

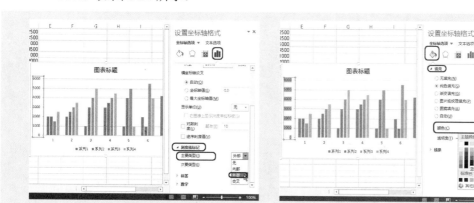

图 6-23　将【主要刻度线类型】设置为【外部】　　图 6-24　设置坐标颜色

步骤 05 在【效果】选项卡中展开【阴影】选项组，将【预设】设置为【向下偏移】，如图 6-25 所示。

步骤 06 单击【关闭】按钮，设置坐标轴样式后的效果如图 6-26 所示。

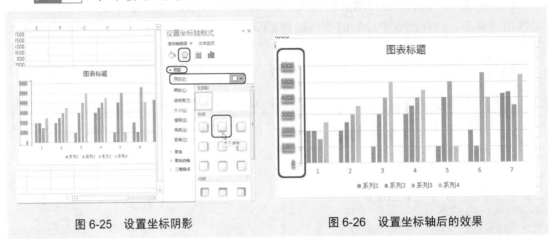

图 6-25　设置坐标阴影　　　　　　　图 6-26　设置坐标轴后的效果

提示：xy 散点图和气泡图在水平(分类)轴和垂直(值)轴显示数值，而折线图仅在垂直(值)轴显示数值，并且折线图的分类轴的刻度不像 xy 散点图中使用的数值轴的刻度可以更改。这些差别是确定需要使用哪些图表的重要因素。

6.2.6　图例

创建图表后，图例以默认的颜色来显示图表中的数据系列。如果不满意图例的颜色可以修改，修改后图表的绘图区域也发生相应的变化，具体的操作步骤如下。

步骤 01 新建空白工作簿，在单元格中输入数值，并创建图表。选择图例，然后右击鼠标，在弹出的快捷菜单中选择【设置图例格式】命令，如图 6-27 所示。

步骤 02 在弹出的对话框中切换到【填充线条】选项卡，在【边框】选项组中选中【实线】单选按钮，将颜色设置为黑色，如图 6-28 所示。

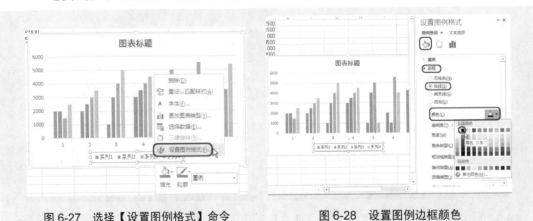

图 6-27　选择【设置图例格式】命令　　　　图 6-28　设置图例边框颜色

步骤 03 切换到【效果】选项卡，展开【阴影】选项组，将【预设】设置为【向下偏移】，如图 6-29 所示。

步骤 04 单击【关闭】按钮，设置图例格式完成后的效果如图 6-30 所示。

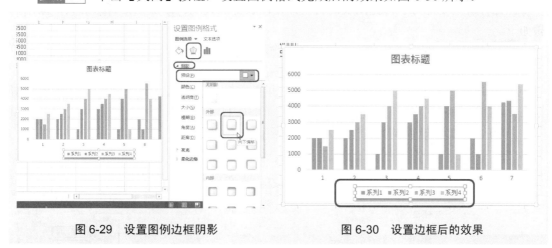

图 6-29　设置图例边框阴影　　　　　　图 6-30　设置边框后的效果

6.2.7　模拟运算表

默认的图表一般不显示数据表，在图表中显示数据表的操作步骤如下。

步骤 01 新建空白工作簿，在单元格中输入数值，并创建图表。选中图表，切换到【图表工具】下的【设计】选项卡，在【图表布局】组中单击【添加图表元素】按钮，在弹出的下拉菜单中选择【数据表】|【其他模拟运算表选项】命令，如图 6-31 所示。

步骤 02 在弹出的对话框中切换到【表格选项】选项卡，展开【模拟运算表选项】选项组，在其中设置模拟预算表，如图 6-32 所示。

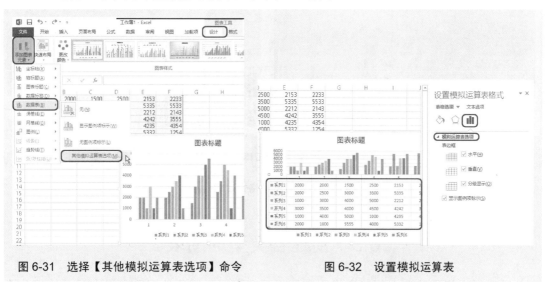

图 6-31　选择【其他模拟运算表选项】命令　　　图 6-32　设置模拟运算表

6.2.8 三维背景

三维背景主要是为了衬托图表的背景，使图表更加直观。添加三维背景的具体操作步骤如下。

步骤 01 新建空白工作簿，在单元格中输入数值，创建图表并选中图表。右击，在弹出的快捷菜单中选择【设置图表区域格式】命令，如图 6-33 所示。

步骤 02 在弹出的对话框中切换到【效果】选项卡，在【三维格式】选项组中单击【顶部棱台】按钮，在弹出的下拉菜单中选择【角度】命令，然后将【宽度】和【高度】都设置为 10 磅，如图 6-34 所示。

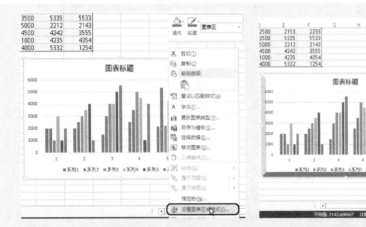

图 6-33　选择【设置图表区域格式】命令　　　　图 6-34　设置图表的三维格式

步骤 03 单击【关闭】按钮，设置完成后的效果如图 6-35 所示。

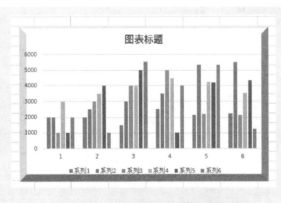

图 6-35　设置三维格式后的效果

6.3　创建各类型的图表

在数据表格的基础上创建表格，有利于更直观、更形象地观看表格中记录的相关情况，并且可方便用户对数据进行统计分析。

6.3.1　使用柱形图显示员工销售表

排列在工作表的列或行中的数据可以绘制到柱形图中。柱形图用于显示一段时间内的数据变化或说明各项之间的比较情况。

步骤01　新建空白工作簿，在单元格中输入如图 6-36 所示的数值，并选择 A1:F7 单元格区域。

步骤02　切换到【插入】选项卡，在【图表】组中单击【插入柱形图】按钮 ，在弹出的下拉菜单中选择【簇状柱形图】选项，如图 6-37 所示。

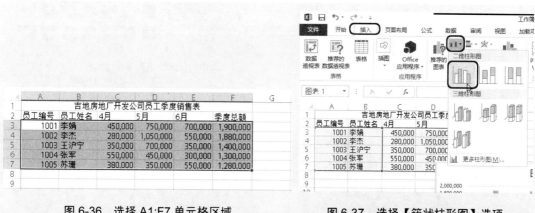

图 6-36　选择 A1:F7 单元格区域　　　　图 6-37　选择【簇状柱形图】选项

步骤03　这时在当前工作表中创建了一个柱形图表，如图 6-38 所示。

步骤04　选中图表，切换到【图表工具】下的【设计】选项卡，在【图表布局】组中单击【添加图表元素】按钮 ，在弹出的下拉菜单中选择【图表标题】|【图表上方】命令，如图 6-39 所示。

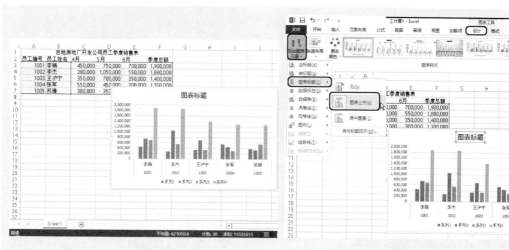

图 6-38　插入柱形图表后的效果　　　　图 6-39　选择【图表上方】命令

步骤 05　单击【图表标题】，将其重命名为"吉地房地厂开发公司员工季度销售表"，如图 6-40 所示。

步骤 06　选中图表，切换到【图表工具】下的【格式】选项卡，在【形状样式】组中单击【其他】按钮 ，在弹出的下拉菜单中选择如图 6-41 所示的形状样式。

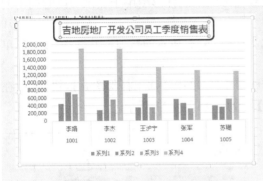

图 6-40　输入图表标题后的效果

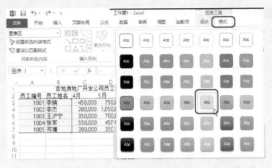

图 6-41　选择图表样式

步骤 07　执行该操作后即可完成对图表设置形状样式的操作，效果如图 6-42 所示。

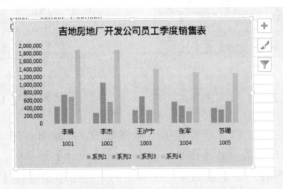

图 6-42　设置图表形状样式后的效果

6.3.2　使用折线图显示销售变化

排列在工作表的列或行中的数据可以绘制到折线图中。折线图可以显示随时间而变化的连续数据(根据常用比例设置)，因此非常适用于显示在相等时间间隔下数据的趋势。在折线图中，类别数据沿水平轴均匀分布，所有的值数据沿垂直轴均匀分布。

步骤 01　继续上一个例子，选择 A1:F7 单元格区域，如图 6-43 所示。

	A	B	C	D	E	F	G
1	吉地房地厂开发公司员工季度销售表						
2	员工编号	员工姓名	4月	5月	6月	季度总额	
3	1001	李娟	450,000	750,000	700,000	1,900,000	
4	1002	李杰	280,000	1,050,000	550,000	1,880,000	
5	1003	王沪宁	350,000	700,000	350,000	1,400,000	
6	1004	张军	550,000	450,000	300,000	1,300,000	
7	1005	苏珊	380,000	350,000	550,000	1,280,000	
8							
9							

图 6-43　选择 A1:F7 单元格区域

步骤 02 切换到【插入】选项卡，在【图表】组中单击【插入折线图】按钮 ，在弹出的下拉菜单中选择【折线图】命令，如图 6-44 所示。

步骤 03 这时在当前工作表中创建了一个折线图，如图 6-45 所示。

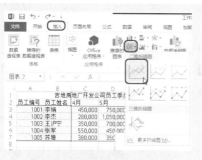

图 6-44　选择【折线图】命令

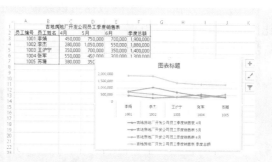

图 6-45　插入折线图后的效果

步骤 04 切换到【图表工具】下的【格式】选项卡，在【图表布局】组中单击【添加图表元素】按钮 ，在弹出的下拉菜单中选择【图表标题】|【图表上方】命令，如图 6-46 所示。

步骤 05 单击【图表标题】，将其重命名为"吉地房地厂开发公司员工季度销售表"，选择图表，如图 6-47 所示。

图 6-46　选择【图表上方】命令

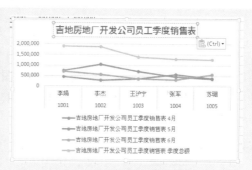

图 6-47　输入图表标题后的效果

步骤 06 选中图表，切换到【图表工具】下的【格式】选项卡，在【形状样式】组中单击【其他】按钮 ，在弹出的下拉菜单中选择如图 6-48 所示的形状样式。

步骤 07 执行该操作后即可完成对图表样式的设置，效果如图 6-49 所示。

图 6-48　选择图表样式

图 6-49　设置图表样式后的效果

6.3.3 使用饼图显示销售额比例

仅排列在一列或一行中的数据可以绘制到饼图中。饼图显示各项的大小，与各项总和成比例。饼图中的显示为整个饼图的百分比。

步骤 01　继续上一个例子，选择 F3:F7 单元格区域，如图 6-50 所示。

步骤 02　切换到【插入】选项卡，在【图表】组中单击【插入饼图或圆环图】按钮，在弹出的下拉菜单中选择【饼图】命令，如图 6-51 所示。

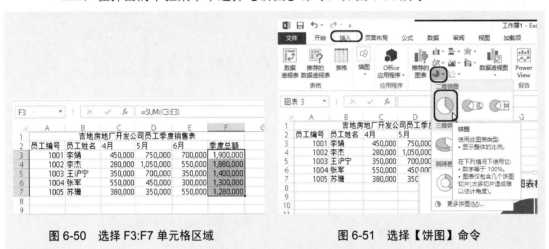

图 6-50　选择 F3:F7 单元格区域　　　　图 6-51　选择【饼图】命令

步骤 03　这时在当前工作表中创建了一个饼图，如图 6-52 所示。

步骤 04　选中图表，单击【图表标题】，将其重命名为"吉地房地厂开发公司员工季度销售统计"，如图 6-53 所示。

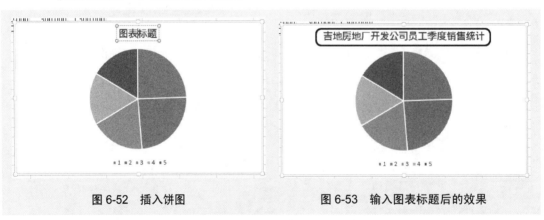

图 6-52　插入饼图　　　　　　图 6-53　输入图表标题后的效果

步骤 05　选中图表，切换到【图表工具】下的【设计】选项卡，在【图表布局】组中单击【添加图表元素】按钮，在弹出的下拉菜单中选择【数据标签】|【最佳匹配】命令，如图 6-54 所示。

步骤 06　这时在图表中显示数据标签，完成后的效果如图 6-55 所示。

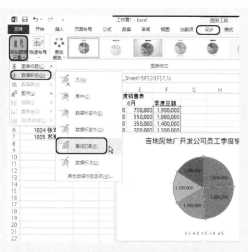

图 6-54　选择【最佳匹配】命令

图 6-55　显示数据标签

步骤 07　选中图表，在【图表工具】下切换到【格式】选项卡，在【形状样式】组中单击【其他】按钮 ，在弹出的下拉菜单中选择如图 6-56 所示的形状样式。

步骤 08　执行该操作后即可完成对图表形状样式的设置，效果如图 6-57 所示。

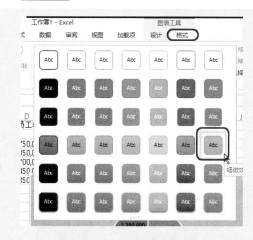

图 6-56　选择形状样式

图 6-57　设置形状样式后的效果

6.3.4　使用条形图显示销售额等级划分

排列在工作表的列或行中的数据可以绘制到条形图中。条形图显示各项之间的比较情况。

步骤 01　继续上一个例子，选择 A1:F7 单元格区域，如图 6-58 所示。

步骤 02　切换到【插入】选项卡，在【图表】组中单击【插入条形图】按钮 ，在弹出的下拉菜单中选择【簇状条形图】命令，如图 6-59 所示。

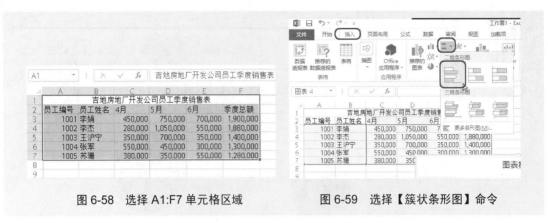

| 图 6-58　选择 A1:F7 单元格区域 | 图 6-59　选择【簇状条形图】命令 |

步骤03 这即可在当前工作表中创建一个条形图，如图 6-60 所示。

步骤04 选中图表，单击【图表标题】，将其重命名为"吉地房地厂开发公司员工季度销售额等级划分"，如图 6-61 所示。

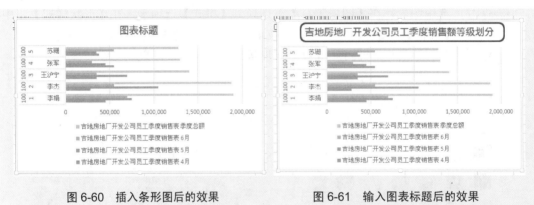

| 图 6-60　插入条形图后的效果 | 图 6-61　输入图表标题后的效果 |

步骤05 选中图表，切换到【图表工具】下的【格式】选项卡，在【形状样式】组中单击【其他】按钮，在弹出的下拉菜单中选择如图 6-62 所示的形状样式。

步骤06 执行该操作后即可完成对图表形状样式的设置，效果如图 6-63 所示。

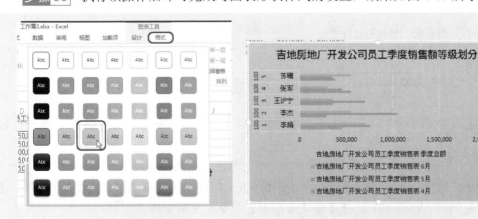

| 图 6-62　选择图表样式 | 图 6-63　设置图表样式后的效果 |

6.3.5 使用面积图显示销售情况

排列在工作表的列或行中的数据可以绘制到面积图中。面积图强调数量随时间而变化的程度，也可用于引起人们对总值趋势的注意。例如，表示随时间而变化的利润的数据可以绘制到面积图中以强调总利润。

步骤01 继续上一个例子，选择 F3:F7 单元格区域，如图 6-64 所示。

步骤02 切换到【插入】选项卡，在【图表】组中单击【插入面积图】按钮 ，在弹出的下拉菜单中选择【面积图】命令，如图 6-65 所示。

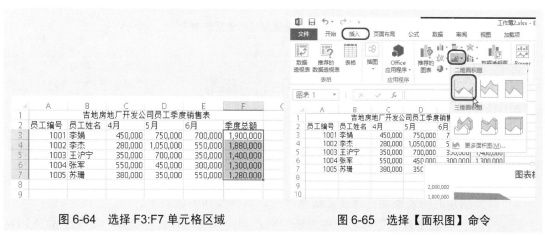

图 6-64　选择 F3:F7 单元格区域　　　　　图 6-65　选择【面积图】命令

步骤03 这时在当前工作表中创建了一个面积图，如图 6-66 所示。

步骤04 切换到【图表工具】下的【格式】选项卡，在【形状样式】组中单击【其他】按钮 ，在弹出的下拉菜单中选择如图 6-67 所示的形状样式。

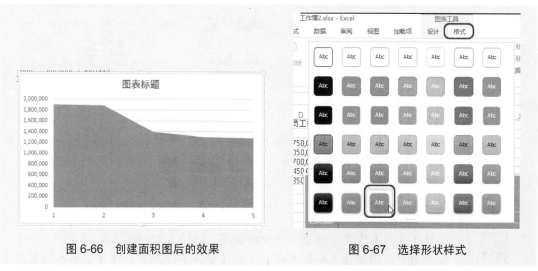

图 6-66　创建面积图后的效果　　　　　图 6-67　选择形状样式

步骤05 执行该操作后即可完成对图表形状样式的设置，效果如图 6-68 所示。

图 6-68　图表设置形状样式后的效果

6.4　图表的编辑

如果对创建的图表不满意，利用 Excel 2013 还可以对图表进行编辑。

6.4.1　在图表中插入对象

可以为创建的图表添加标题或者数据序列，具体操作步骤如下。

步骤01　新建空白工作簿，在单元格中输入如图 6-69 所示的数值，然后选择 A1:D4 单元格区域。

步骤02　切换到【插入】选项卡，在【图表】组中单击【柱形图】按钮 ▮▮▾，在弹出的下拉菜单中选择【簇状柱形图】命令，如图 6-70 所示。

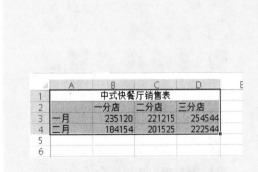

图 6-69　选择 A1:D4 单元格区域

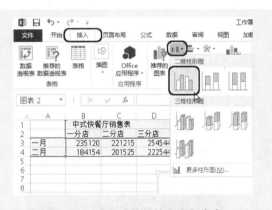

图 6-70　选择【簇状柱形图】命令

步骤03　这时在当前工作表中创建了一个柱状图，如图 6-71 所示。

步骤04　选中图表，切换到【图表工具】下的【设计】选项卡，在【图表布局】组中单击【添加图表元素】按钮 ▦，在弹出的下拉菜单中选择【图表标题】|【图表上方】命令，如图 6-72 所示。

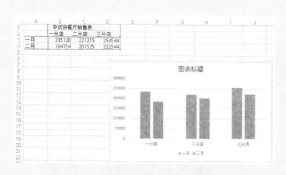

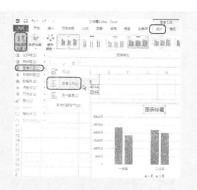

图 6-71　创建柱状图后的效果　　　　图 6-72　选择【图表上方】命令

步骤 05　单击【图表标题】，将其更改为"中式快餐厅销售额对比图"，如图 6-73 所示。

步骤 06　选中图表，切换到【图表标题】下的【设计】选项卡，在【图表布局】组中单击【添加图表元素】按钮，在弹出的下拉菜单中选择【数据表】|【其他模拟运算表选项】命令，如图 6-74 所示。

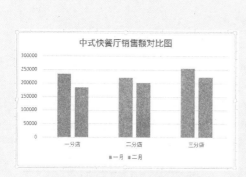

图 6-73　更改图表标题后的效果　　　　图 6-74　选择【其他模拟运算表选项】命令

步骤 07　在弹出的对话框中切换到【表格选项】选项卡，在【模拟运算表选项】选项组中设置模拟运算表的样式，如图 6-75 所示。

步骤 08　这时在当前图表中创建了一个设置图表模拟运算表，效果如图 6-76 所示。

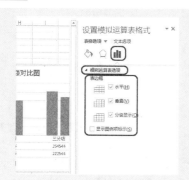

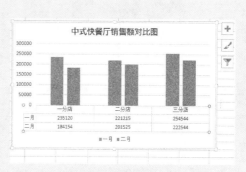

图 6-75　设置模拟运算表　　　　图 6-76　设置图表模拟运算表后的效果

步骤 09　选中图表，切换到【图表工具】下的【格式】选项卡，在【形状样式】组中单击【其他】按钮 ，在弹出的下拉菜单中选择如图 6-77 所示的形状样式。

步骤 10　执行该操作后即可完成对图表添加形状样式的操作，效果如图 6-78 所示。

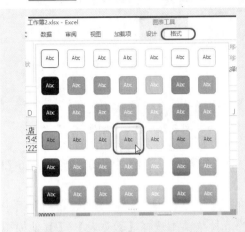

图 6-77　选择形状样式

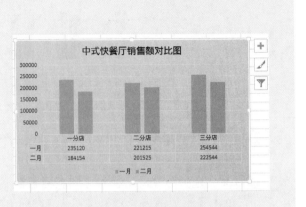

图 6-78　为图表添加形状样式后的效果

6.4.2　更改图表的类型

如果创建图表时选择的图表类型不能直观地表达工作表中的数据，可以更改图表的类型。

步骤 01　新建空白工作簿，在单元格中输入数值并插入图表，如图 6-79 所示。

步骤 02　选中图表，切换到【图表工具】下的【设计】选项卡，在【类型】组中单击【更改图表类型】按钮 ，如图 6-80 所示。

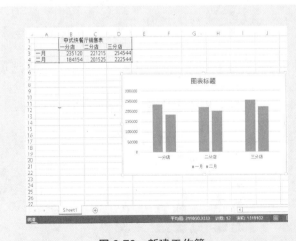

图 6-79　新建工作簿

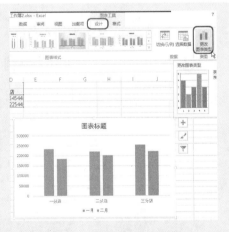

图 6-80　单击【更改图表类型】按钮

步骤 03　在弹出的对话框中切换到【所有图表】选项卡，在左侧列表框中选择【折线图】选项，在右侧的【折线图】选项组中单击【折线图】，如图 6-81 所示。

步骤04 单击【确定】按钮，完成后的效果如图 6-82 所示。

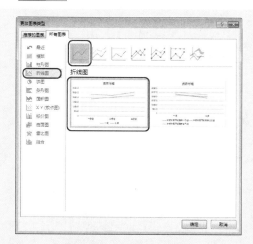
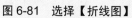

图 6-81　选择【折线图】

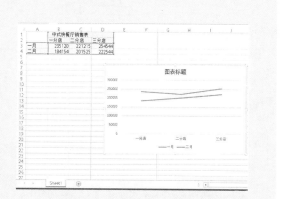

图 6-82　更改图表类型后的效果

6.4.3　在图表中添加数据

有时用户需要对图表数据进行设置，在原有数据的基础上添加数据，具体的操作方法如下。

步骤01 新建空白工作簿，在单元格中输入数值，为该工作簿创建簇状柱形图，完成后的效果如图 6-83 所示。

步骤02 在 A7:D7 单元格区域中输入数据，效果如图 6-84 所示。

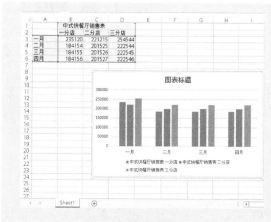

图 6-83　新建工作簿

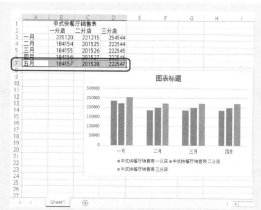

图 6-84　在 A7:D7 单元格区域中输入数据

步骤03 选中图表，切换到【图表工具】下的【设计】选项卡，在【数据】组中单击【选择数据】按钮，如图 6-85 所示。

步骤04 在弹出的对话框中单击【图表数据区域】右侧的按钮，在工作表中选择 A1:D7 单元格区域，如图 6-86 所示。

图 6-85　单击【选择数据】按钮

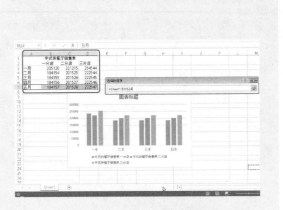

图 6-86　选择 A1:D7 单元格区域

步骤 05　单击■按钮，返回【选择数据源】对话框，可以看到"五月"已添加到
【水平(分类)轴标签】列表框中，如图 6-87 所示。

步骤 06　单击【确定】按钮完成添加，所添加的数据已经显示在图表中，如图 6-88
所示。

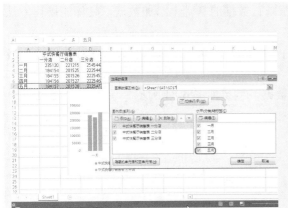

图 6-87　添加数据

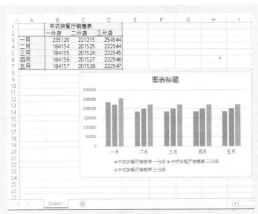

图 6-88　添加数据后的图表效果

6.4.4　调整图表的大小

当创建的图表包含有较多的内容时，有些内容就不能完全显示出来或者是显示得比较
小，此时可以更改图表的大小。具体的操作步骤如下。

步骤 01　继续上一个例子，选中图表，将鼠标指针移动到图表的右下角，此时鼠标指
针变为⬉形状，如图 6-89 所示。

步骤 02　按住鼠标指针并拖动鼠标，此时鼠标指针变为十形状，拖动至合适位置松
开鼠标。更改大小后的效果如图 6-90 所示。

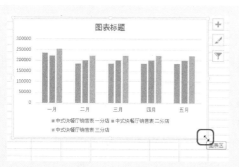

图 6-89　将鼠标指针移动到图表的右下角　　图 6-90　改变图表大小后的效果

6.4.5　设置和隐藏网格线

如果对默认的网格线不满意，可以将其隐藏或自定义网格线，具体的操作步骤如下。

步骤 01　继续上一个例子，选中图表，在【图表工具】下切换到【格式】选项卡，在【当前所选内容】组中单击【图表元素】按钮，在弹出的下拉菜单中选择【垂直(值)轴主要网格线】命令，如图 6-91 所示。

步骤 02　执行该操作后即可选中图表网格线，效果如图 6-92 所示。

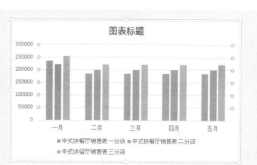

图 6-91　选择【垂直(值)轴主要网格线】命令　　图 6-92　选中图表网格线的效果

步骤 03　在【形状样式】组中单击【形状轮廓】按钮，在弹出的下拉菜单中选择【无轮廓】命令，如图 6-93 所示。

步骤 04　执行该操作后即可完成对图表网格线的隐藏，效果如图 6-94 所示。

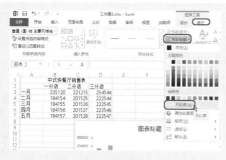

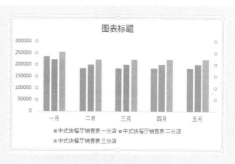

图 6-93　选择【无轮廓】命令　　图 6-94　撤消网格线的显示

6.4.6 显示与隐藏图表

如果在工作表中已经创建嵌入式图表,当只需要显示原始数据时,可以把图表隐藏起来,具体的操作步骤如下。

步骤01 继续上一个例子,选中图表,在【图表工具】下切换到【格式】选项卡,在【排列】组中单击【选择窗格】按钮,如图 6-95 所示。

步骤02 在工作簿中弹出【选择】窗口,单击【图表】右侧的 👁 按钮,即可隐藏图表,如图 6-96 所示。

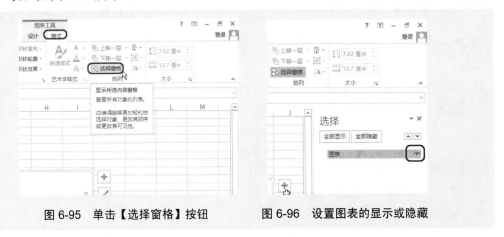

图 6-95 单击【选择窗格】按钮　　　　图 6-96 设置图表的显示或隐藏

6.5 美 化 图 表

在 Excel 2010 中自带了很多图表样式,用户可以对图表应用这些样式,达到美化图表的效果。

6.5.1 设置图表的格式

设置图表的样式是为了突出显示图表,对其外观进行美化。

步骤01 新建空白工作簿,在单元格中输入数值并插入图表,选择图表。在【图表工具】下切换到【设计】选项卡,在【图表样式】组中单击【其他】按钮 ,在弹出的下拉菜单中选择如图 6-97 所示的样式。

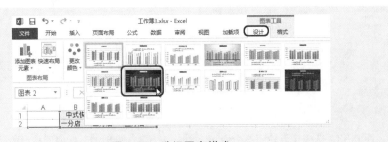

图 6-97 选择图表样式

步骤 02 设置样式完成后的效果如图 6-98 所示。

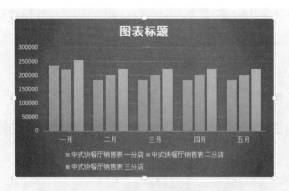

图 6-98 设置图表样式完成后的效果

6.5.2 美化图表的文字

为了对图表进行注释，或者增添文字使图表中包含更多的信息，可以在图表中添加横排或竖排文本。

步骤 01 继续上一个例子，在图表中选择图表标题，切换到【图表工具】下的【格式】选项卡，在【形状样式】组中单击【其他】按钮，在弹出的下拉菜单中选择如图 6-99 所示的样式。

步骤 02 设置文字样式完成后的效果如图 6-100 所示。

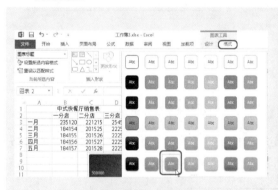

图 6-99 选择形状样式

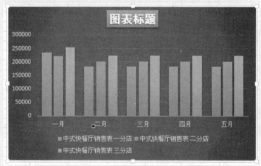

图 6-100 设置文字样式完成后的效果

6.6 上 机 操 作

为图表添加样式后可以表现出鲜明的对比，可以更清楚地了解其内容。

6.6.1 养殖场种猪存活率对比表

本节我们介绍"养殖场种猪存活率对比表"的制作方法，效果如图 6-101 所示。

"养殖场种猪存活率对比表"的制作方法，具体的操作步骤如下。

步骤01 打开 Excel 2013，新建空白工作簿，选中 A1:E1 单元格区域，如图 6-102 所示。

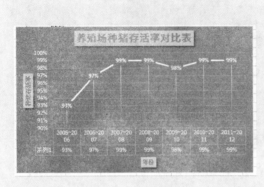

图 6-101 效果图

图 6-102 选中 A1:E1 单元格区域

步骤02 在【开始】选项卡下的【对齐方式】组中单击【合并后居中】按钮，如图 6-103 所示。

步骤03 执行该操作后即可完成对单元格区域 A1:E1 的合并，效果如图 6-104 所示。

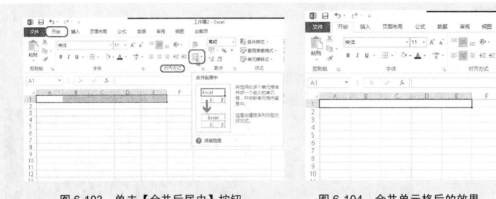

图 6-103 单击【合并后居中】按钮   图 6-104 合并单元格后的效果

步骤04 选中 A2 单元格，在【开始】选项卡下的【单元格】组中单击【格式】按钮，在弹出的下拉菜单中选择【行高】命令，如图 6-105 所示。

图 6-105 选择【行高】命令

步骤 05　在弹出的【行高】对话框中将【行高】设置为"30"，然后单击【确定】按钮，如图 6-106 所示。

步骤 06　执行该操作后即可完成对单元格行高的设置，效果如图 6-107 所示。

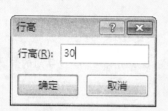

图 6-106　设置行高

图 6-107　设置行高后的效果

步骤 07　切换到【开始】选项卡，在【字体】组中单击【其他边框】按钮田·右侧的下三角按钮，在弹出的下拉菜单中选择【其他边框】命令，如图 6-108 所示。

步骤 08　弹出【设置单元格格式】对话框，在【边框】选项卡的【边框】选项组中单击按钮，然后单击【确定】按钮，如图 6-109 所示。

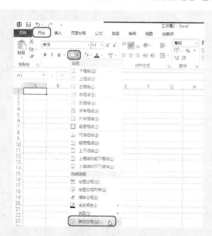

图 6-108　选择【其他边框】命令

图 6-109　单击按钮

步骤 09　执行该操作后即可完成在 A2 单元格中插入一条斜线的操作，效果如图 6-110 所示。

步骤 10　在 A2 单元格中输入文字，如图 6-111 所示。

步骤 11　将光标定位在"项目"和"年份"的中间位置，按住 Alt+Enter 组合键进行换行，然后通过空格键将"项目"和"年份"放置在斜线的两侧，效果如图 6-112 所示。

步骤 12　在其他单元格中输入如图 6-113 所示的文字和数值。

...

Excel 2013 中文版表格处理入门与提高

图 6-110　绘制斜线后的效果　　　图 6-111　在 A2 单元格中输入文字后的效果

图 6-112　设置工作表表头后的效果　　　图 6-113　在单元格中输入其他文字

步骤 13　选中 A3:A9 单元格区域，然后按住 Ctrl 键再选中 E3:E9 单元格区域，如图 6-114 所示。

步骤 14　在【插入】选项卡的【图表】组中单击【插入折线图】按钮，在弹出的下拉菜单中选择【折线图】命令，如图 6-115 所示。

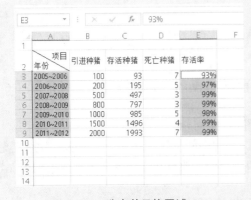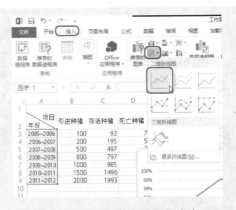

图 6-114　选中单元格区域　　　图 6-115　选择【折线图】命令

步骤 15 执行该操作后即可完成在工作簿中插入图表的操作，效果如图 6-116 所示。

步骤 16 切换到【图表工具】下的【设计】选项卡，在【图表样式】组中单击【其他】按钮 ，在弹出的下拉菜单中选择【样式 12】命令，如图 6-117 所示。

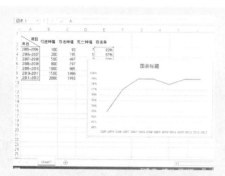

图 6-116 插入图表后的效果

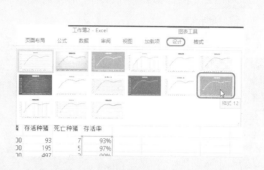

图 6-117 选择【样式 12】命令

步骤 17 执行该操作后即可完成对图表添加图表样式的操作，效果如图 6-118 所示。

步骤 18 选中图表中的【图表标题】文字，将其重命名为"养殖场种猪存活率对比表"，如图 6-119 所示。

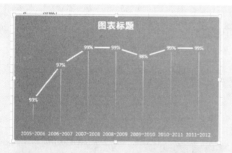

图 6-118 添加图表样式后的效果

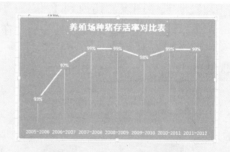

图 6-119 重命名图表标题

步骤 19 选中图表，切换到【图表工具】下的【设计】选项卡，在【图表布局】组中单击【添加图表元素】按钮 ，在弹出的下拉菜单中选择【坐标轴】|【主要纵坐标轴】命令，如图 6-120 所示。

步骤 20 执行该操作后即可完成对图表添加主要纵坐标轴的操作，效果如图 6-121 所示。

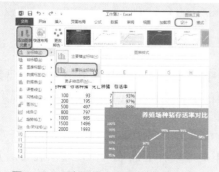

图 6-120 选择【主要纵坐标轴】命令

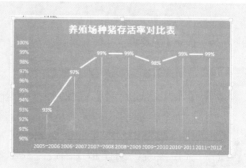

图 6-121 添加主要纵坐标轴后的效果

步骤 21 选中图表，切换到【图表工具】下的【设计】选项卡，在【图表布局】组中单击【添加图表元素】按钮，在弹出的下拉菜单中选择【轴标题】|【主要横坐标轴】命令，如图 6-122 所示。

步骤 22 执行该操作后即可完成对图表添加主要横坐标标题的操作，效果如图 6-123 所示。

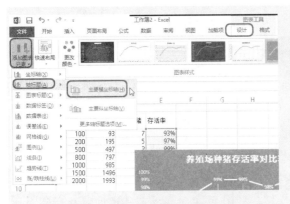

图 6-122　选择【主要横坐标轴】命令　　　　图 6-123　添加主要横坐标标题

步骤 23 选中图表，切换到【图表工具】下的【设计】选项卡，在【图表布局】组中单击【添加图表元素】按钮，在弹出的下拉菜单中选择【轴标题】|【主要纵坐标轴】命令，如图 6-124 所示。

步骤 24 执行该操作后即可完成对图表添加主要纵坐标标题的操作，效果如图 6-125 所示。

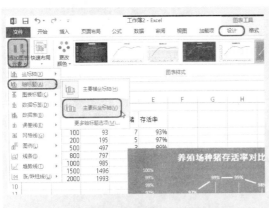

图 6-124　选择【主要纵坐标轴】命令　　　　图 6-125　添加主要纵坐标标题

步骤 25 选中图表，切换到【图表工具】下的【设计】选项卡，在【图表布局】组中单击【添加图表元素】按钮，在弹出的下拉菜单中选择【数据表】|【无图例项标示】命令，如图 6-126 所示。

步骤 26 执行该操作后即可完成对图表添加数据表的操作，效果如图 6-127 所示。

步骤 27 选中图表，切换到【图表工具】下的【设计】选项卡，在【图表布局】组中单击【添加图表元素】按钮，在弹出的下拉菜单中选择【网格线】|【主轴主要

水平网格线】命令，如图 6-128 所示。

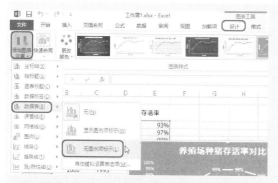

图 6-126　选择【无图例项标示】命令

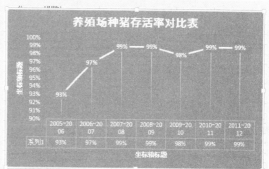

图 6-127　添加数据表后的效果

步骤28　执行该操作后即可完成对图表添加主轴主要水平网格线的操作，效果如图 6-129 所示。

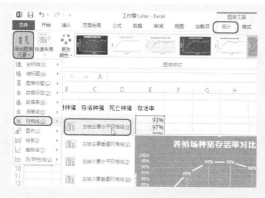

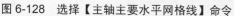

图 6-128　选择【主轴主要水平网格线】命令

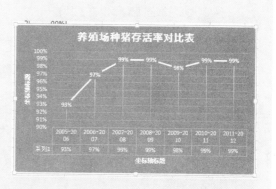

图 6-129　添加主轴主要水平网格线后的效果

步骤29　选中图表标题，切换到【图表工具】下的【格式】选项卡，在【形状样式】组中单击【其他】按钮 ，在弹出的下拉菜单中选择【细微效果，金色，强调颜色 4】命令，如图 6-130 所示。

步骤30　执行该操作后即可完成对图表标题添加形状样式的操作，效果如图 6-131 所示。

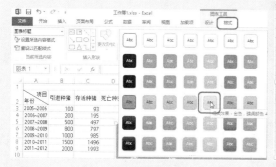

图 6-130　选择形状样式

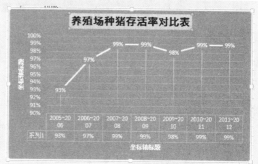

图 6-131　添加图表标题样式后的效果

步骤 31　选中图表标题中的文字，切换到【图表工具】下的【格式】选项卡，在【艺术字样式】组中单击【文本填充】按钮 A 右侧的下三角按钮 ，如图 6-132 所示。

步骤 32　在弹出的下拉菜单中选择【绿色，着色 6】命令，执行该操作后即可完成对图表标题内的文字添加颜色的操作，效果如图 6-133 所示。

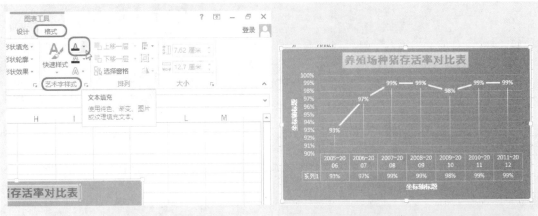

图 6-132　单击【文本填充】按钮	图 6-133　图表标题内的文字添加颜色后的效果

步骤 33　将图表中的【垂直(值)轴标题】和【水平(类别)轴标题】内的文字更改为"种猪存活率"和"年份"，然后用同样的方法改变其他标题和标题文字的颜色，效果如图 6-134 所示。

步骤 34　选中图表标题，切换到【图表工具】下的【格式】选项卡，在【形状样式】组中单击【形状效果】按钮，在弹出的下拉菜单中选择【阴影】|【右下斜偏移】命令，如图 6-135 所示。

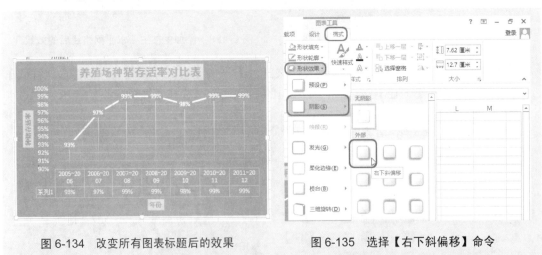

图 6-134　改变所有图表标题后的效果	图 6-135　选择【右下斜偏移】命令

步骤 35　执行该操作后即可完成对图表标题添加阴影的效果，如图 6-136 所示。

步骤 36　使用同样的方法为其他标题添加阴影，效果如图 6-137 所示，对完成后的该场景进行保存。

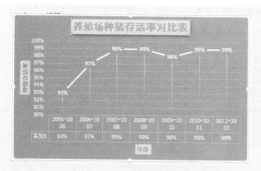

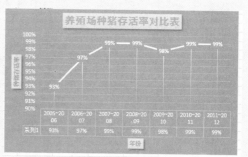

图 6-136 为图表标题添加阴影后的效果　　图 6-137 为其他标题添加阴影后的效果

6.6.2 斯科大学招生对比表

本节我们介绍"斯科大学招生对比表",效果如图 6-138 所示。

"斯科大学招生对比表"的制作方法,具体的操作步骤如下。

步骤 01 打开 Excel 2013,新建空白工作簿,选中 A1:F1 单元格区域,如图 6-139 所示。

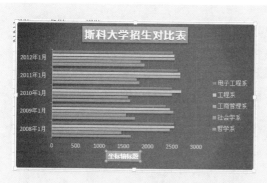

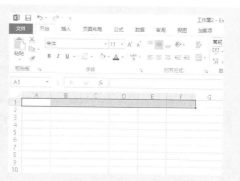

图 6-138 效果图　　图 6-139 选中 A1:F1 单元格区域

步骤 02 在【开始】选项卡下的【对齐方式】组中单击【合并后居中】按钮，如图 6-140 所示。

步骤 03 执行该操作后即可完成对单元格区域 A1:F1 的合并,效果如图 6-141 所示。

图 6-140 单击【合并后居中】按钮　　图 6-141 合并单元格后的效果

步骤 04　选中 A2 单元格，在【开始】选项卡的【单元格】组中单击【格式】按钮，在弹出的下拉菜单中选择【行高】命令，如图 6-142 所示。

图 6-142　选择【行高】命令

步骤 05　在弹出的【行高】对话框中将【行高】设置为"30"，然后单击【确定】按钮，如图 6-143 所示。

步骤 06　执行该操作后即可完成对单元格行高的设置，效果如图 6-144 所示。

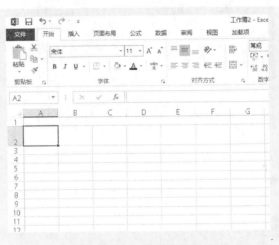

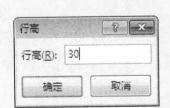

图 6-143　设置行高　　　　　　　　图 6-144　设置行高后的效果

步骤 07　切换到【开始】选项卡，在【字体】组中单击【其他边框】按钮⊞右侧的下三角按钮，在弹出的下拉菜单中选择【其他边框】命令，如图 6-145 所示。

步骤 08　弹出【设置单元格格式】对话框，在【边框】选项卡下的【边框】选项组中单击按钮，如图 6-146 所示。

步骤 09　执行该操作后即可完成在 A2 单元格中插入一条斜线的操作，效果如图 6-147 所示。

步骤 10　在 A2 单元格中输入文字，如图 6-148 所示。

图 6-145　选择【其他边框】命令

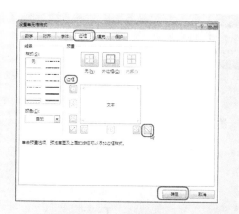

图 6-146　单击按钮

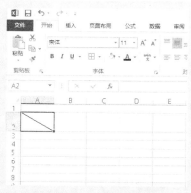

图 6-147　插入斜线后的效果

图 6-148　在 A2 单元格中输入文字后的效果

步骤 11　将光标定位在"系别"和"年月"的中间位置，按住 Alt+Enter 组合键进行换行，然后通过空格键将"系别"和"年月"放置在斜线的两侧，效果如图 6-149 所示。

步骤 12　在其他单元格中输入如图 6-150 所示的文字和数值。

图 6-149　设置工作表表头后的效果

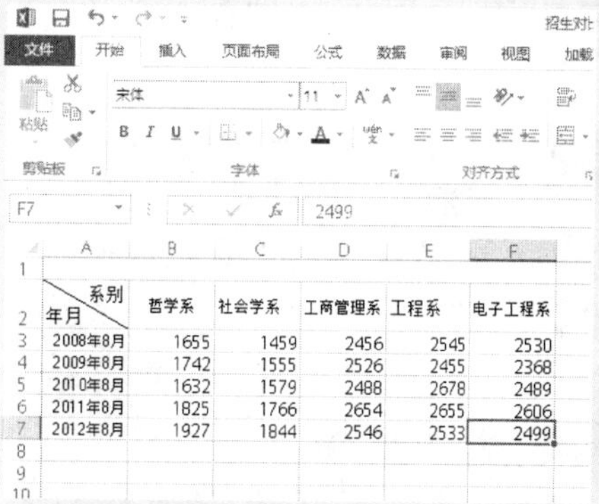

图 6-150　在其他单元格中输入文字和数值

步骤13 选中 A2:F7 单元格，切换到【插入】选项卡，在【图表】组中单击【插入条形图】按钮，如图 6-151 所示。

步骤14 在弹出的下拉菜单中选择【簇状条形图】命令，执行该操作后即可完成在工作表中插入图表的操作，如图 6-152 所示。

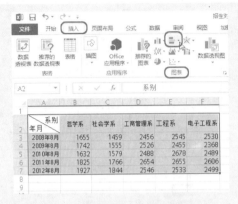

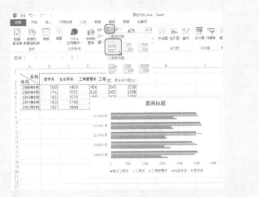

图 6-151 单击【插入条形图】按钮　　　图 6-152 选择【簇状条形图】命令后的效果

步骤15 切换到【图表工具】下的【设计】选项卡，在【图表样式】组中单击【其他】按钮，在弹出的下拉菜单中选择【样式 7】命令，如图 6-153 所示。

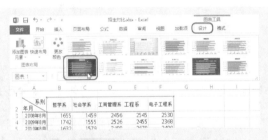

图 6-153 选择【样式 7】命令

步骤16 执行该操作后即可完成对图表添加图表样式的操作，效果如图 6-154 所示。

步骤17 选中图表中的【图表标题】文字，将其重命名为"斯科大学招生对比表"，如图 6-155 所示。

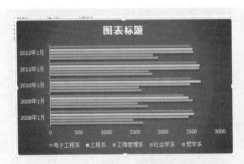

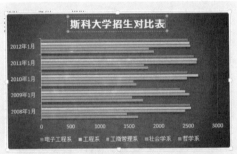

图 6-154 选择图表样式后的效果　　　图 6-155 重命名图表标题

步骤18 选中图表，切换到【图表工具】下的【设计】选项卡，在【图表布局】组中单击【添加图表元素】按钮，在弹出的下拉菜单中选择【轴标题】|【主要横坐标轴】命令，如图 6-156 所示。

步骤19 执行该操作后即可完成对图表添加轴标题的操作，效果如图 6-157 所示。

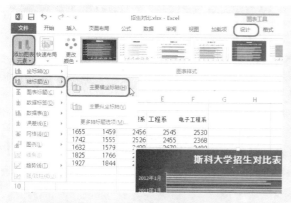

图 6-156 选择【主要横坐标轴】命令

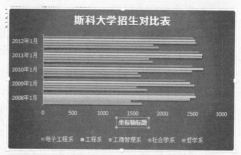

图 6-157 添加轴标题后的效果

步骤20 选中图表，切换到【图表工具】下的【设计】选项卡，在【图表布局】组中单击【添加图表元素】按钮，在弹出的下拉菜单中选择【网格线】|【主轴次要垂直网格线】命令，如图 6-158 所示。

步骤21 执行该操作后即可完成对图表添加主轴次要垂直网格线的操作，效果如图 6-159 所示。

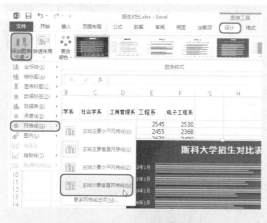

图 6-158 选择【主轴次要垂直网格线】命令

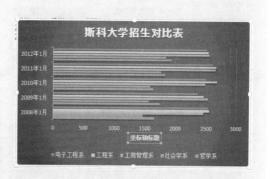

图 6-159 添加主轴次要垂直网格线后的效果

步骤22 选中图表，切换到【图表工具】下的【设计】选项卡，在【图表布局】组中单击【添加图表元素】按钮，在弹出的下拉菜单中选择【图例】|【右侧】命令，如图 6-160 所示。

步骤23 执行该操作后即可完成对图表中图例位置的调整，效果如图 6-161 所示。

图 6-160 设置图例位置 　　　　　图 6-161 调整图例位置后的效果

步骤 24　选中图表标题，切换到【图表工具】下的【格式】选项卡，在【形状样式】
组中单击【其他】按钮 ，在弹出的下拉菜单中选择【强调效果，橙色，强调颜
色 2】命令，如图 6-162 所示。

步骤 25　执行该操作后即可完成对图表标题添加形状样式的操作，效果如图 6-163 所示。

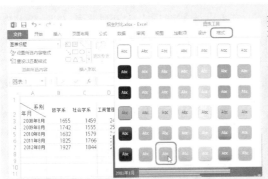

图 6-162 设置图表标题形状样式

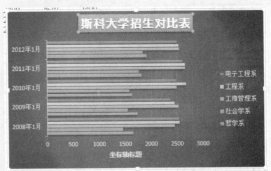

图 6-163 添加形状样式后的效果

步骤 26　使用同样的方法设置其他标题的样式，效果如图 6-164 所示，对完成后的场
景进行保存。

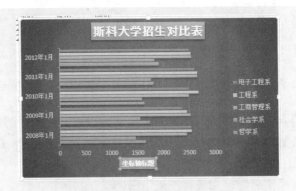

图 6-164 设置其他标题样式后的效果

第**7**章

图片、形状与 SmartArt
图形的使用

通过在工作表中插入图片，可以使工作表更加美观、生动；可以在工作表中添加形状，例如方框、圆和箭头等；SmartArt 图形是信息和观点的视觉表示形式。可以通过从多种不同布局中进行选择来创建 SmartArt 图形，从而快速、轻松、有效地传达信息。本章将介绍插入与设置图片、绘制与编辑形状，以及插入与设计 SmartArt 图形的方法。

本章重点:

- 插入图片
- 图片的基本设置
- 图片色彩的调整
- 设置图片的样式
- 绘制与编辑形状
- 使用艺术字
- 创建 SmartArt 图形
- 设计 SmartArt 图形
- 设置 SmartArt 图形样式

7.1 插 入 图 片

用户可以根据需要将图片插入到 Excel 中，从而达到美化工作表的作用。本节将对插入图片进行简单的介绍。

7.1.1 插入计算机中的图片

下面先来介绍插入计算机中图片的方法，具体操作步骤如下。

步骤01 新建一个空白工作簿，切换到【插入】选项卡，在【插图】组中单击【图片】按钮，如图 7-1 所示。

步骤02 弹出【插入图片】对话框，在该对话框中选择随书附带光盘中的 CDROM\素材\第 8 章\001.jpg 素材图片，如图 7-2 所示。

图 7-1　单击【图片】按钮　　　　　图 7-2　选择素材图片

步骤03 单击【插入】按钮，插入图片后的效果如图 7-3 所示。

如果在【插入图片】对话框中单击【插入】按钮右侧的下三角按钮，将会弹出如图 7-4 所示的下拉菜单，用户可以在该下拉菜单中选择插入的一种方式。其中各个命令的功能介绍如下。

图 7-3　插入图片后的效果　　　　　图 7-4　插入方式下拉菜单

- 【插入】方式：选择该插入方式，图片将被插入到当前文档中，成为当前文档中的一部分。当保存文档时，插入的图片会随文档一起保存。以后当提供这个图片的文件发生变化时，文档中的图片不会自动更新。

- 【链接到文件】方式：选择该插入方式，图片以链接方式被当前文档所引用。这时，插入的图片仍然保存在原图片文件之中，当前文档只保存了这个图片文件所在的位置信息。以链接方式插入的图片不会影响在文档中查看并打印该图片。当提供这个图片的文件被改变后，被引用到该文档中的图片也会自动更新。

- 【插入和链接】方式：选择该插入方式，图片被复制到当前文档的同时，还建立了和原图片文件的链接关系。当保存文档时，插入的图片会随文档一起保存，当提供这个图片的文件发生变化后，文档中的图片会自动更新。

7.1.2 插入联机图片

在 Excel 中，用户可以从联机照片服务网站添加图片，而无须将图片保存到用户的计算机中。下面将介绍如何插入联机图片，具体操作步骤如下。

步骤 01 新建一个空白工作簿，切换到【插入】选项卡，在【插图】组中单击【联机图片】按钮，如图 7-5 所示。

步骤 02 弹出【插入图片】窗口，在搜索框中输入要搜索的内容，如图 7-6 所示。

图 7-5 单击【联机图片】按钮　　　　图 7-6 输入要搜索的内容

步骤 03 输入完成后，按 Enter 键确认，即可弹出所查找的内容，在该对话框中选择要插入的图片，如图 7-7 所示。

步骤 04 单击【插入】按钮，即可将选择的图片插入到工作表中，效果如图 7-8 所示。

图 7-7 选择要插入的图片　　　　图 7-8 插入的联机图片

7.2 图片的基本设置

当将图像插入到 Excel 2013 中后，用户可以根据需要对图片进行设置，包括调整图片大小、旋转图片、裁剪图片和隐藏图片等。

7.2.1 调整图片的大小和位置

下面来介绍手动调整图片大小和位置的方法，具体操作步骤如下。

步骤01 选择需要调整大小和位置的图片，如图 7-9 所示。

步骤02 在图片的周围有 8 个控制点，将鼠标移至图片上 4 个角的任意一个控制点上，按住 Shift 键拖动鼠标可以对选中的图片进行等比缩放，如图 7-10 所示。

 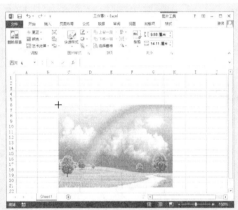

图 7-9 选择需要调整的图片 　　图 7-10 按住 Shift 键拖动控制点

步骤03 拖动到适当的大小后释放鼠标左键即可，效果如图 7-11 所示。

步骤04 确定图片处于选中状态，将鼠标移至图片上，然后单击鼠标左键并拖动，释放鼠标后，即可移动图片的位置，如图 7-12 所示。

图 7-11 调整图片大小后的效果 　　图 7-12 调整图片位置

在对图像进行调整时，可以执行以下操作。

- 若要保持中心位置不变，可在拖动控制点时按住 Ctrl 键。
- 若要保持比例，可在拖动控制点时按住 Shift 键。
- 若要保持比例和中心位置不变，可在拖动控制点时同时按住 Ctrl 键和 Shift 键。

7.2.2　精确调整图片大小

在 Excel 2013 中，用户还可以精确调整图片的大小，具体操作步骤如下。

步骤 01　选择需要精确调整其大小和位置的图片，如图 7-13 所示。

步骤 02　切换到【图片工具】下的【格式】选项卡，在【大小】组中将【形状高度】设置为 7 厘米，将【形状宽度】设置为 9.89 厘米，即可精确调整图片大小，效果如图 7-14 所示。

图 7-13　选择需要调整的图片

图 7-14　精确调整图片大小

7.2.3　图片的旋转

下面将介绍如何对图片进行旋转，具体操作步骤如下。

步骤 01　选择需要旋转的图片，切换到【图片工具】下的【格式】选项卡，在【排列】组中单击【旋转对象】按钮，在弹出的下拉菜单中选择【水平翻转】命令，如图 7-15 所示。

步骤 02　即可水平翻转选择的图片，效果如图 7-16 所示。

图 7-15　选择【水平翻转】命令

图 7-16　水平翻转图片

提示：在【旋转对象】下拉菜单中选择【其他旋转选项】命令，弹出【设置图片格式】窗口，在【大小】选项组中也可以调整图片的旋转角度，如图 7-17 所示。

图 7-17   【设置图片格式】窗口

7.2.4   图片的裁剪

在 Excel 2013 中，用户可以对插入的图片进行裁剪，从而达到所需的效果，具体操作步骤如下。

步骤01 选择需要裁剪的图片，切换到【图片工具】下的【格式】选项卡，在【大小】组中单击【裁剪】按钮，在工作表中对裁剪框进行调整，如图 7-18 所示。

步骤02 调整完成后，再次单击【裁剪】按钮，即可完成对该图像的裁剪，效果如图 7-19 所示。

图 7-18   调整裁剪框

图 7-19   裁剪后的效果

提示：除了上述方法之外，用户还可以在【大小】组中单击【裁剪】按钮下方的下三角按钮，在弹出的下拉菜单中选择不同的裁剪方式，如图 7-20 所示。

图 7-20 【裁剪】下拉菜单

7.2.5 调整图片的排放顺序

在 Excel 中，可以对多个图片的排列顺序进行调整，具体操作步骤如下。

步骤 01 新建一个空白工作簿，切换到【插入】选项卡，在【插图】组中单击【图片】按钮，弹出【插入图片】对话框，在该对话框中选择随书附带光盘中的 CDROM\素材\第 8 章\001.jpg 和 002.jpg 素材图片，如图 7-21 所示。

步骤 02 单击【插入】按钮，即可插入素材图片，然后在工作表中选择素材图片 002.jpg，如图 7-22 所示。

图 7-21　选择素材图片　　　　图 7-22　插入并选择图片

步骤 03 切换到【图片工具】下的【格式】选项卡，在【排列】组中单击【下移一层】按钮，即可将选择的图片下移一层，效果如图 7-23 所示。

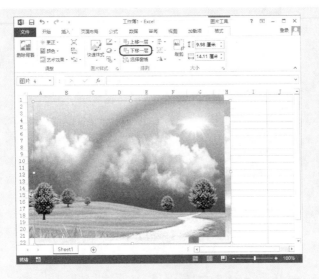

图 7-23　下移图片

提示：在选择的图片上单击鼠标右键，通过在弹出的快捷菜单中选择【置于顶层】或【置于底层】命令，也可以调整图片的排列顺序，如图 7-24 所示。

图 7-24　使用快捷菜单调整排列顺序

7.2.6　隐藏图片

在 Excel 中，还可以根据需要将插入的图片隐藏起来，具体操作步骤如下。

步骤01　选择需要隐藏的图片，切换到【图片工具】下的【格式】选项卡，在【排列】组中单击【选择窗格】按钮，如图 7-25 所示。

步骤02　弹出【选择】窗口，然后单击选择图片右侧的 👁 图标，如图 7-26 所示。

图 7-25　单击【选择窗格】按钮

步骤03　此时，该图标会变为一样式，如图 7-27 所示。

图 7-26　单击 👁 图标　　　　　　　　图 7-27　图标变为一样式

步骤04　即可将选择的图片隐藏，效果如图 7-28 所示。

图 7-28　隐藏图片

提示：在【选择】窗口中单击【全部隐藏】按钮，可隐藏工作表中所有的图片对象。

7.3　图片色彩的调整

本节来介绍在 Excel 中对图片色彩进行调整的方法，其中包括调整亮度/对比度、重新着色和设置透明度等。

7.3.1　删除图片背景

在 Excel 2013 中，用户可以根据需要删除图片的背景，以强调或突出图片的主题，具体操作步骤如下。

步骤 01 新建一个空白工作簿，切换到【插入】选项卡，在【插图】组中单击【图片】按钮，弹出【插入图片】对话框，在该对话框中选择随书附带光盘中的 CDROM\素材\第 8 章\003.jpg 素材图片，如图 7-29 所示。

步骤 02 单击【插入】按钮，即可插入素材图片，效果如图 7-30 所示。

图 7-29　选择素材图片

图 7-30　插入的图片

步骤 03 切换到【图片工具】下的【格式】选项卡，在【调整】组中单击【删除背景】按钮，单击该按钮后的效果如图 7-31 所示。

步骤 04 在【背景消除】选项卡的【优化】组中单击【标记要保留的区域】按钮，并在图片中通过单击鼠标左键并拖动鼠标，来标记要保留的区域，如图 7-32 所示。

图 7-31　单击【删除背景】按钮后的效果

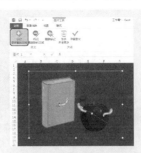

图 7-32　标记要保留的区域

步骤05　标记完成后，在【关闭】组中单击【保留更改】按钮 ✓ ，如图 7-33 所示。
步骤06　即可删除图片的背景，效果如图 7-34 所示。

图 7-33　单击【保留更改】按钮

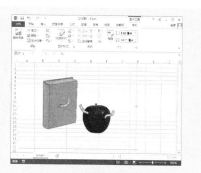

图 7-34　删除背景后的效果

7.3.2　调整图片亮度/对比度

下面来介绍调整图片亮度/对比度的方法，具体操作步骤如下。

步骤01　在工作表中选择需要调整的图片，如图 7-35 所示。
步骤02　切换到【图片工具】下的【格式】选项卡，在【调整】组中单击【更正】按钮，在弹出的下拉菜单中选择【亮度：+20%对比度：+20%】命令，如图 7-36 所示。
步骤03　即可调整选择图片的亮度/对比度，效果如图 7-37 所示。

图 7-35　选择图片

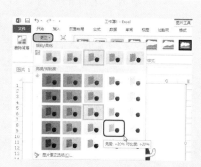

图 7-36　选择【亮度：+20% 对比度：+20%】命令

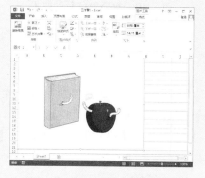

图 7-37　调整亮度/对比度后的效果

7.3.3 重新着色

下面将介绍如何为图片重新着色，具体操作步骤如下。

步骤01 选择需要重新着色的图片，如图 7-38 所示。

步骤02 切换到【图片工具】下的【格式】选项卡，在【调整】组中单击【颜色】按钮，在弹出的下拉菜单中选择【蓝色，着色 5 浅色】命令，如图 7-39 所示。

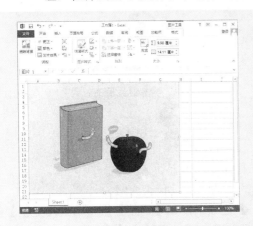

图 7-38 选择图片

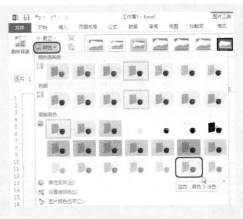

图 7-39 选择【蓝色，着色 5 浅色】命令

步骤03 即可重新着色选择的图片，效果如图 7-40 所示。

图 7-40 重新着色后的效果

7.3.4 设置图像的透明度

在 Excel 2013 中，可以使图片的一部分透明，具体的操作步骤如下。

步骤01 在工作表中选择要设置透明度的图片，如图 7-41 所示。

步骤02 切换到【图片工具】下的【格式】选项卡，在【调整】组中单击【颜色】按钮，在弹出的下拉菜单中选择【设置透明色】命令，如图 7-42 所示。

图 7-41 选择图片

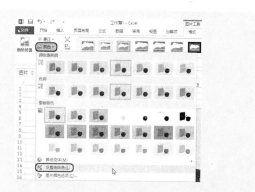

图 7-42 选择【设置透明色】命令

步骤03 此时，鼠标会变成  样式，然后在图片的背景上单击，即可将图片的背景设置为透明色，效果如图 7-43 所示。

图 7-43 设置透明色后的效果

7.3.5 应用艺术效果

在 Excel 2013 中，还可以根据需要为图片应用艺术效果，具体操作步骤如下。

步骤01 选择要应用艺术效果的图片，如图 7-44 所示。

步骤02 切换到【图片工具】下的【格式】选项卡，在【调整】组中单击【艺术效果】按钮，在弹出的下拉菜单中选择【纹理化】命令，如图 7-45 所示。

图 7-44 选择图片

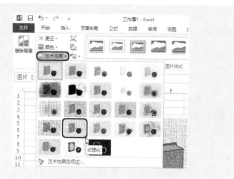

图 7-45 选择【纹理化】命令

步骤03 即可为选择的图片应用该艺术效果，如图 7-46 所示。

图 7-46 应用艺术效果

提示： 一次只能将一种艺术效果应用于图片，因此，应用不同的艺术效果会删除以前应用的艺术效果。

7.4 设置图片的样式

切换到【图片工具】下的【格式】选项卡，在【图片样式】组中可以设置图片样式，包括应用预设图片样式，为图片添加阴影、映像和发光等。

7.4.1 应用预设图片样式

在 Excel 中提供了大量的预设图片样式，下面来介绍应用预设图片样式的方法，具体操作步骤如下。

步骤01 切换到【插入】选项卡，在【插图】组中单击【图片】按钮，弹出【插入图片】对话框，在该对话框中选择随书附带光盘中的 CDROM\素材\第 8 章\004.jpg 素材图片，如图 7-47 所示。

步骤02 单击【插入】按钮，即可插入素材图片，效果如图 7-48 所示。

图 7-47 选择素材图片

图 7-48 插入的图片

步骤03 切换到【图片工具】下的【格式】选项卡，在【图片样式】组中单击【其他】按钮 ，在弹出的下拉菜单中选择一种预设的图片样式，如图 7-49 所示。

步骤04 即可为选择的图片应用预设图片样式，效果如图 7-50 所示。

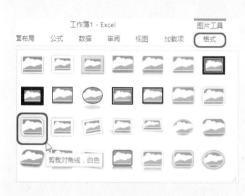

图 7-49 选择一种预设图片样式

图 7-50 应用预设图片样式

7.4.2 为图片添加边框

下面将介绍如何为图片添加边框，具体操作步骤如下。

步骤01 在工作表中选择需要添加边框的图片，如图 7-51 所示。

步骤02 切换到【图片工具】下的【格式】选项卡，在【图片样式】组中单击【图片边框】按钮，在弹出的下拉菜单中选择【橙色，着色 2，淡色 40%】命令，如图 7-52 所示。

图 7-51 选择图片

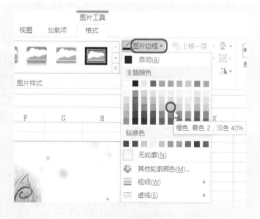

图 7-52 选择颜色

步骤03 在【图片样式】组中单击【图片边框】按钮，在弹出的下拉菜单中选择【粗细】|【6 磅】命令，如图 7-53 所示。

步骤04 再次单击【图片边框】按钮，在弹出的下拉菜单中选择【虚线】|【方点】命令，如图 7-54 所示。

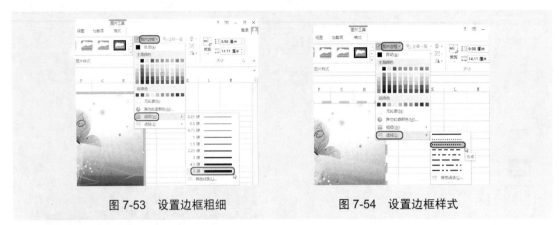

图 7-53 设置边框粗细   图 7-54 设置边框样式

步骤 05 即可为选择的图片添加边框，效果如图 7-55 所示。

图 7-55 为图片添加边框

7.4.3 为图片添加阴影效果

下面来介绍如何为图片添加阴影效果，具体操作步骤如下。

步骤 01 选择需要添加阴影效果的图片，切换到【图片工具】下的【格式】选项卡，在【图片样式】组中单击【图片效果】按钮，在弹出的下拉菜单中选择【阴影】命令，再在弹出的级联菜单中选择一种阴影样式，如图 7-56 所示。

步骤 02 执行该操作后，即可为选择的图片添加阴影效果，如图 7-57 所示。

图 7-56 选择阴影样式

图 7-57 添加阴影后的效果

7.4.4　为图片添加映像效果

下面来介绍如何为图片添加映像效果，具体操作步骤如下。

步骤01　选择需要添加映像效果的图片，切换到【图片工具】下的【格式】选项卡，在【图片样式】组中单击【图片效果】按钮，在弹出的下拉菜单中选择【映像】命令，再在弹出的级联菜单中选择一种映像效果，如图7-58所示。

步骤02　执行该操作后，即可为选择的图片添加映像效果，如图7-59所示。

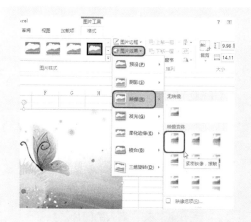

图 7-58　选择一种映像效果

图 7-59　添加映像效果

7.4.5　为图片添加发光效果

下面将介绍如何为图片添加发光效果，具体操作步骤如下。

步骤01　选择需要添加发光效果的图片，切换到【图片工具】下的【格式】选项卡，在【图片样式】组中单击【图片效果】按钮，在弹出的下拉菜单中选择【发光】命令，再在弹出的级联菜单中选择一种发光效果，如图7-60所示。

步骤02　执行该操作后，即可为选择的图片添加发光效果，如图7-61所示。

图 7-60　选择一种发光效果

图 7-61　添加发光效果

7.4.6 为图片添加柔化边缘效果

下面来介绍如何为图片添加柔化边缘效果，具体操作步骤如下。

步骤01 切换到【插入】选项卡，在【插图】组中单击【图片】按钮，弹出【插入图片】对话框，在该对话框中选择随书附带光盘中的 CDROM\素材\第 8 章\005.jpg 素材图片，如图 7-62 所示。

步骤02 单击【插入】按钮，即可插入素材图片，效果如图 7-63 所示。

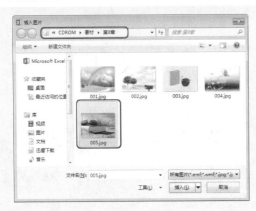

图 7-62　选择素材图片

图 7-63　插入的图片

步骤03 切换到【图片工具】下的【格式】选项卡，在【图片样式】组中单击【图片效果】按钮，在弹出的下拉菜单中选择【柔化边缘】命令，再在弹出的级联菜单中选择一种柔化边缘效果，如图 7-64 所示。

步骤04 执行该操作后，即可为选择的图片添加柔化边缘效果，如图 7-65 所示。

图 7-64　选择一种柔化边缘效果

图 7-65　添加柔化边缘效果

7.4.7 为图片添加棱台效果

下面来介绍如何为图片添加棱台效果，具体操作步骤如下。

步骤 01 选择需要添加棱台效果的图片，然后切换到【图片工具】下的【格式】选项卡，在【图片样式】组中单击【图片效果】按钮，在弹出的下拉菜单中选择【棱台】命令，再在弹出的级联菜单中选择一种棱台效果，如图 7-66 所示。

步骤 02 执行该操作后，即可为选择的图片添加棱台效果，如图 7-67 所示。

图 7-66 选择一种棱台效果

图 7-67 添加棱台效果

7.4.8 为图片添加三维旋转效果

下面来介绍如何为图片添加三维旋转效果，具体操作步骤如下。

步骤 01 选择需要添加三维旋转效果的图片，然后切换到【图片工具】下的【格式】选项卡，在【图片样式】组中单击【图片效果】按钮，在弹出的下拉菜单中选择【三维旋转】命令，再在弹出的级联菜单中选择一种三维旋转样式，如图 7-68 所示。

步骤 02 执行该操作后，即可为选择的图片添加三维旋转效果，如图 7-69 所示。

图 7-68 选择一种三维旋转样式

图 7-69 添加三维旋转效果

7.4.9 设置图片版式

在 Excel 中，还可以将选择的图片转换为 SmartArt 图形，具体操作步骤如下。

步骤01 选择需要设置版式的图片，然后切换到【图片工具】下的【格式】选项卡，在【图片样式】组中单击【图片版式】按钮，在弹出的下拉菜单中选择一种图片版式，如图 7-70 所示。

步骤02 执行该操作后，即可改变图片的版式，完成后的效果如图 7-71 所示。

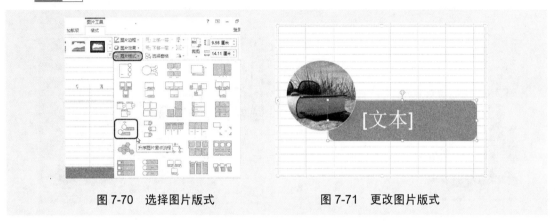

图 7-70　选择图片版式　　　　　图 7-71　更改图片版式

7.5　绘制与编辑形状

在 Excel 中，用户可以非常方便地绘制出各种各样的形状，还可以对绘制的形状进行旋转、合并和调整叠放次序等操作。

7.5.1　绘制形状

下面先来介绍一下绘制形状的方法，具体操作步骤如下。

步骤01 切换到【插入】选项卡，在【插图】组中单击【形状】按钮，在弹出的下拉菜单中选择一种形状，在这里选择【对角圆角矩形】命令，如图 7-72 所示。

步骤02 此时鼠标指针会变成十样式，在工作表中按住鼠标左键并拖动，直至对形状的大小满意后释放鼠标左键，即可绘制形状，效果如图 7-73 所示。

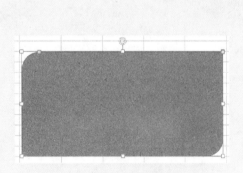

图 7-72　选择形状　　　　　图 7-73　绘制形状

7.5.2 向形状中添加文字

下面介绍如何向绘制的形状中添加文字，具体操作步骤如下。

步骤 01 在绘制的形状上单击鼠标右键，在弹出的快捷菜单中选择【编辑文字】命令，如图 7-74 所示。

图 7-74 选择【编辑文字】命令

步骤 02 执行该命令后，即可在形状中输入文字，如图 7-75 所示。

步骤 03 选择输入的文字，然后切换到【开始】选项卡，在【字体】组中将字体设置为【方正粗倩简体】，将字号设置为 32，在【对齐方式】组中单击【垂直居中】按钮█和【居中】按钮█，设置文字后的效果如图 7-76 所示。

图 7-75 输入文字

图 7-76 设置文字后的效果

7.5.3 编辑形状的顶点

下面将介绍如何编辑形状的顶点，具体操作步骤如下。

步骤 01 选择需要编辑顶点的形状，然后切换到【绘图工具】下的【格式】选项卡，在【插入形状】组中单击【编辑形状】按钮█，在弹出的下拉菜单中选择【编辑顶点】命令，如图 7-77 所示。

步骤 02 执行该操作后，在形状上会出现一些黑色顶点，在黑色的顶点上单击鼠标左键，在顶点的两端就会出现两个白色的方块控制柄，如果直接拖动黑色顶点，则可以调整形状，如果拖动白色方块控制柄，则会拉出一个方向线，用户可以通过调整方向线将直线变为曲线，调整后的效果如图 7-78 所示。

图 7-77　选择【编辑顶点】命令　　　　图 7-78　调整顶点后的效果

提示：用户还可以在顶点上单击鼠标右键，在弹出的快捷菜单中根据需要进行相应的设置，如图 7-79 所示。

图 7-79　弹出的快捷菜单

7.5.4　更改形状

如果觉得绘制的形状不是我们所需要的，可以将绘制的形状更改为其他形状，具体操作步骤如下。

步骤 01　选择需要更改的形状，然后切换到【绘图工具】下的【格式】选项卡，在【插入形状】组中单击【编辑形状】按钮，在弹出的下拉菜单中选择【更改形状】命令，再在弹出的级联菜单中选择一种形状，在这里选择【椭圆】命令，如图 7-80 所示。

步骤 02　即可将选择的形状更改为椭圆形，效果如图 7-81 所示。

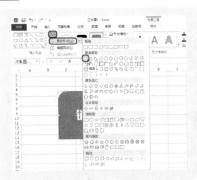 

图 7-80　选择【椭圆】命令　　　　图 7-81　更改形状后的效果

7.5.5 旋转形状

下面来介绍旋转形状的方法，具体操作步骤如下。

步骤01 在工作表中选择需要旋转的形状，如图 7-82 所示。

步骤02 切换到【绘图工具】下的【格式】选项卡，在【排列】组中单击【旋转】按钮，在弹出的下拉菜单中选择【向右旋转 90°】命令，如图 7-83 所示。

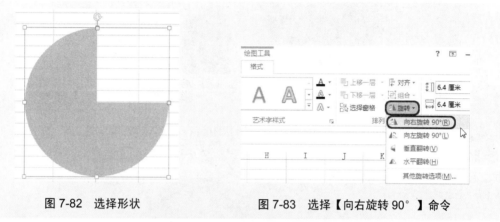

图 7-82　选择形状　　　　　　　　　图 7-83　选择【向右旋转 90°】命令

步骤03 即可将选择的对象向右旋转 90°，效果如图 7-84 所示。

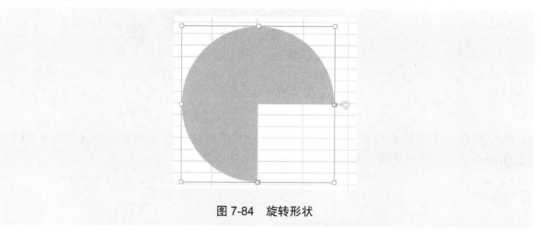

图 7-84　旋转形状

7.5.6 组合形状

组合形状就是指将多个形状组合在一起，使它们成为一个整体。组合形状的具体操作步骤如下。

步骤01 在按住 Shift 键的同时单击选择需要组合在一起的形状，如图 7-85 所示。

步骤02 切换到【绘图工具】下的【格式】选项卡，在【排列】组中单击【组合】按钮，在弹出的下拉菜单中选择【组合】命令，如图 7-86 所示。

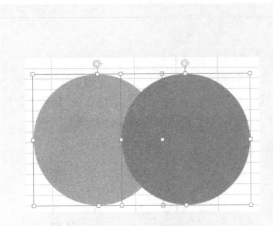

图 7-85　选择需要组合的形状

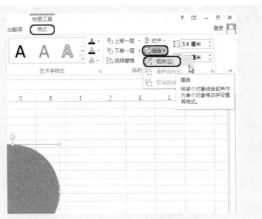

图 7-86　选择【组合】命令

步骤 03　执行该操作后，即可将选择的形状组合在一起，效果如图 7-87 所示。

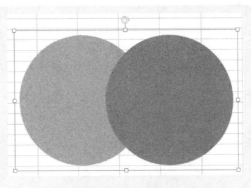

图 7-87　组合形状

提示： 在选择的形状上单击鼠标右键，在弹出的快捷菜单中选择【组合】|【组合】命令，也可以将选择的形状组合在一起，如图 7-88 所示。

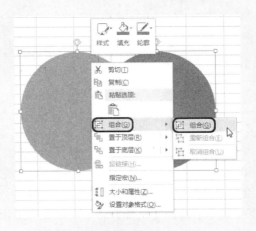

图 7-88　选择【组合】命令

如果用户想要取消组合，可以选择组合对象，然后切换到【绘图工具】下的【格式】选项卡，在【排列】组中单击【组合】按钮，在弹出的下拉菜单中选择【取消组合】命令，如图7-89所示。

或者在组合对象上单击鼠标右键，在弹出的快捷菜单中选择【组合】|【取消组合】命令。

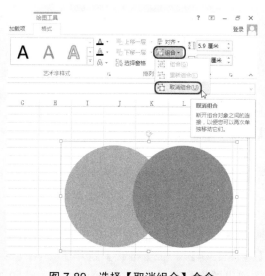

图7-89　选择【取消组合】命令

7.5.7　调整形状的叠放顺序

在Excel中，用户可以根据需要调整形状的叠放顺序，具体操作步骤如下。

步骤01　选择需要调整顺序的形状，如图7-90所示。

步骤02　切换到【绘图工具】下的【格式】选项卡，在【排列】组中单击【下移一层】按钮，如图7-91所示。

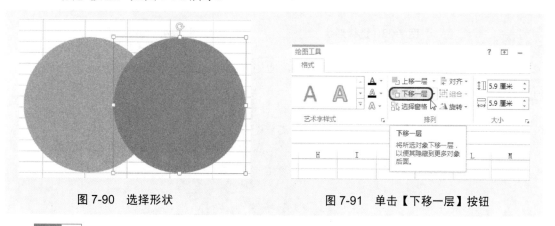

图7-90　选择形状　　　　　　　图7-91　单击【下移一层】按钮

步骤03　单击该按钮后，即可调整图形的叠放顺序，效果如图7-92所示。

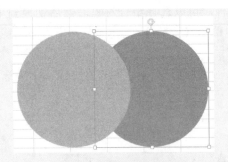

图 7-92   调整图形的叠放顺序

提示：通过单击【上移一层】或【下移一层】按钮右侧的下三角按钮，可以在弹出的下拉菜单中选择【置于顶层】或【置于底层】命令。

7.5.8   应用形状样式

下面介绍如何应用形状样式，具体操作步骤如下。

步骤 01   选择需要应用样式的形状，如图 7-93 所示。

步骤 02   切换到【绘图工具】下的【格式】选项卡，在【形状样式】组中单击【其他】按钮 ，在弹出的下拉菜单中选择一种样式，如图 7-94 所示。

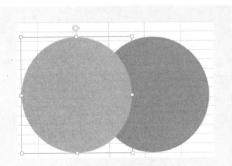

图 7-93   选择形状

图 7-94   选择样式

步骤 03   即可为选择的形状应用样式，应用样式后的效果如图 7-95 所示。

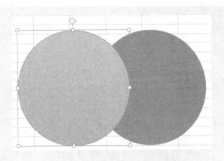

图 7-95   应用样式后的效果

7.5.9 设置形状填充

在 Excel 中，可以为绘制的形状填充纯色、渐变色、图片或纹理。

1. 填充纯色

下面来介绍为绘制的形状填充纯色的方法，具体的操作步骤如下。

步骤01 选择需要填充纯色的形状，如图 7-96 所示。

步骤02 切换到【绘图工具】下的【格式】选项卡，在【形状样式】组中单击【形状填充】按钮，在弹出的下拉菜单中选择一种颜色，在这里选择【浅绿】命令，如图 7-97 所示。

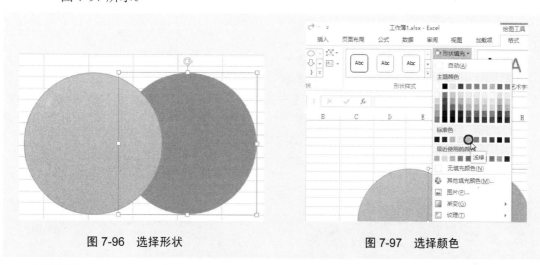

图 7-96　选择形状　　　　　　　图 7-97　选择颜色

步骤03 即可为选择的形状填充浅绿色，效果如图 7-98 所示。

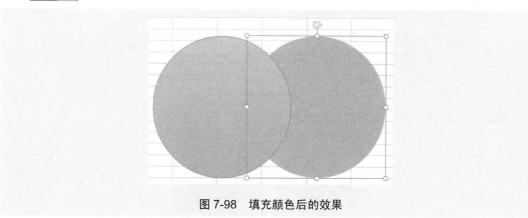

图 7-98　填充颜色后的效果

提示：在弹出的下拉菜单中选择【其他填充颜色】命令，弹出【颜色】对话框，在该对话框中可以选择或自定义设置其他颜色，如图 7-99 所示。

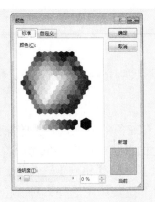

图 7-99　【颜色】对话框

2. 填充渐变色

下面来介绍为形状填充渐变色的方法，具体的操作步骤如下。

步骤01　选择需要填充渐变颜色的形状，如图 7-100 所示。

步骤02　切换到【绘图工具】下的【格式】选项卡，在【形状样式】组中单击【形状填充】按钮，在弹出的下拉菜单中选择【渐变】命令，再在弹出的级联菜单中选择一种渐变样式，如图 7-101 所示。

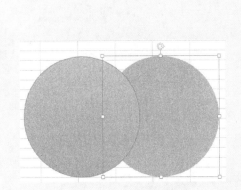

图 7-100　选择形状

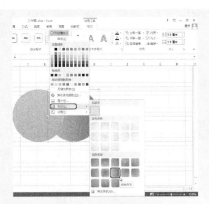

图 7-101　选择渐变样式

步骤03　即可为选择的形状填充渐变颜色，效果如图 7-102 所示。

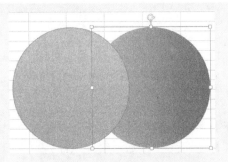

图 7-102　填充渐变颜色后的效果

3. 填充图片

下面来介绍为形状填充图片的方法，具体操作步骤如下。

步骤 01 选择需要填充图片的形状，如图 7-103 所示。

步骤 02 切换到【绘图工具】下的【格式】选项卡，在【形状样式】组中单击【形状填充】按钮，在弹出的下拉菜单中选择【图片】命令，如图 7-104 所示。

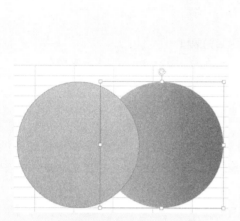

图 7-103　选择形状

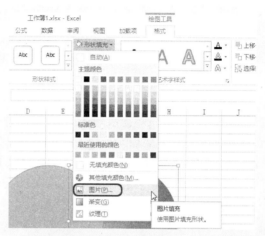

图 7-104　选择【图片】命令

步骤 03 弹出【插入图片】窗口，然后单击【来自文件】选项右侧的【浏览】按钮，如图 7-105 所示。

步骤 04 在弹出的【插入图片】对话框中选择随书附带光盘中的 CDROM\素材\第 8章\006.jpg 素材图片，然后单击【插入】按钮，如图 7-106 所示。

图 7-105　【插入图片】窗口

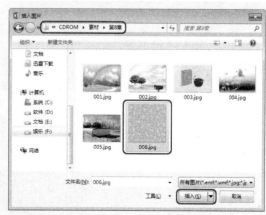

图 7-106　选择素材图片

步骤 05 即可为选择的形状填充素材图片，效果如图 7-107 所示。

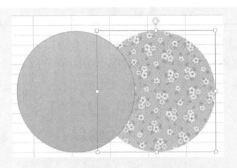

图 7-107　填充图片后的效果

4. 填充纹理

下面来介绍为形状填充纹理的方法，具体操作步骤如下。

步骤01　选择需要填充纹理的形状，如图 7-108 所示。

步骤02　切换到【绘图工具】下的【格式】选项卡，在【形状样式】组中单击【形状填充】按钮，在弹出的下拉菜单中选择【纹理】命令，再在弹出的级联菜单中选择一种纹理效果，如图 7-109 所示。

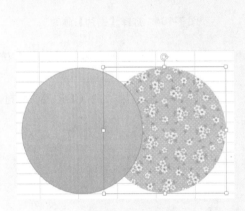

图 7-108　选择形状

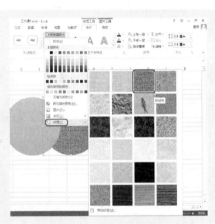

图 7-109　选择纹理效果

步骤03　即可为选择的形状填充纹理，效果如图 7-110 所示。

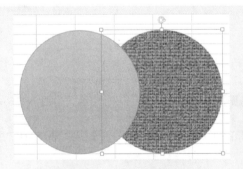

图 7-110　填充纹理后的效果

(7.5.10 设置形状轮廓

在 Excel 中，还可以对形状轮廓进行设置，包括设置轮廓的颜色、粗细以及样式等。

1. 设置轮廓颜色

下面来介绍设置轮廓颜色的方法，具体操作步骤如下。

步骤01 选择需要设置轮廓颜色的形状，如图 7-111 所示。

步骤02 切换到【绘图工具】下的【格式】选项卡，在【形状样式】组中单击【形状轮廓】按钮，在弹出的下拉菜单中选择一种颜色，如图 7-112 所示。

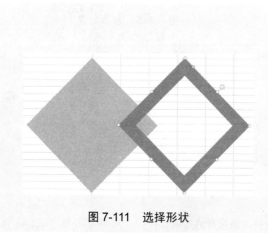

图 7-111 选择形状

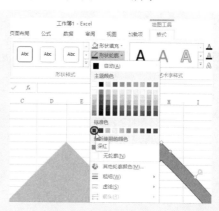

图 7-112 选择一种颜色

步骤03 即可为选择的形状填充轮廓颜色，效果如图 7-113 所示。

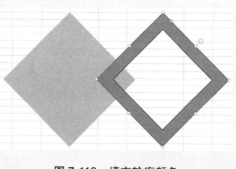

图 7-113 填充轮廓颜色

2. 设置轮廓粗细

下面来介绍设置轮廓粗细的方法，具体操作步骤如下。

步骤01 选择需要设置轮廓粗细的形状，如图 7-114 所示。

步骤02 切换到【绘图工具】下的【格式】选项卡，在【形状样式】组中单击【形状轮廓】按钮，在弹出的下拉菜单中选择【粗细】命令，再在弹出的级联菜单中选择一个粗细数值，如图 7-115 所示。

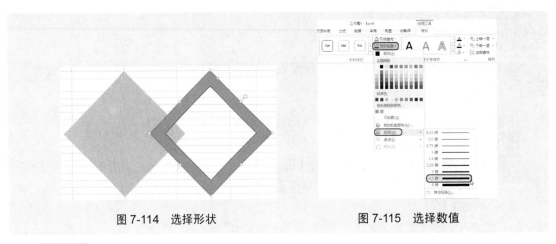

<table>
<tr><td>图 7-114　选择形状</td><td>图 7-115　选择数值</td></tr>
</table>

步骤03　设置轮廓粗细后的效果如图 7-116 所示。

图 7-116　设置轮廓粗细后的效果

3. 设置轮廓样式

通过设置轮廓样式，可以使形状轮廓更加美观、生动。设置轮廓样式的具体操作步骤如下。

步骤01　选择需要设置轮廓样式的形状，如图 7-117 所示。

步骤02　切换到【绘图工具】下的【格式】选项卡，在【形状样式】组中单击【形状轮廓】按钮，在弹出的下拉菜单中选择【虚线】命令，再在弹出的级联菜单中选择一种样式，如图 7-118 所示。

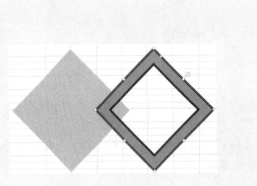

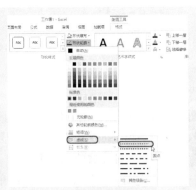

图 7-117　选择形状　　　　　图 7-118　设置轮廓样式

步骤03 设置轮廓样式后的效果如图 7-119 所示。

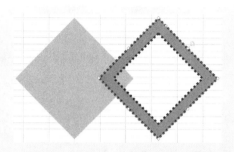

图 7-119　设置轮廓样式后的效果

7.5.11　添加形状效果

在 Excel 中，可以为形状添加阴影、映像、发光以及棱台等效果，添加不同形状效果的方法大体相同，下面以添加发光效果为例进行简单介绍。

步骤01 选择需要添加效果的形状，如图 7-120 所示。

步骤02 切换到【绘图工具】下的【格式】选项卡，在【形状样式】组中单击【形状效果】按钮，在弹出的下拉菜单中选择【发光】命令，再在弹出的级联菜单中选择一种发光效果，如图 7-121 所示。

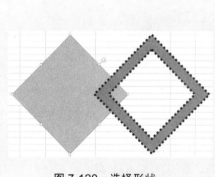

图 7-120　选择形状

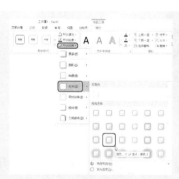

图 7-121　选择一种发光效果

步骤03 即可为选择的形状添加发光效果，如图 7-122 所示。

图 7-122　添加发光效果

7.6　使用艺术字

艺术字是一种通过特殊效果使文字突出显示的快捷方法。本节将对艺术字进行简单的介绍。

7.6.1　插入艺术字

下面来介绍如何插入艺术字，具体操作步骤如下。

步骤01　按 Ctrl+O 组合键，在打开的界面中选择【计算机】选项，然后单击【浏览】按钮，如图 7-123 所示。

步骤02　弹出【打开】对话框，在该对话框中选择随书附带光盘中的 CDROM\素材\第 8 章\销售统计表.xlsx 素材文件，如图 7-124 所示。

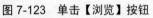

图 7-123　单击【浏览】按钮

图 7-124　选择素材文件

步骤03　单击【打开】按钮，打开的素材文件如图 7-125 所示。

图 7-125　打开的素材文件

步骤 04 切换到【插入】选项卡，在【文本】组中单击【艺术字】按钮，在弹出的下拉菜单中选择一种艺术字样式，如图 7-126 所示。

步骤 05 即可在工作表中弹出一个文本框，并在弹出的文本框中输入文字，如图 7-127 所示。

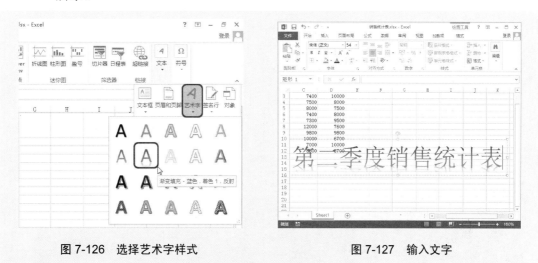

图 7-126　选择艺术字样式　　　　　　　　图 7-127　输入文字

步骤 06 选中文本框，切换到【开始】选项卡，在【字体】组中将字号设置为 18，并在工作表中调整文本框的位置，效果如图 7-128 所示。

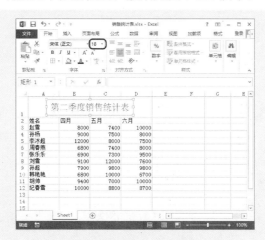

图 7-128　设置字号并调整文本框

7.6.2　设置艺术字效果

在 Excel 中，可以像为图片添加效果一样，为艺术字添加效果，包括添加阴影、映像或发光等效果，添加不同效果的操作方法大体相同，下面以添加阴影效果为例，进行简单的介绍。

步骤 01 选择需要添加效果的艺术字或艺术字所在的文本框，如图 7-129 所示。

步骤02 切换到【绘图工具】下的【格式】选项卡，在【艺术字样式】组中单击【文字效果】按钮 A，在弹出的下拉菜单中选择【阴影】命令，再在弹出的级联菜单中选择一种阴影样式，如图 7-130 所示。

图 7-129　选择文本框	图 7-130　选择阴影样式

步骤03 即可为文本框中的艺术字添加阴影效果，如图 7-131 所示。

A	B	C	D	E
第二季度销售统计表				
姓名	四月	五月	六月	
赵雪	8000	7400	10000	
孙杨	9000	7500	8000	
李冰超	12000	8000	7500	
周春燕	6800	7400	8000	
张乐乐	6900	7300	9500	
刘雪	9100	12000	7600	
孙超	7900	9800	9800	
韩艳艳	6800	10000	6700	
胡帅	9400	7000	10000	
纪春雪	10000	8800	8700	

图 7-131　添加阴影效果

7.7　创建 SmartArt 图形

SmartArt 图形是信息和观点的视觉表示形式。可以通过从多种不同布局中进行选择来创建 SmartArt 图形，从而快速、轻松、有效地传达信息。

每种布局都提供了一种表达内容以及增强所传达信息的不同方法。一些布局只是使项目符号列表更加精美，而另一些布局适合用来展现特定种类的信息。

【选择 SmartArt 图形】对话框中显示了所有可用的布局，这些布局分为八种不同类型，即【列表】、【流程】、【循环】、【层次结构】、【关系】、【矩阵】、【棱锥图】和【图片】，如图 7-132 所示。下面我们分别以每种类型中的一种结构样式为例进行创建。

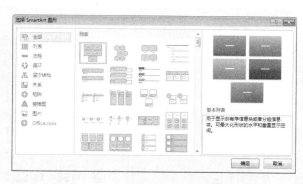

图 7-132　【选择 SmartArt 图形】对话框

　提示：Office.com 类型显示 Office.com 上可用的其他布局。

7.7.1　创建列表图形

列表图形是比较常用的一种图形结构，使用列表图形可以直观地显示各种信息，做到条理清晰明了，对于需要进行分组但不需遵循分步流程的项目，通常适合采用列表布局。

步骤01　新建一个空白工作簿，切换到【视图】选项卡，在【显示】组中取消选中【网格线】复选框，如图 7-133 所示。

步骤02　切换到【插入】选项卡，在【插图】组中单击 SmartArt 按钮，弹出【选择 SmartArt 图形】对话框，在左侧列表中选择【列表】类型，在样式框中选择一种图形样式，然后单击【确定】按钮，如图 7-134 所示。

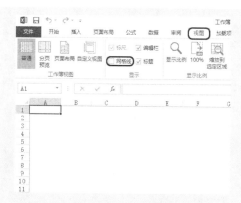

图 7-133　取消选中【网格线】复选框

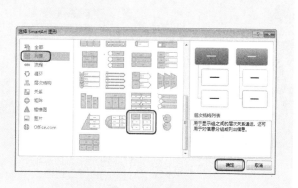

图 7-134　选择图形样式

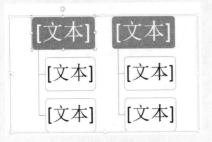

提示： 按键盘中的 Alt+N+M 组合键也可以打开【选择 Smart Art 图形】对话框。

步骤 03　即可在工作表中创建选择的图形，如图 7-135 所示。

步骤 04　在形状上单击文字占位符，即可将光标置入形状中，如图 7-136 所示。

<table>
<tr><td>图 7-135　创建的列表图形</td><td>图 7-136　单击文字占位符</td></tr>
</table>

步骤 05　直接输入文字即可，如图 7-137 所示。

步骤 06　也可以单击 SmartArt 图形左侧的三角按钮，如图 7-138 所示。

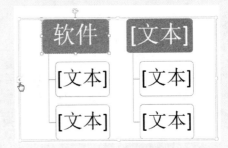

<table>
<tr><td>图 7-137　直接输入文字</td><td>图 7-138　单击按钮</td></tr>
</table>

步骤 07　在弹出的【在此处键入文字】文本窗格中的相应位置上输入文字即可，如图 7-139 所示。

图 7-139　在文本窗格中输入文字

提示：选中 SmartArt 图形后，选择【SmartArt 工具】下的【设计】选项卡，在【创建图形】组中单击【文本窗格】按钮，也可以弹出文本窗格。

步骤08 可以看到在文本窗格中输入的文字同时也在图形中显示出来了，输入完成后单击【关闭】按钮即可，输入文字后的效果如图 7-140 所示。

图 7-140 输入文字后的效果

提示：如果插入的图形中没有文本占位符，直接选择形状然后输入文本即可。由于图形中位置有限，不易输入过多文字，输入的文字越多则字体越小。

7.7.2 创建流程图形

流程图有 30 多种布局类型，这些布局类型通常都包括连接箭头，用于显示方向或进度，能方便直观地表现各种顺序关系。

步骤01 切换到【插入】选项卡，在【插图】组中单击 SmartArt 按钮，弹出【选择 SmartArt 图形】对话框，在左侧列表中选择【流程】类型，在样式框中选择一种图形样式，然后单击【确定】按钮，如图 7-141 所示。

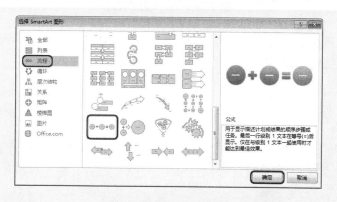

图 7-141 选择图形样式

步骤02 即可在工作表中创建选择的图形，如图 7-142 所示。

步骤 03 在创建的流程图形中输入文字，效果如图 7-143 所示。

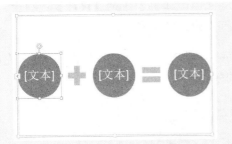

图 7-142　创建的流程图形

图 7-143　输入文字

7.7.3　创建循环图形

循环图形可以用于表示循环或迭代的流程，可表现持续循环的过程。这种类型的图形阐释了循环的或重复的流程。

步骤 01 切换到【插入】选项卡，在【插图】组中单击 SmartArt 按钮 ，弹出【选择 SmartArt 图形】对话框，在左侧列表中选择【循环】类型，在样式框中选择一种图形样式，然后单击【确定】按钮，如图 7-144 所示。

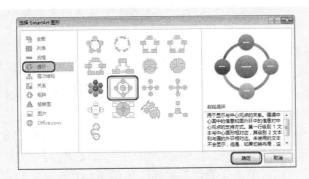

图 7-144　选择图形样式

步骤 02 即可在工作表中创建选择的图形，如图 7-145 所示。

步骤 03 在创建的循环图形中输入文字，效果如图 7-146 所示。

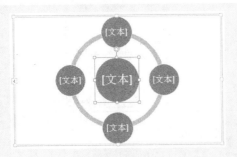

图 7-145　创建的循环图形

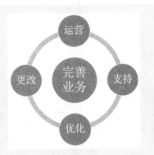

图 7-146　输入文字

7.7.4 创建层次结构图形

层次结构图形可以用于表示层级或级别关系，典型用途是绘制公司组织结构图。该图形能清晰地表现出各个级别的层次关系，一目了然。

步骤01 切换到【插入】选项卡，在【插图】组中单击 SmartArt 按钮，弹出【选择 SmartArt 图形】对话框，在左侧列表中选择【层次结构】类型，在样式框中选择一种图形样式，然后单击【确定】按钮，如图 7-147 所示。

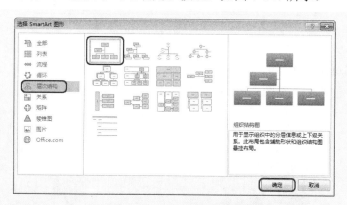

图 7-147 选择图形样式

步骤02 即可在工作表中创建选择的图形，如图 7-148 所示。

步骤03 在创建的层次结构图形中输入文字，效果如图 7-149 所示。

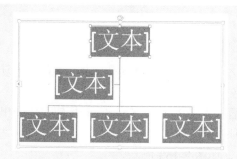

图 7-148 创建的层次结构图形

图 7-149 输入文字

7.7.5 创建关系图形

关系图形常常用来表达各种关系，其中包括射线图、维恩图和目标图。这些图形类型通常描绘两组或更多组事物或信息之间的关系。

步骤01 切换到【插入】选项卡，在【插图】组中单击 SmartArt 按钮，弹出【选择 SmartArt 图形】对话框，在左侧列表中选择【关系】类型，在样式框中选择一种图形样式，然后单击【确定】按钮，如图 7-150 所示。

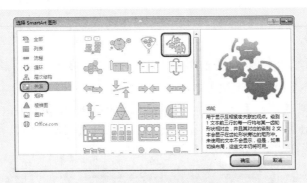

图 7-150 选择图形样式

步骤 02 即可在工作表中创建选择的图形，如图 7-151 所示。

步骤 03 在创建的关系图形中输入文字，效果如图 7-152 所示。

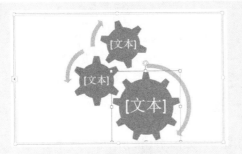

图 7-151 创建的关系图形

图 7-152 输入文字

7.7.6 创建矩阵图形

矩阵图形常常用来表示各个部分与整体之间的关系，并且可以用轴来描述更复杂的关系。

步骤 01 切换到【插入】选项卡，在【插图】组中单击 SmartArt 按钮，弹出【选择 SmartArt 图形】对话框，在左侧列表中选择【矩阵】类型，在样式框中选择一种图形样式，然后单击【确定】按钮，如图 7-153 所示。

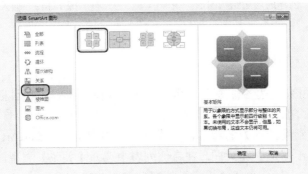

图 7-153 选择图形样式

步骤 02 这样即可在工作表中创建选择的图形，如图 7-154 所示。

步骤 03 在创建的矩阵图形中输入文字，效果如图 7-155 所示。

图 7-154 创建的矩阵图形

图 7-155 输入文字

7.7.7 创建棱锥图图形

棱锥图图形显示比例关系、基于基础的关系或层次关系，或者显示通常向上发展的流程。

步骤 01 切换到【插入】选项卡，在【插图】组中单击 SmartArt 按钮，弹出【选择 SmartArt 图形】对话框，在左侧列表中选择【棱锥图】类型，在样式框中选择一种图形样式，然后单击【确定】按钮，如图 7-156 所示。

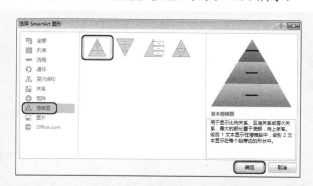

图 7-156 选择图形样式

步骤 02 这样即可在工作表中创建选择的图形，如图 7-157 所示。

步骤 03 在创建的棱锥图图形中输入文字，效果如图 7-158 所示。

图 7-157 创建的棱锥图图形

图 7-158 输入文字

7.7.8 创建图片图形

图片图形和其他结构图形的最大区别在于创建的所有图形都有图片占位符，单击图片占位符可以插入图片，插入的图片大小与图片占位符相同。

步骤 01 切换到【插入】选项卡，在【插图】组中单击 SmartArt 按钮，弹出【选择 SmartArt 图形】对话框，在左侧列表框中选择【图片】类型，在样式列表框中选择一种图形样式，然后单击【确定】按钮，如图 7-159 所示。

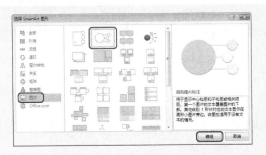

图 7-159　选择图形样式

步骤 02 这样即可在工作表中创建选择的图形，如图 7-160 所示。

步骤 03 单击最左侧圆形中的图片占位符，如图 7-161 所示。

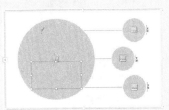　　　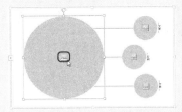

图 7-160　创建的图片图形　　　图 7-161　单击图片占位符

步骤 04 弹出【插入图片】窗口，然后单击【来自文件】右侧的【浏览】按钮，如图 7-162 所示。

步骤 05 在弹出的【插入图片】对话框中选择随书附带光盘中的 CDROM\素材\第 8 章\水果.jpg 素材图片，然后单击【插入】按钮，如图 7-163 所示。

　　　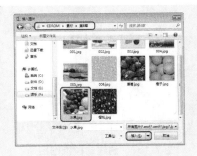

图 7-162　【插入图片】窗口　　　图 7-163　选择素材图片

步骤 06 这样即可将选择的素材图片插入至图片占位符所在的形状中，如图 7-164 所示。

步骤 07 使用相同的方法，在其他三个圆形中插入素材图片，完成后的效果如图 7-165 所示。

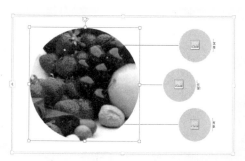

图 7-164　插入的素材图片

图 7-165　插入图片

步骤 08 在文字占位符中输入文字，效果如图 7-166 所示。

图 7-166　输入文字

7.8　设计 SmartArt 图形

在 Excel 中，创建的 SmartArt 图形都是使用默认样式，但在实际工作中，布局样式和图形中形状的数量很难符合我们的需要，此时就需要对创建的 SmartArt 图形进行设计，从而创建出独特的具有专业效果的样式及外观。

7.8.1　添加形状

大多数情况下，SmartArt 图形中默认的形状数量无法满足我们的要求，我们可以根据需要添加形状，具体操作步骤如下。

步骤 01 按 Ctrl+O 组合键，在打开的界面中选择【计算机】选项，然后单击【浏览】按钮，如图 7-167 所示。

步骤 02 弹出【打开】对话框，在该对话框中选择随书附带光盘中的 CDROM\素材\第 8 章\办公用纸.xlsx 素材文件，如图 7-168 所示。

图 7-167　单击【浏览】按钮　　　　　图 7-168　选择素材文件

步骤 03　单击【打开】按钮，打开的素材文件如图 7-169 所示。

步骤 04　在 SmartArt 图形中选择形状，如图 7-170 所示。

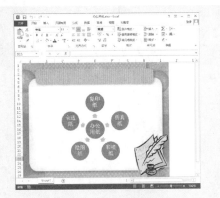

图 7-169　打开的素材文件　　　　　图 7-170　选择形状

步骤 05　切换到【SMARTART 工具】下的【设计】选项卡，在【创建图形】组中单击【添加形状】按钮右侧的下三角按钮　，在弹出的下拉菜单中选择【在后面添加形状】命令，如图 7-171 所示。

步骤 06　此时即可在选择的形状后面添加一个形状，如图 7-172 所示。

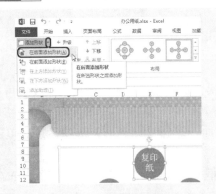

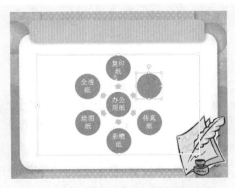

图 7-171　选择【在后面添加形状】命令　　　图 7-172　添加形状

步骤 07 使用前面介绍的方法，在新添加的形状中输入文字即可，效果如图 7-173 所示。

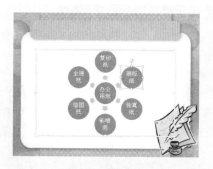

图 7-173 输入文字

提示： 选择形状后单击鼠标右键，在弹出的快捷菜单中选择【添加形状】命令，在弹出的子菜单中可以根据需要选择添加位置，如图 7-174 所示。

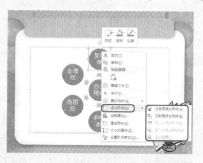

图 7-174 【添加形状】快捷菜单

7.8.2 删除形状

在 Excel 中，还可以将不需要的形状删除，具体操作步骤如下。

步骤 01 在 SmartArt 图形中选择需要删除的形状，如图 7-175 所示。

步骤 02 按键盘上的 Delete 键，即可将选择的形状删除，效果如图 7-176 所示。

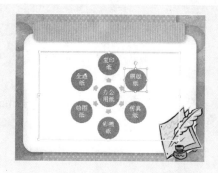

图 7-175 选择需要删除的形状

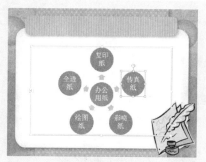

图 7-176 删除形状

提示： 在文本窗格中选择项目文本将其删除，即可将该文本对应的形状删除。

7.8.3 更改图形布局

不同的布局可以满足不同的需要，每种布局都提供了表达内容和增强传达信息的方法。在 Excel 中，可以随意更改 SmartArt 图形的布局，具体操作步骤如下。

步骤01 选择需要更改布局的 SmartArt 图形，如图 7-177 所示。

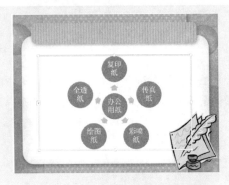

图 7-177 选择 SmartArt 图形

步骤02 切换到【SMARTART 工具】下的【设计】选项卡，在【布局】组中单击【其他】按钮，在弹出的下拉菜单中选择需要的布局，如图 7-178 所示。

步骤03 这样即可更改 SmartArt 图形的布局，如图 7-179 所示。

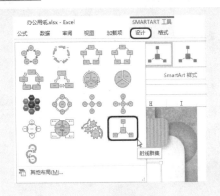

图 7-178 选择布局

图 7-179 更改布局后的效果

提示： 在【布局】下拉菜单中选择【其他布局】命令，弹出【选择 SmartArt 图形】对话框，在该对话框中也可以选择一种布局样式。

7.8.4 将图形转换为形状

下面介绍将 SmartArt 图形转换为形状的方法，具体操作步骤如下。

步骤 01 选择需要转换为形状的 SmartArt 图形，切换到【SMARTART 工具】下的【设计】选项卡，在【重置】组中单击【转换为形状】按钮 ，如图 7-180 所示。

步骤 02 这样即可将 SmartArt 图形转换为形状，效果如图 7-181 所示。

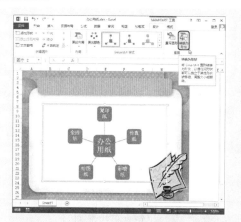

图 7-180　单击【转换为形状】按钮

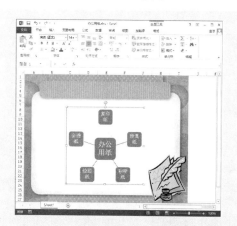

图 7-181　将 SmartArt 图形转换为形状

7.9　设置 SmartArt 图形样式

在 Excel 中，可以对 SmartArt 图形样式进行设置，其中包括更改图形颜色、更改形状和设置形状大小等。

7.9.1　更改 SmartArt 图形的颜色

下面介绍更改 SmartArt 图形颜色的方法，具体操作步骤如下。

步骤 01 打开素材文件"办公用纸.xlsx"，并选择 SmartArt 图形，如图 7-182 所示。

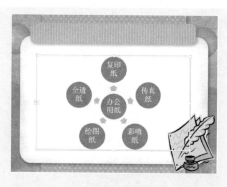

图 7-182　选择 SmartArt 图形

步骤 02 切换到【SMARTART 工具】下的【设计】选项卡，在【SmartArt 样式】组中单击【更改颜色】按钮 ，在弹出的下拉菜单中选择一种颜色，如图 7-183 所示。

步骤 03 这样即可更改 SmartArt 图形的颜色，效果如图 7-184 所示。

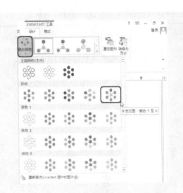

图 7-183　选择要应用的颜色

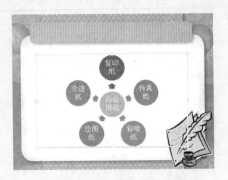

图 7-184　更改颜色后的效果

7.9.2　更改 SmartArt 图形中单个形状的颜色

下面介绍如何更改 SmartArt 图形中单个形状的颜色，具体操作步骤如下。

步骤01　在 SmartArt 图形中选择需要更改颜色的形状，如图 7-185 所示。

步骤02　切换到【SMARTART 工具】下的【格式】选项卡，在【形状样式】组中单击【形状填充】按钮，在弹出的下拉菜单中选择一种颜色，如图 7-186 所示。

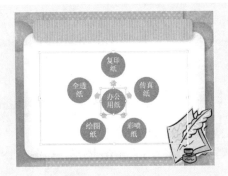

图 7-185　选择形状

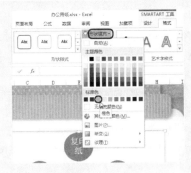

图 7-186　选择颜色

步骤03　这样即可更改选择的形状的颜色，效果如图 7-187 所示。

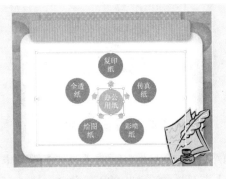

图 7-187　更改颜色后的效果

7.9.3 更改形状

在 Excel 中，可以将 SmartArt 图形中的形状更改为其他形状，下面就来介绍更改形状的方法，具体操作步骤如下。

步骤 01 在 SmartArt 图形中选择需要更改形状的形状，如图 7-188 所示。

步骤 02 切换到【SMARTART 工具】下的【格式】选项卡，在【形状】组中单击【更改形状】按钮，在弹出的下拉菜单中选择所需的形状，如图 7-189 所示。

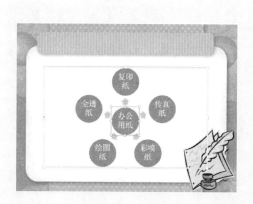

图 7-188 选择形状

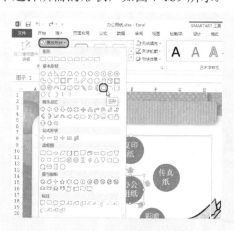

图 7-189 选择所需的形状

步骤 03 这样即可更改选中对象的形状，效果如图 7-190 所示。

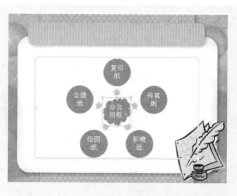

图 7-190 更改形状后的效果

7.9.4 设置形状大小

选择整个 SmartArt 图形，然后拖动控制点可调整整体 SmartArt 图形的大小。下面我们再来介绍一下调整单个形状大小的方法，具体的操作步骤如下。

步骤 01 选择需要调整大小的形状，切换到【SMARTART 工具】下的【格式】选项卡，在【形状】组中单击【增大】按钮，如图 7-191 所示。

步骤 02 这样即可按比例放大选择的形状。如图 7-192 所示为单击两次【增大】按钮后得到的效果。

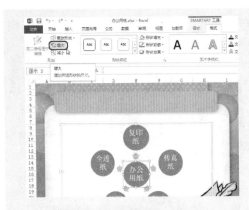

图 7-191 单击【增大】按钮

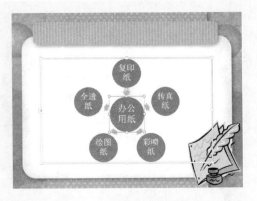

图 7-192 增大形状后的效果

 提示：单击【减小】按钮回即可按比例缩小形状。

7.9.5 更改形状样式

在 Excel 中，可以为 SmartArt 图形中的形状设置样式，具体操作步骤如下。

步骤 01 在 SmartArt 图形中选择需要设置样式的形状，如图 7-193 所示。

步骤 02 切换到【SMARTART 工具】下的【格式】选项卡，在【形状样式】组中单击【形状填充】按钮，在弹出的下拉菜单中选择一种填充颜色，如图 7-194 所示。

图 7-193 选择形状

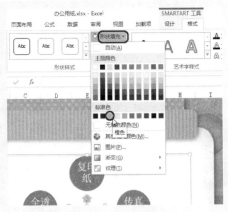

图 7-194 选择填充颜色

步骤 03 设置填充颜色后的效果如图 7-195 所示。

步骤 04 在【形状样式】组中单击【形状轮廓】按钮，在弹出的下拉菜单中选择一种轮廓颜色，如图 7-196 所示。

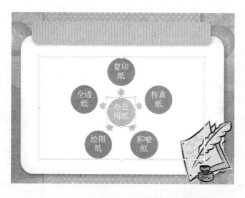

图 7-195 设置填充颜色后的效果

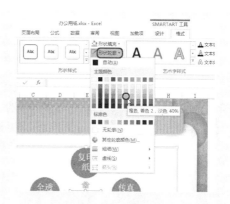

图 7-196 选择轮廓颜色

步骤05 再次单击【形状轮廓】按钮，在弹出的下拉菜单中选择【粗细】|【4.5 磅】命令，如图 7-197 所示。

步骤06 这样即可设置形状轮廓，然后在【形状样式】组中单击【形状效果】按钮，在弹出的下拉菜单中选择【阴影】命令，在弹出的子菜单中选择一种阴影效果，如图 7-198 所示。

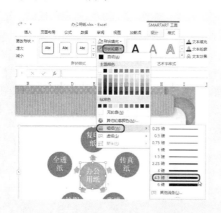

图 7-197 选择【4.5 磅】命令

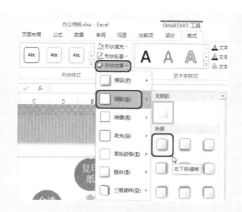

图 7-198 选择阴影效果

步骤07 这样即可为选择的形状添加阴影效果，如图 7-199 所示。

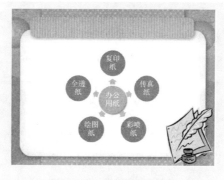

图 7-199 添加阴影效果

7.10 上机练习——制作家庭装修流程图

下面来介绍家庭装修流程图的制作方法，该练习主要是先插入 SmartArt 图形，然后插入图片来美化流程图，效果如图 7-200 所示。

步骤01 新建一个空白工作簿，切换到【视图】选项卡，在【显示】组中取消选中【网格线】复选框，如图 7-201 所示。

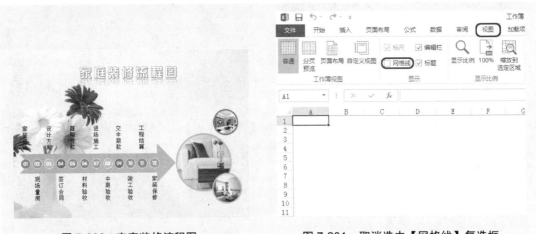

图 7-200 家庭装修流程图   图 7-201 取消选中【网格线】复选框

步骤02 切换到【插入】选项卡，在【插图】组中单击 SmartArt 按钮，弹出【选择 SmartArt 图形】对话框，在左侧列表框中选择【流程】类型，在样式列表框中选择一种图形样式，然后单击【确定】按钮，如图 7-202 所示。

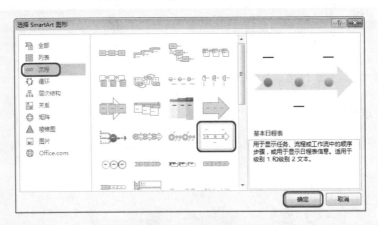

图 7-202 选择图形样式

步骤03 这样即可在工作表中创建选择的图形，如图 7-203 所示。
步骤04 在 SmartArt 图形中输入文字，效果如图 7-204 所示。

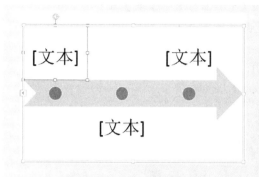

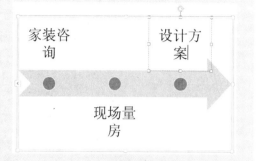

图 7-203 创建的流程图形　　　　　　　　　　　　图 7-204 输入文字

步骤 05　在 SmartArt 图形中选择最右侧的圆形，然后切换到【SMARTART 工具】下的【设计】选项卡，在【创建图形】组中单击【添加形状】按钮右侧的下三角按钮，，在弹出的下拉菜单中选择【在后面添加形状】命令，如图 7-205 所示。

步骤 06　这样即可在选择的形状的后面添加一个新形状，如图 7-206 所示。

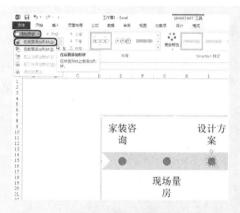

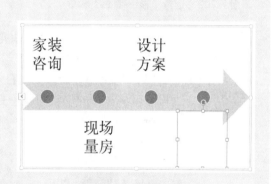

图 7-205 选择【在后面添加形状】命令　　　　　　图 7-206 添加的形状

步骤 07　在新添加的形状中输入文字，效果如图 7-207 所示。

步骤 08　使用同样的方法，继续添加新形状，并在添加的形状中输入文字，效果如图 7-208 所示。

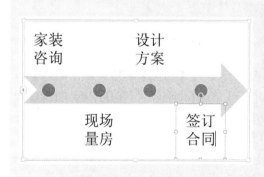

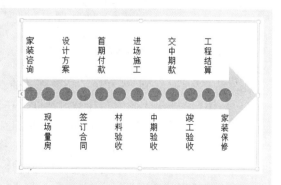

图 7-207 输入文字　　　　　　　　　　　　　　　图 7-208 添加形状并输入文字

步骤 09 选中 SmartArt 图形，然后切换到【SMARTART 工具】下的【设计】选项卡，在【SmartArt 样式】组中单击【更改颜色】按钮，在弹出的下拉菜单中选择【彩色-着色】命令，如图 7-209 所示。

步骤 10 这样即可为选择的 SmartArt 图形更改颜色，效果如图 7-210 所示。

图 7-209　选择【彩色-着色】命令

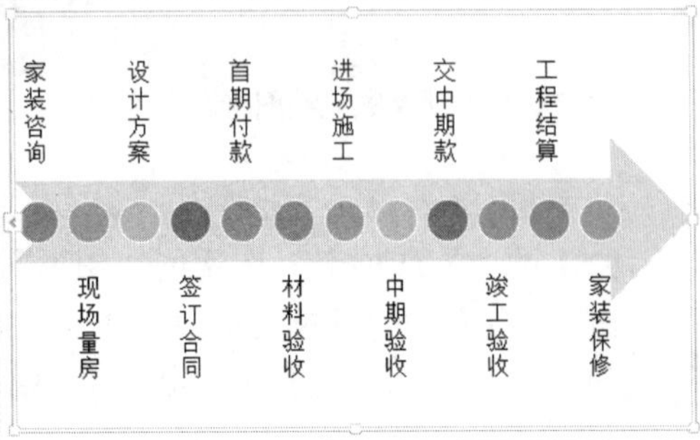

图 7-210　为 SmartArt 图形更改颜色

步骤 11 在 SmartArt 图形中选择箭头形状，然后切换到【SMARTART 工具】下的【格式】选项卡，在【形状样式】组中单击【形状填充】按钮，在弹出的下拉菜单中选择【浅绿】颜色，如图 7-211 所示。

步骤 12 这样即可将选择的形状的颜色更改为浅绿色，效果如图 7-212 所示。

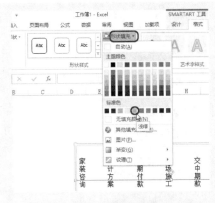

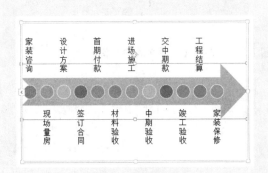

图 7-211　选择浅绿色

图 7-212　更改形状颜色

步骤 13 选择 A1 单元格，切换到【插入】选项卡，在【插图】组中单击【图片】按钮，弹出【插入图片】对话框，在该对话框中选择随书附带光盘中的 CDROM\素材\第 8 章\背景图片.jpg，如图 7-213 所示。

步骤 14 单击【插入】按钮，即可将选择的素材图片插入至工作表中。确定插入的素材图片处于选中状态，切换到【图片工具】下的【格式】选项卡，在【大小】组中将【形状高度】设为 15 厘米，将【形状宽度】设为 20 厘米，如图 7-214 所示。

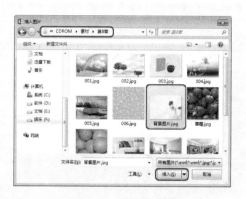

图 7-213　选择素材图片

图 7-214　设置图片大小

步骤15　在【大小】组中单击【裁剪】按钮，在工作表中对裁剪框进行调整，如图 7-215 所示。

步骤16　调整完成后，再次单击【裁剪】按钮，即可完成对该图片的裁剪，并在工作表中调整图片的位置，效果如图 7-216 所示。

图 7-215　调整裁剪框

图 7-216　裁剪并调整图片位置

步骤17　确定图片处于选中状态，在【排列】组中单击【旋转对象】按钮，在弹出的下拉菜单中选择【水平翻转】命令，如图 7-217 所示。

步骤18　这样即可水平翻转选择的图片，效果如图 7-218 所示。

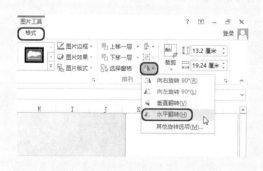

图 7-217　选择【水平翻转】命令

图 7-218　水平翻转图片

步骤 19 在【调整】组中单击【颜色】按钮，在弹出的下拉菜单中选择【色温：8800K】命令，如图 7-219 所示。

步骤 20 调整图片色温后的效果如图 7-220 所示。

图 7-219　选择【色温：8800K】命令

图 7-220　调整色温后的效果

步骤 21 在图片上单击鼠标右键，在弹出的快捷菜单中选择【置于底层】|【置于底层】命令，如图 7-221 所示。

步骤 22 这样即可将图片置于底层，效果如图 7-222 所示。

图 7-221　选择【置于底层】命令

图 7-222　置将图片于底层

步骤 23 在工作表中调整 SmartArt 图形的位置，效果如图 7-223 所示。

步骤 24 切换到【插入】选项卡，在【文本】组中单击【绘制横排文本框】按钮，然后在工作表中绘制文本框，并输入文字，如图 7-224 所示。

图 7-223　调整 SmartArt 图形位置

图 7-224　绘制文本框并输入文字

步骤25 选择绘制的文本框，然后切换到【绘图工具】下的【格式】选项卡，在【形状样式】组中单击【形状填充】按钮，在弹出的下拉菜单中选择【无填充颜色】命令，如图 7-225 所示。

步骤26 在【形状样式】组中单击【形状轮廓】按钮，在弹出的下拉菜单中选择【无轮廓】命令，如图 7-226 所示。

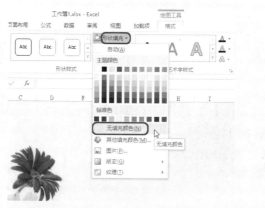

图 7-225　选择【无填充颜色】命令　　　　图 7-226　选择【无轮廓】命令

步骤27 切换到【开始】选项卡，在【字体】组中将字体设置为【方正粗圆简体】，单击【字体颜色】按钮 右侧的下三角按钮，在弹出的下拉菜单中选择【白色，背景 1】，如图 7-227 所示。

步骤28 设置完成后，在工作表中调整文本框的位置，效果如图 7-228 所示。

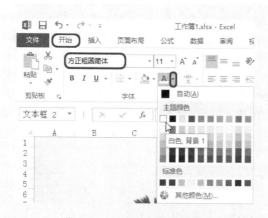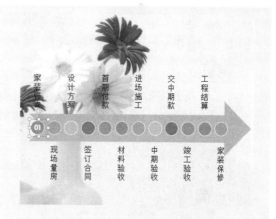

图 7-227　设置字体和颜色　　　　　　　图 7-228　调整文本框位置

步骤29 确定文本框处于选中状态，在按住 Ctrl 键的同时，单击鼠标左键并拖动鼠标，拖动至适当位置处释放鼠标左键，即可复制一个文本框，然后将复制后的文本框中的数字更改为"02"，效果如图 7-229 所示。

步骤30 使用同样的方法，继续复制文本框，并更改复制后的文本框中的数字，效果如图 7-230 所示。

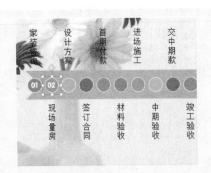

图 7-229　复制文本框并更改数字　　　　　图 7-230　继续复制文本框并更改数字

步骤 31　切换到【插入】选项卡，在【插图】组中单击【形状】按钮，在弹出的下拉菜单中选择【椭圆】命令，如图 7-231 所示。

步骤 32　按住 Shift 键的同时绘制正圆，效果如图 7-232 所示。

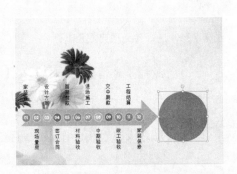

图 7-231　选择【椭圆】　　　　　　　　　图 7-232　绘制正圆

步骤 33　切换到【绘图工具】下的【格式】选项卡，在【形状样式】组中单击【形状填充】按钮，在弹出的下拉菜单中选择【图片】命令，如图 7-233 所示。

步骤 34　弹出【插入图片】窗口，然后单击【来自文件】右侧的【浏览】按钮，如图 7-234 所示。

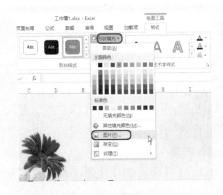

图 7-233　选择【图片】命令　　　　　　　图 7-234　【插入图片】窗口

步骤 35 在弹出的【插入图片】对话框中选择随书附带光盘中的 CDROM\素材\第 8 章\家装 1.jpg 素材图片，然后单击【插入】按钮，如图 7-235 所示。

步骤 36 这样即可为绘制的正圆填充素材图片，效果如图 7-236 所示。

图 7-235　选择素材图片

图 7-236　填充图片后的效果

步骤 37 在【形状样式】组中单击【形状轮廓】按钮，在弹出的下拉菜单中选择【浅绿】颜色，如图 7-237 所示。

步骤 38 再次单击【形状轮廓】按钮，在弹出的下拉菜单中选择【粗细】|【3 磅】命令，如图 7-238 所示。

图 7-237　选择浅绿色

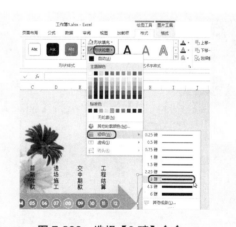

图 7-238　选择【3 磅】命令

步骤 39 设置正圆样式后的效果如图 7-239 所示。

步骤 40 使用同样的方法，绘制其他正圆，并在【形状样式】组中对正圆样式进行设置，效果如图 7-240 所示。

步骤 41 切换到【插入】选项卡，在【文本】组中单击【艺术字】按钮，在弹出的下拉菜单中选择如图 7-241 所示的艺术字样式。

步骤 42 这样即可在工作表中弹出一个文本框，并在弹出的文本框中输入文字，如图 7-242 所示。

图 7-239 设置正圆样式后的效果

图 7-240 绘制其他正圆并设置样式

图 7-241 选择艺术字样式

图 7-242 输入文字

步骤43 选中文本框，切换到【开始】选项卡，在【字体】组中将字体设置为【汉仪综艺体简】，将字号设为"28"，并在工作表中调整文本框的位置，效果如图 7-243 所示。

步骤44 在【字体】组中单击【字体设置】按钮，弹出【字体】对话框，切换到【字符间距】选项卡，将【间距】设置为【加宽】，将【度量值】设置为 5 磅，如图 7-244 所示。

图 7-243 设置文字格式并调整文本框

图 7-244 设置字符间距

步骤45 设置完成后单击【确定】按钮。设置字符间距后的效果如图 7-245 所示。

步骤46 切换到【绘图工具】下的【格式】选项卡，在【艺术字样式】组中单击【文

字效果】按钮 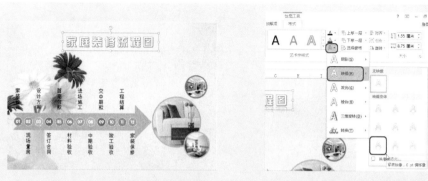 ，在弹出的下拉菜单中选择【映像】|【紧密映像，8pt 偏移量】命令，如图 7-246 所示。

图 7-245 设置字符间距后的效果　　图 7-246 选择【紧密映像，8pt 偏移量】命令

步骤47 这样即可为艺术字添加映像效果，如图 7-247 所示。

步骤48 至此，家庭装修流程图就制作完成了，单击【文件】按钮，在弹出的界面中选择【另存为】，在右侧的列表中选择【计算机】，然后单击【浏览】按钮，如图 7-248 所示。

图 7-247 为艺术字添加映像效果

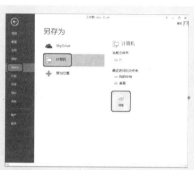
图 7-248 单击【浏览】按钮

步骤49 在弹出的对话框中指定保存路径，并在【文件名】下拉列表框中输入"家庭装修流程图"，设置完成后单击【保存】按钮即可，如图 7-249 所示。

图 7-249 设置保存路径并输入文件名

第8章

公式与函数

在工作簿中公式和函数占有重要的地位，可以使用公式对工作表中的数值进行各种运算。当工作表中的数据更新后，公式的结果也将自动更新。Excel中的函数根据使用领域被分为多个类别，它们使用一些称为参数的特定数值按特定的顺序或结构进行计算。用户使用这些函数时，只需要为函数指定参数即可。

熟练使用公式、理解各种函数对数据的运算十分重要，它们可以使复杂的数据处理简单化，本章将详细介绍 Excel 中公式和函数的使用方法。

本章重点：

- ❱ 公式的输入与快速计算
- ❱ 公式的编辑
- ❱ 数组公式的使用
- ❱ 函数的输入与修改
- ❱ 文本函数的应用
- ❱ 日期和时间函数的应用
- ❱ 统计函数的应用
- ❱ 查找和引用函数的应用
- ❱ 逻辑函数的应用

8.1 公式的输入与快速计算

在 Excel 中输入公式时，公式必须以等号(=)开头。除输入计算公式外，Excel 还提供了一些命令用于快速计算。

8.1.1 手动输入公式

在单元格中输入公式即可进行所需的运算。公式包括等号、函数及运算符。

步骤01 新建工作表，并输入数据，如图 8-1 所示。

步骤02 在 C1 单元格输入"=A1*B1"，如图 8-2 所示。

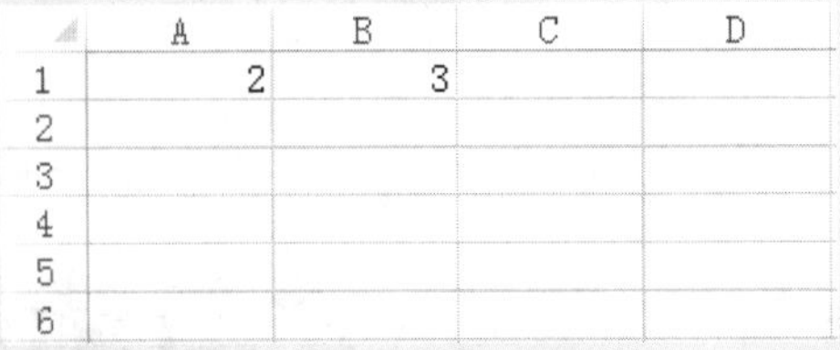

图 8-1 输入数据 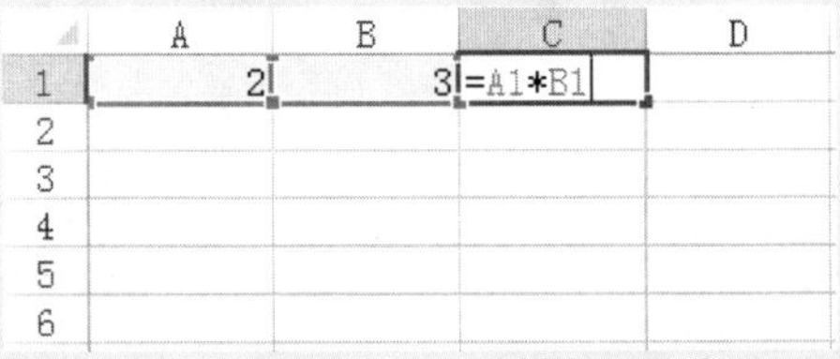   图 8-2 输入公式

步骤03 完成运算，如图 8-3 所示。

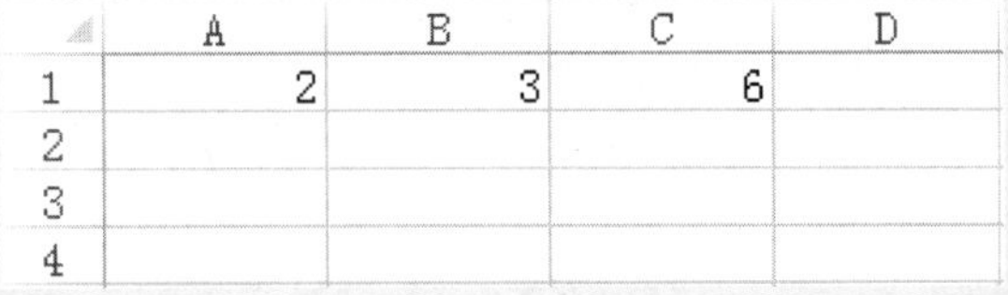

图 8-3 运算结果

8.1.2 鼠标输入公式

Excel 还提供了另一种输入公式的方法，这种方法可以直接单击单元格引用，而不需要完全手工输入。

步骤01 创建工作表，在 C1 单元格中输入"="，如图 8-4 所示。

步骤02 单击 A1 单元格，该单元格上出现虚框，如图 8-5 所示。

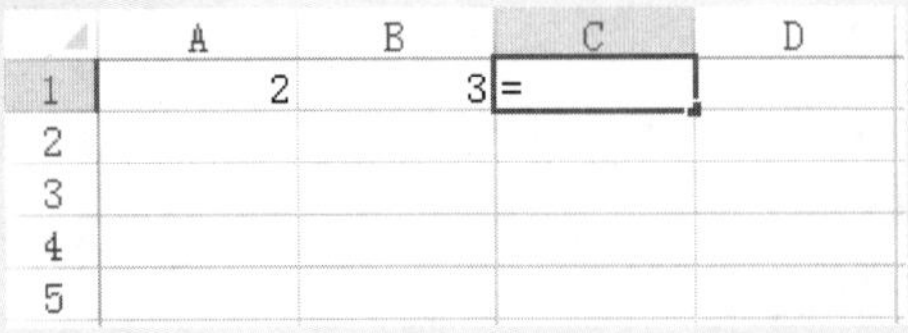

图 8-4 输入等号   图 8-5 选择单元格

步骤 03　在 C1 单元格中输入运算符"*"，如图 8-6 所示。

步骤 04　单击 B1 单元格，如图 8-7 所示。

图 8-6　输入运算符

图 8-7　选择单元格

步骤 05　单击编辑栏中的【输入】按钮 ✔，完成运算，如图 8-8 所示。

图 8-8　运算结果

8.1.3　自动求和工具

在 Excel 中，求和是最常用的运算之一。为此 Excel 设置了求和工具，省去了输入公式的烦琐。

步骤 01　新建工作表，并输入数据，如图 8-9 所示。

步骤 02　选择 A1:C1 单元格区域，如图 8-10 所示。

图 8-9　输入数据

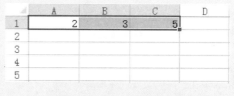

图 8-10　选择单元格区域

步骤 03　切换至【开始】选项卡，单击【编辑】组中的【求和】按钮 Σ，如图 8-11 所示。

步骤 04　完成运算，在所选单元格右侧的单元格中生成结果，如图 8-12 所示。

图 8-11　求和

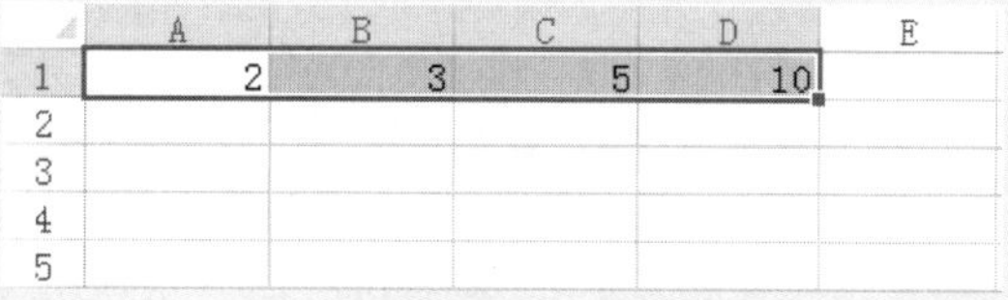

图 8-12　运算结果

8.1.4 平均值工具

除求和外，Excel 还提供了平均值、最大值等常用计算工具。平均值工具用来求平均值。

步骤 01 新建工作表，并输入数据，如图 8-13 所示。

步骤 02 选择 D1 单元格，切换至【开始】选项卡，单击【编辑】组中的【求和】按钮 Σ·右侧的下三角按钮，弹出下拉菜单，选择【平均值】命令，如图 8-14 所示。

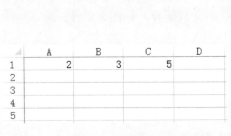

图 8-13　工作表

图 8-14　选择【平均值】命令

步骤 03 在工作表中选择需要用来计算的 A1:C1 单元格区域，如图 8-15 所示。

步骤 04 单击编辑栏中的【输入】按钮✔，完成运算，如图 8-16 所示。

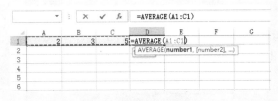

图 8-15　选择单元格区域

图 8-16　运算结果

8.1.5 使用公式计算字符

在 Excel 中公式不仅可以对数值进行计算，还可以对字符进行计算，具体操作步骤如下。

步骤 01 新建工作表，并在各单元格中输入内容，如图 8-17 所示。

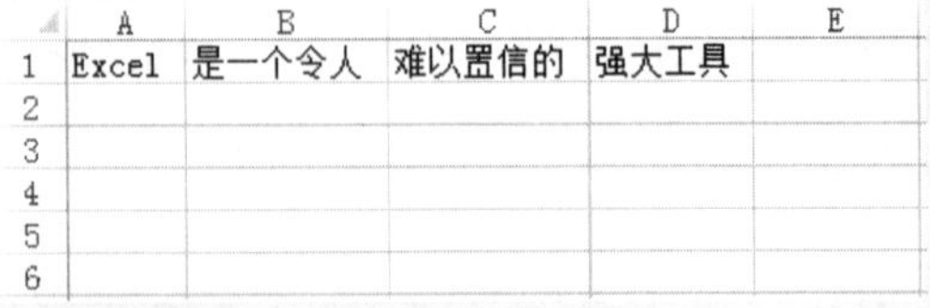

图 8-17　输入数据

步骤 02 选择 A2:D2 单元格区域，设置合并后居中，如图 8-18 所示。

步骤 03 在 A2 单元格中输入公式"=A1&B1&C1&D1"，如图 8-19 所示。

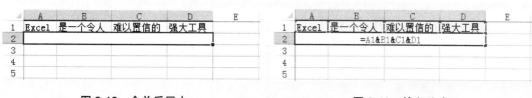

	图 8-18　合并后居中		图 8-19　输入公式

步骤 04　单击编辑栏中的【输入】按钮✔，完成运算，如图 8-20 所示。

图 8-20　运算结果

8.2　公式的编辑

单元格中的公式可以像其他数据一样进行编辑，例如修改公式中的内容、对单元格中的公式进行移动和复制等。

8.2.1　修改公式

如果计算要求发生变化，可以对公式进行修改，以得到需要的运算，其操作如下。

步骤 01　新建工作表，并输入数据，如图 8-21 所示。

步骤 02　在 D1 单元格中对 A1:C1 求和，如图 8-22 所示。

图 8-21　输入数据	图 8-22　求和

步骤 03　在 A2 单元格中输入"1"，如图 8-23 所示。

图 8-23　输入数据

步骤04 修改 D1 单元格中的公式，使原结果减去 A2 单元格。先选中 D1 单元格，然后在编辑栏中原公式的后面输入"-A2"，如图 8-24 所示。

步骤05 单击编辑栏中的【输入】按钮✔，完成运算，如图 8-25 所示。

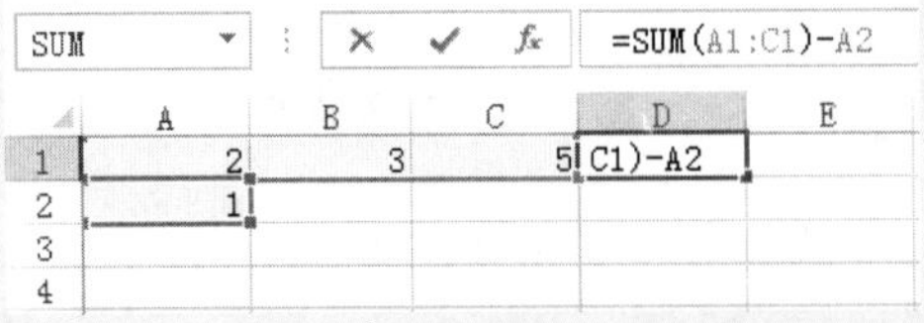

图 8-24　修改公式 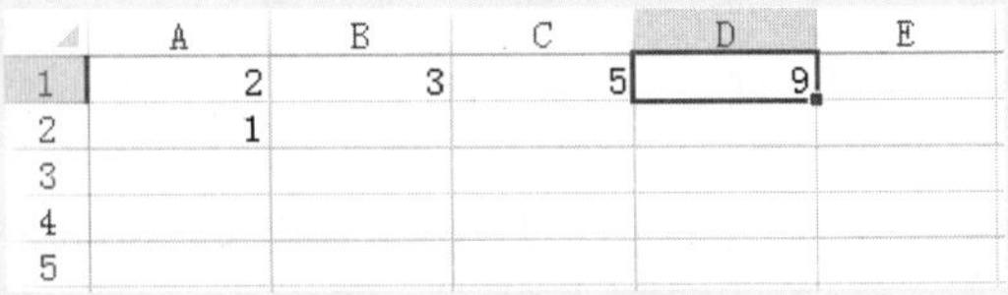　　　　　　　　　图 8-25　运算结果

提示： 此外，还可以双击公式所在单元格，直接在单元格内进行修改。

8.2.2 移动公式

移动公式是将创建好的公式移动到其他单元格中，原单元格将变为空白单元格，具体操作步骤如下。

步骤01 继续上一节，单击选择带有公式的 D1 单元格，如图 8-26 所示。

图 8-26　选择单元格

步骤02 将鼠标移至 D1 单元格边框上，鼠标将变为↖形状，如图 8-27 所示。

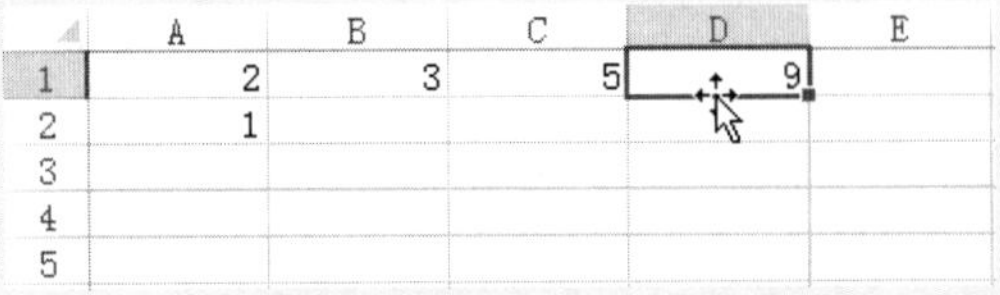

图 8-27　放置光标

步骤03 按住鼠标左键拖动，到达其他单元格后释放鼠标即可完成公式的移动，移动后值不变，如图 8-28 所示。

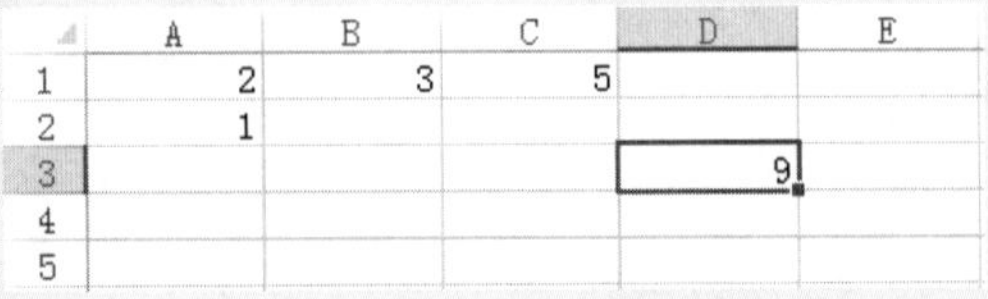

图 8-28　移动公式

8.2.3 复制公式

公式与单元格中的数据一样，也可以在工作表中进行复制，将公式复制到新的位置后，公式会自动更新并计算出结果。

步骤01 新建工作表，设置单元格格式，并输入数据，如图8-29所示。

	A	B	C	D
1	单价	数量	总额	
2	¥10.00	2		
3	¥20.00	2		
4	¥30.00	3		
5	¥40.00	1		
6	¥50.00	4		
7				

图8-29 输入数据

步骤02 在C2单元格中求A2:B2单元格的乘积，如图8-30所示。

C2		× ✓ fx	=PRODUCT(A2:B2)		
	A	B	C	D	E
1	单价	数量	总额		
2	¥10.00	2	¥20.00		
3	¥20.00	2			
4	¥30.00	3			
5	¥40.00	1			
6	¥50.00	4			
7					

图8-30 求积

步骤03 选择 C2 单元格，切换至【开始】选项卡，单击【剪贴板】组中的【复制】按钮，如图8-31所示。

图8-31 复制

步骤04 选择 C4 单元格，单击【剪贴板】组中【粘贴】按钮下的下三角按钮，在打开的下拉菜单中选择【公式】命令，如图8-32所示。

步骤05 完成公式的粘贴，如图8-33所示。

图 8-32　粘贴公式 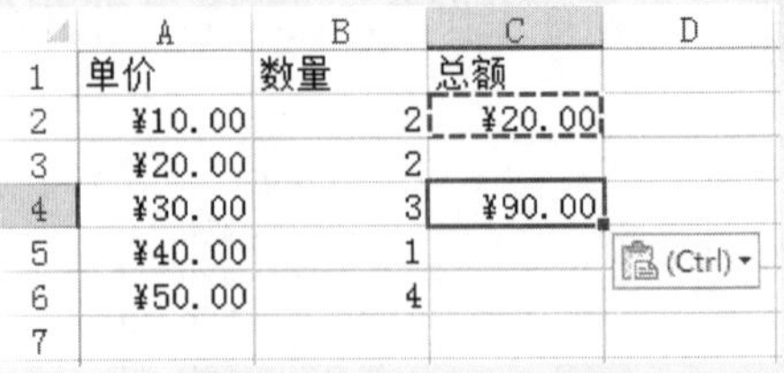　　　　　　　　　　　图 8-33　完成粘贴

提示：可以利用 Ctrl+C 和 Ctrl+V 组合键对公式进行复制、粘贴操作。当公式中包含有绝对引用时，公式复制到其他单元格中时不会随着位置的变化而变化。

8.2.4　利用自动填充功能复制公式

在 Excel 中，还可以通过自动填充功能快速复制公式，具体操作步骤如下。

步骤01 继续上一节，单击选择 C2 单元格，将鼠标移至该单元格右下角，鼠标变为
　　　　 ✚ 形状，如图 8-34 所示。

步骤02 按住鼠标左键向下拖动，拖至目标位置释放鼠标，完成公式的复制，计算出
　　　　 结果，如图 8-35 所示。

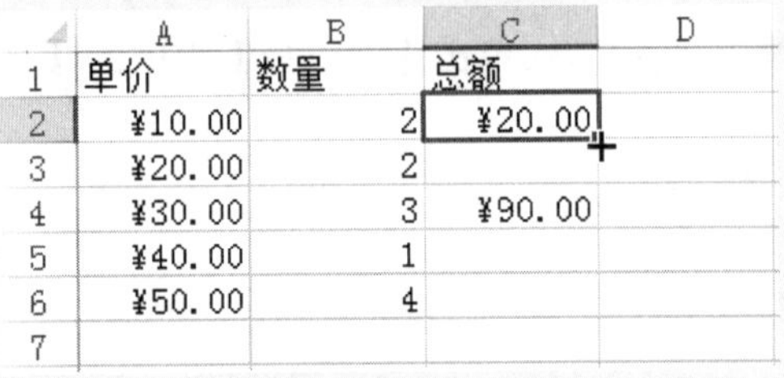

图 8-34　选择单元格 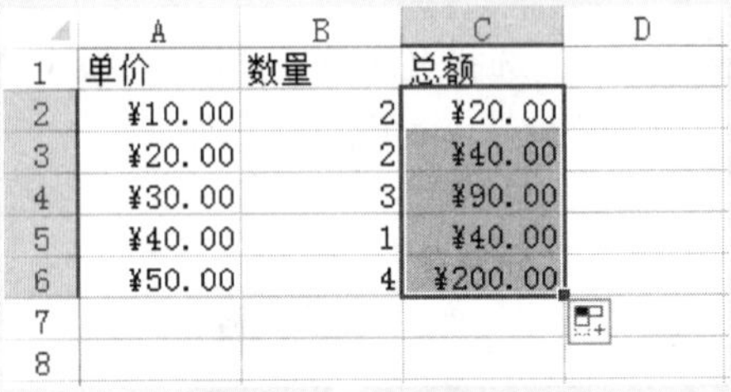　　　　　　　　　　图 8-35　自动填充

8.3　数组公式的使用

数组公式可以对两组或两组以上的数据(即两个或两个以上的单元格区域)同时进行计算。输入数组公式时，需要选择用来保存计算结果的单元格区域，而数组公式所涉及的区域中每个单元格中的公式是一样的，且在数组所涉及的单元格区域只能作为一个整体进行操作。

8.3.1 创建数组公式

使用数组公式可以同时计算两个或两个以上单元格区域的数据，这在进行大量相同计算时可以提高效率。

首先选择用来保存计算结果的单元格区域，然后输入数组公式并按 Ctrl+Shift+Enter 组合键确认。确认后在编辑栏中可以看见公式的两端自动添加了大括号。

步骤01　新建工作表，并输入数据，如图 8-36 所示。

步骤02　选择 C1:C8 单元格区域，如图 8-37 所示。

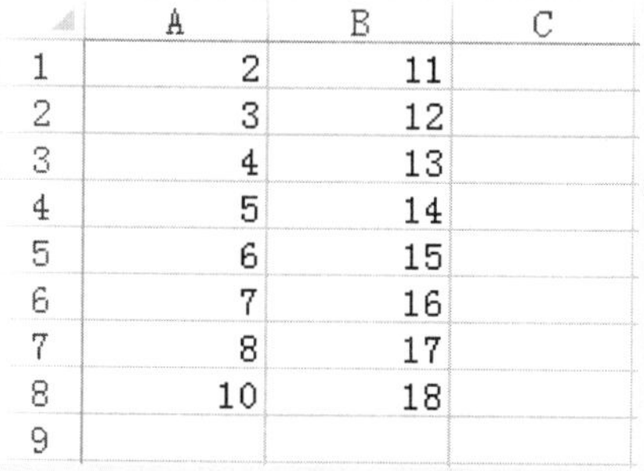

图 8-36　输入数据 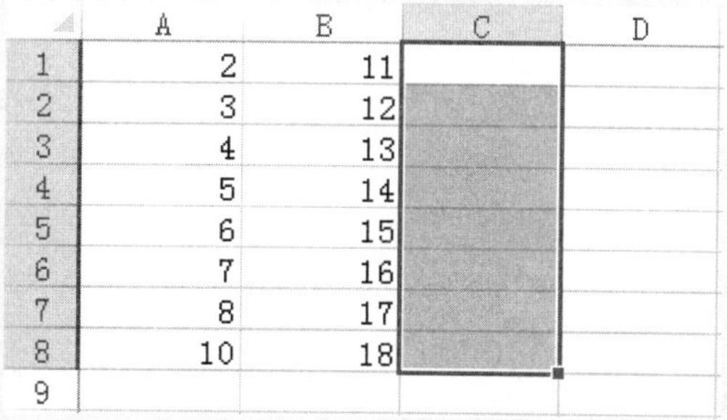　　　　　图 8-37　选择单元格区域

步骤03　在编辑栏中输入"=A1:A8*B1:B8"，如图 8-38 所示。

步骤04　按键盘上的 Ctrl+Shift+Enter 组合键确认，完成计算，如图 8-39 所示。

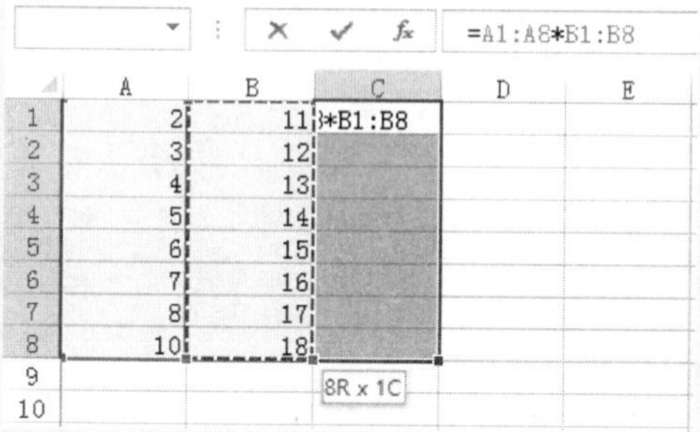

图 8-38　输入公式 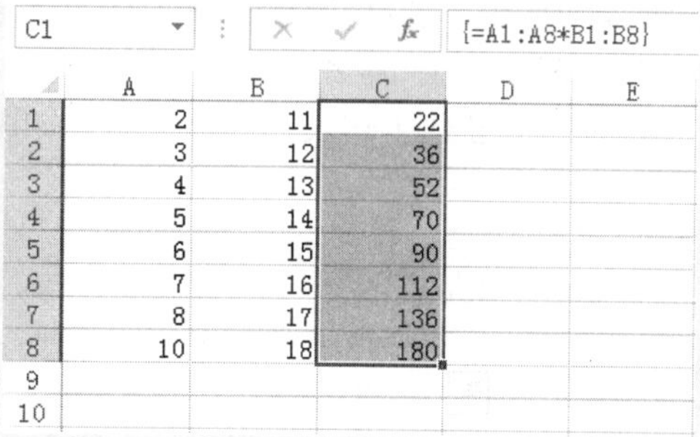　　　　　图 8-39　运算结果

8.3.2 数组公式的扩展

一般公式中的数组参数都是同维的，如果数组参数或数组区域的维数不匹配时，Excel 将会自动扩展该参数。

步骤01　新建工作表，输入数据，如图 8-40 所示。

步骤02　选择 C1:C8 单元格区域，在编辑栏中输入数组公式"=A1:A8*B1"，如图 8-41 所示。

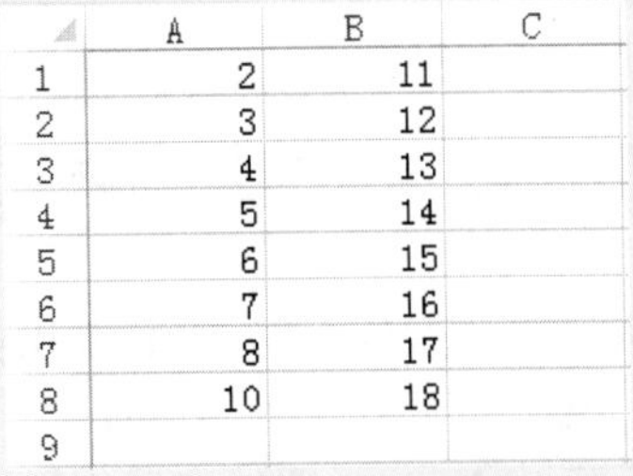

A B C
1 2 11
2 3 12
3 4 13
4 5 14
5 6 15
6 7 16
7 8 17
8 10 18
9

图 8-40　输入数据

PRODUCT
=A1:A8*B1
A B C D E
1 2 11 :A8*B1
2 3 12
3 4 13
4 5 14
5 6 15
6 7 16
7 8 17
8 10 18
9

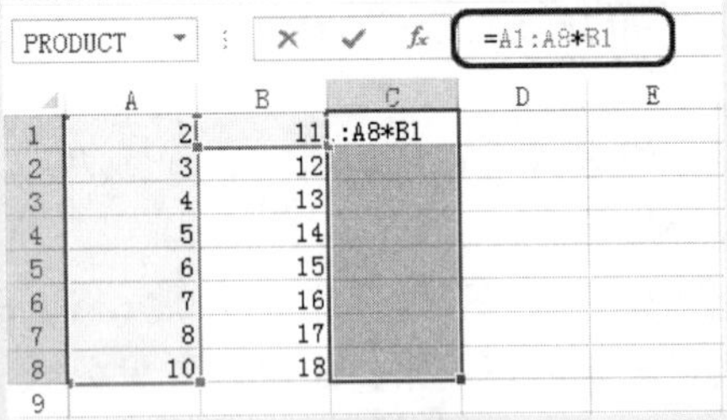

图 8-41　输入公式

步骤 03　按键盘上的 Ctrl+Shift+Enter 组合键确认，完成计算，如图 8-42 所示。

C1
{=A1:A8*B1}
A B C D E
1 2 11 22
2 3 12 33
3 4 13 44
4 5 14 55
5 6 15 66
6 7 16 77
7 8 17 88
8 10 18 110
9

图 8-42　运算结果

8.3.3 二维数组

前面介绍的大多局限于单行或单列，在实际应用中常常遇到对多行或多列的数据处理，这便是所谓的二维数组。合理地运用二维数组可以提高数据处理能力。

步骤 01　新建工作表，输入数据，如图 8-43 所示。

A B C D E F
1 数量 总额
2 5 6 7
3 8 9 10
4 11 12 13
5 14 15 16
6 单价
7 10

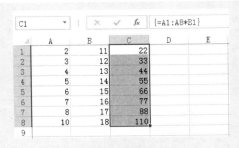

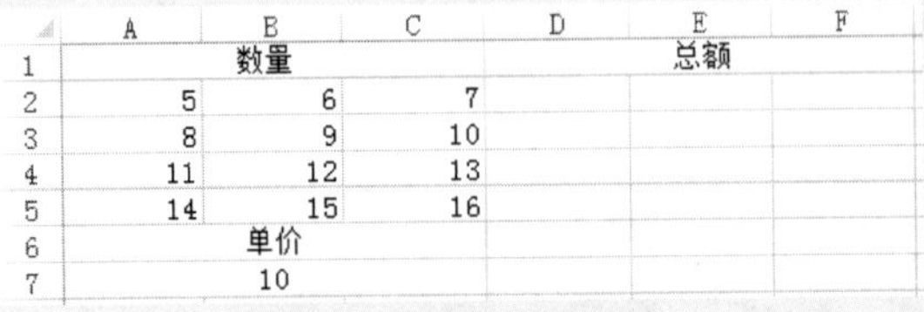

图 8-43　输入数据

步骤 02　选择 D2:F5 单元格区域，如图 8-44 所示。

A B C D E F
1 数量 总额
2 5 6 7
3 8 9 10
4 11 12 13
5 14 15 16
6 单价
7 10

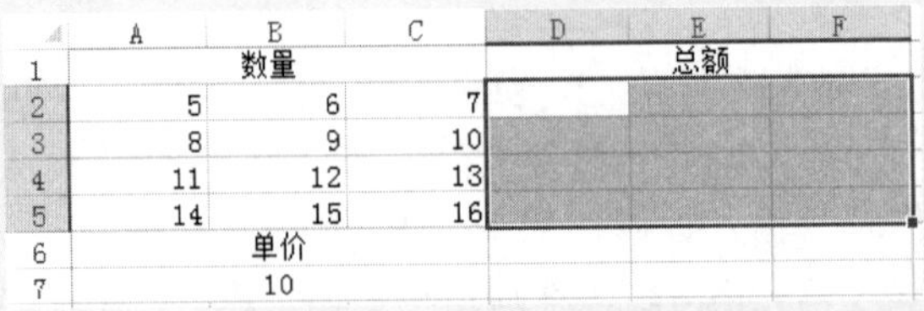

图 8-44　选择单元格区域

步骤 03　在编辑栏中输入公式"=A2:C5*A7"，如图 8-45 所示。

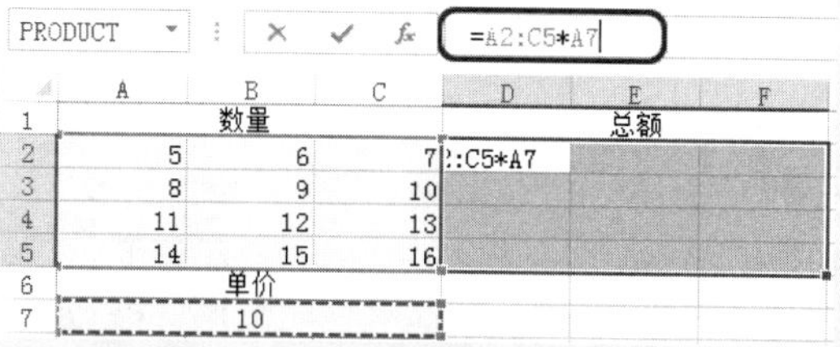

图 8-45　输入公式

步骤 04　按键盘上的 Ctrl+Shift+Enter 组合键确认，完成计算，如图 8-46 所示。

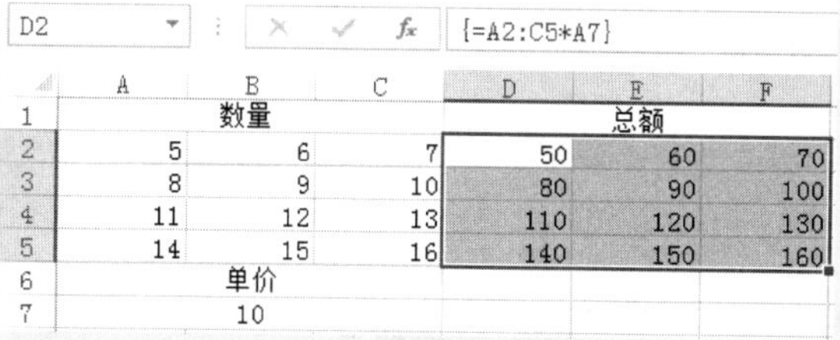

图 8-46　运算结果

8.3.4　使用数组公式汇总

除了使用二维数组公式进行计算外，还可以对相同结构的表格数据进行汇总操作，具体操作如下。

步骤 01　打开随书附带光盘中的 CDROM\素材\第 9 章\学校人数.xlsx 工作簿，如图 8-47 所示。

步骤 02　在"总人数"工作表中选择 B3:C5 单元格区域，在编辑栏中输入"="，如图 8-48 所示。

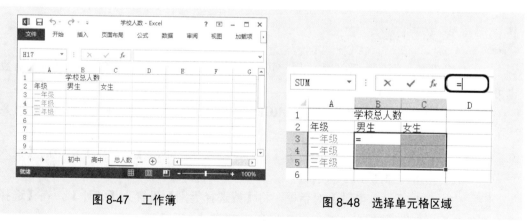

图 8-47　工作簿　　　　　　　　　　图 8-48　选择单元格区域

步骤 03　切换至"初中"工作表，选择该工作表的 B3:C5 单元格区域，如图 8-49 所示。

步骤04 在编辑栏中输入 "+"，切换至 "高中" 工作表，选择该工作表的 B3:C5 单元格区域，如图 8-50 所示。

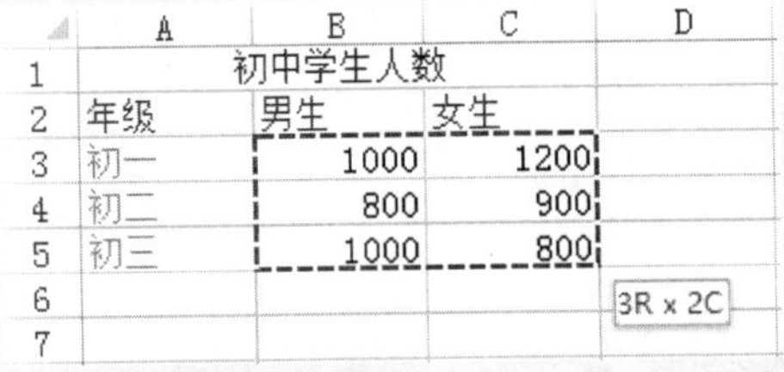

图 8-49　选择单元格区域

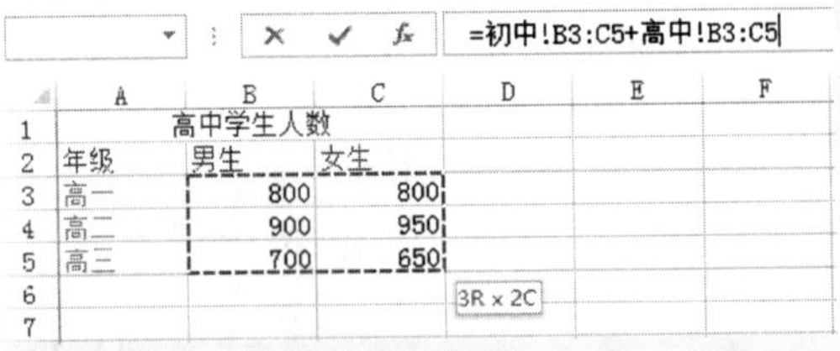

图 8-50　选择单元格区域

步骤05 按键盘上的 Ctrl+Shift+Enter 组合键确认，系统将自动返回 "总人数" 工作表，并计算出结果，如图 8-51 所示。

图 8-51　运算结果

8.4　函数的输入与修改

函数是根据数据的统计、处理和分析的实际需要，事先在软件中定制的一段程序，每个函数都包含一个语法行，它也是一种特殊的公式，所有的函数必须以等号开始。通过函数可以解决一些复杂的统计工作。

8.4.1　函数的输入

Excel 提供了大量的内置函数，用户可以像输入公式一样直接在单元格中输入函数，也可以通过【插入函数】对话框输入。

步骤01 打开随书附带光盘中的 CDROM\素材\第 9 章\市场报价.xlsx 工作簿，如图 8-52 所示。

步骤02 选择 H3 单元格，切换至【公式】选项卡，单击【函数库】组中的【插入函数】按钮，如图 8-53 所示。

步骤03 弹出【插入函数】对话框，将【或选择类别】设置为【统计】，在【选择函数】列表框中选择 AVERAGE 选项，如图 8-54 所示。

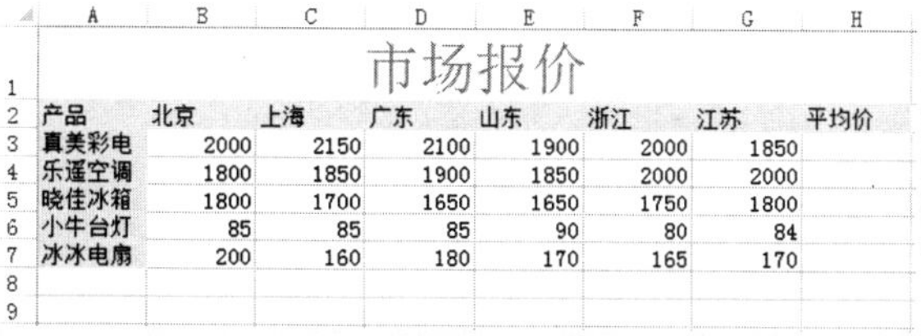

市场报价

产品	北京	上海	广东	山东	浙江	江苏	平均价
真美彩电	2000	2150	2100	1900	2000	1850	
乐逸空调	1800	1850	1900	1850	2000	2000	
晓佳冰箱	1800	1700	1650	1650	1750	1800	
小牛台灯	85	85	85	90	80	84	
冰冰电扇	200	160	180	170	165	170	

图 8-52　打开工作簿

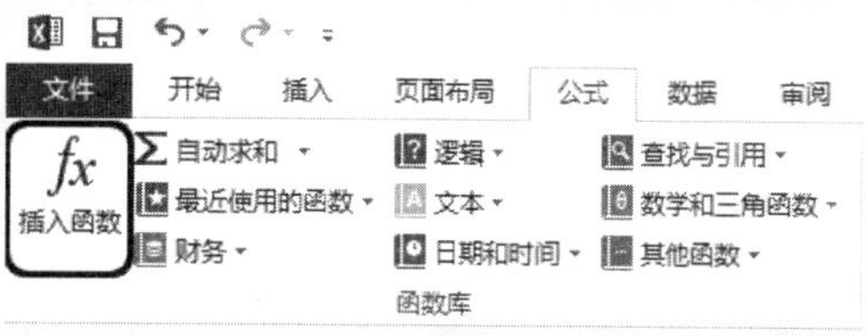

图 8-53　插入函数

图 8-54　选择函数

步骤 04　单击【确定】按钮，在弹出的【函数参数】对话框中将 Number1 设置为 B3:G3，如图 8-55 所示。

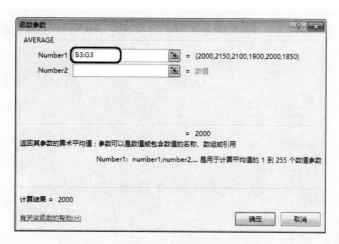

图 8-55　设置参数

步骤 05　单击【确定】按钮，完成运算，如图 8-56 所示。

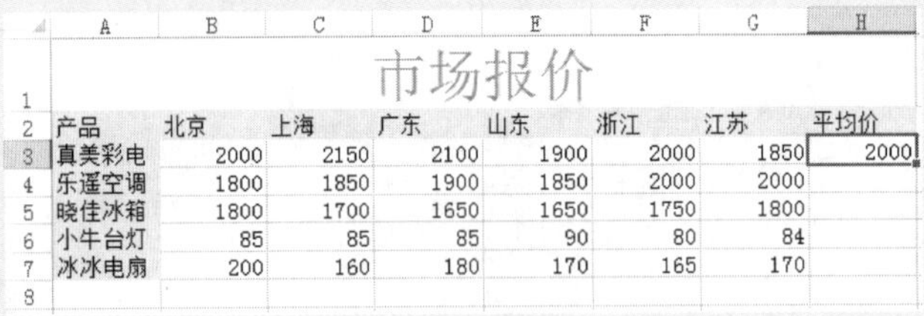

图 8-56　运算结果

提示： 在【函数参数】对话框中可以单击参数右侧的 ▣ 按钮将对话框折叠，然后在工作表中使用鼠标进行选择，单击 ▣ 按钮将展开【函数参数】对话框。

8.4.2　函数的复制

可以像对带有公式的单元格一样对带有函数的单元格进行复制、移动、自动填充等。

步骤01 继续上一节，单击选择 H3 单元格，将鼠标移至该单元格右下角，出现填充柄，按住鼠标左键向下拖动，如图 8-57 所示。

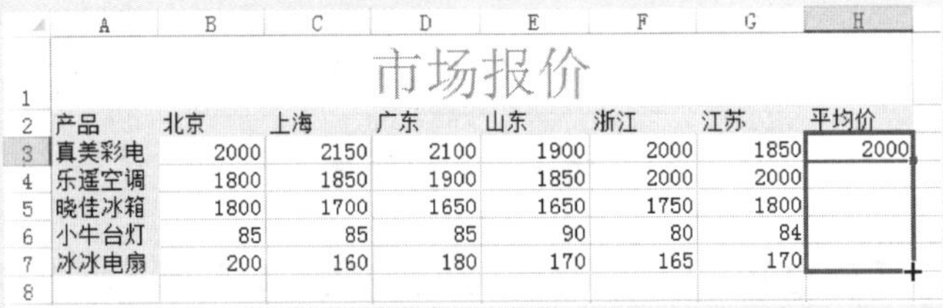

图 8-57　自动填充

步骤02 拖至 H7 单元格释放鼠标，完成公式的自动填充，如图 8-58 所示。

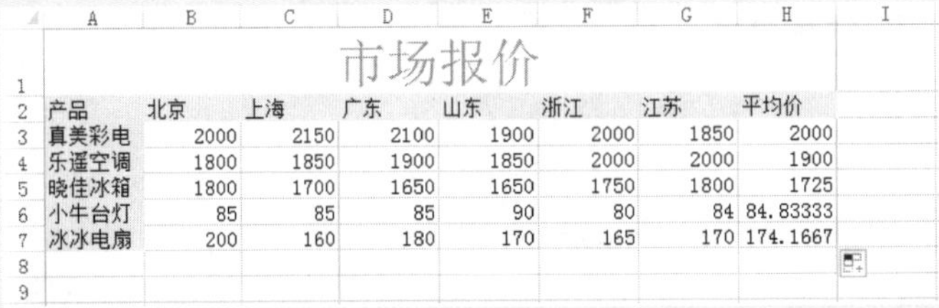

图 8-58　运算结果

8.4.3　将函数的结果转换为常量

在 Excel 中有些函数的结果会随着单元格、时间、日期的改变而改变，如 "=NOW()" 函数用来记录当前系统的日期和时间，不同时间打开具有该函数的工作表时，其结果也将不同，为防止结果随着时间的变化而变化，需要将其转换为常量。

步骤 01 新建工作表，在 A1 单元格中输入函数"=NOW()"，如图 8-59 所示。

步骤 02 要将该函数转换为常量，在确认输入之前，按 F9 键进行转换，如图 8-60 所示。

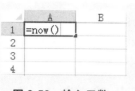

图 8-59　输入函数

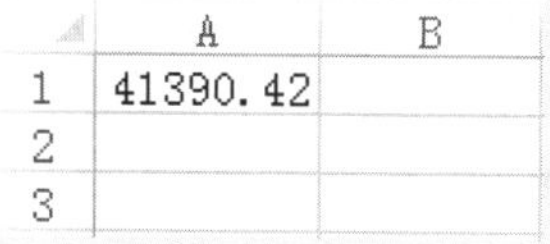

图 8-60　转为常量

8.5　文本函数的应用

文本函数主要用于查找、提取文本字符串中特定的内容、转换数据类型及将文本内容进行结合等。

8.5.1　替换文本字符内容

REPLACE 函数利用其他文本字符串并根据指定的字符数替换文本字符串中的部分文本，REPT 函数是按照指定的次数重复显示文本。具体操作步骤如下。

步骤 01 打开随书附带光盘中的 CDROM\素材\第 9 章\员工信息.xlsx 工作簿，如图 8-61 所示。

步骤 02 在 C3 单元格中输入公式"=REPLACE(B3,4,4,REPT("*",4))"，如图 8-62 所示。

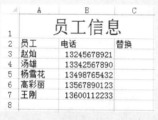

图 8-61　"员工信息"工作簿

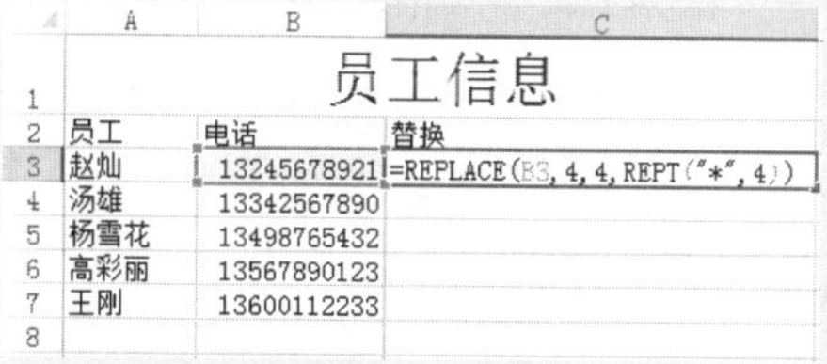

图 8-62　输入公式

步骤 03 单击编辑栏中的【输入】按钮✔，即可将单元格中的数字从第 4 个开始后的 4 个用"*"字符替换，如图 8-63 所示。

步骤 04 利用 C3 单元格中的公式，填充其下方的单元格，如图 8-64 所示。

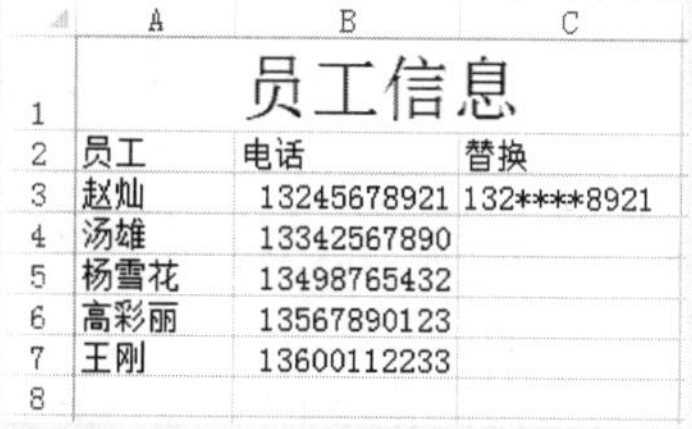

图 8-63　替换

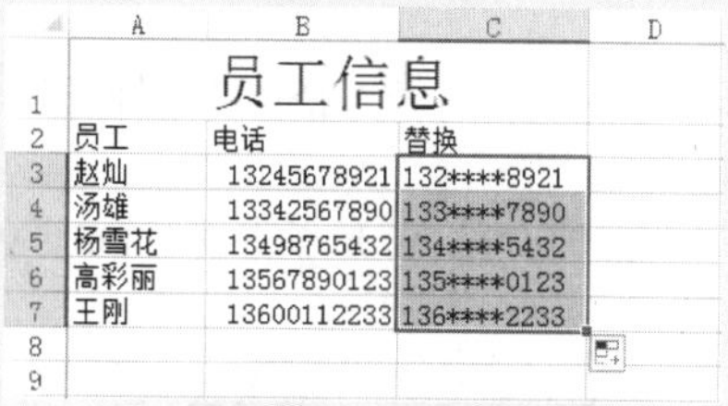

图 8-64　自动填充

REPLACE 函数语法：

REPLACE(old_text,start_num,num_chars,new_text)

- old_text：要替换其部分字符的文本；
- start_num：要用 new_text 替换的 old_text 中字符的位置；
- num_chars：希望 REPLACE 使用 new_text 替换的 old_text 中字符的个数；
- new_text：用于替换 old_text 中字符的文本。

8.5.2 提取字符

MID 函数用于返回文本字符串中从指定位置开始的特定数目的字符。

步骤 01 打开随书附带光盘中的 CDROM\素材\第 9 章\教师信息.xlsx 工作簿，如图 8-65 所示。

步骤 02 在 C3 单元格中输入公式"=MID(A3,1,1)&"老师""，如图 8-66 所示。

图 8-65 "教师信息"工作簿

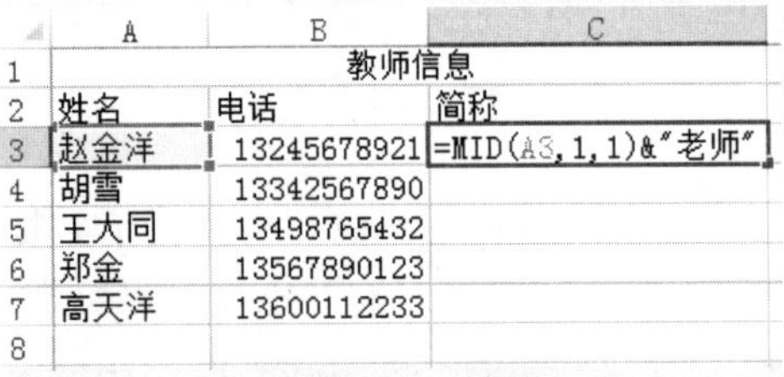

图 8-66 输入公式

步骤 03 单击编辑栏中的【输入】按钮✔，完成运算，如图 8-67 所示。

步骤 04 依据 C3 单元格中的公式向下填充，如图 8-68 所示。

图 8-67 运算结果

图 8-68 自动填充

8.5.3 判断数据

使用 IF 函数可以对单元格的数据值进行判断，从而可以得到值为真或假。IF 函数属于逻辑函数。

步骤 01 打开随书附带光盘中的 CDROM\素材\第 9 章\客户信息.xlsx 工作簿，如图 8-69 所示。

步骤 02 在 C3 单元格中输入公式"=IF(B3="男","先生","女士")"，如图 8-70 所示。

步骤 03 单击编辑栏中的【输入】按钮✔，完成运算，如图 8-71 所示。

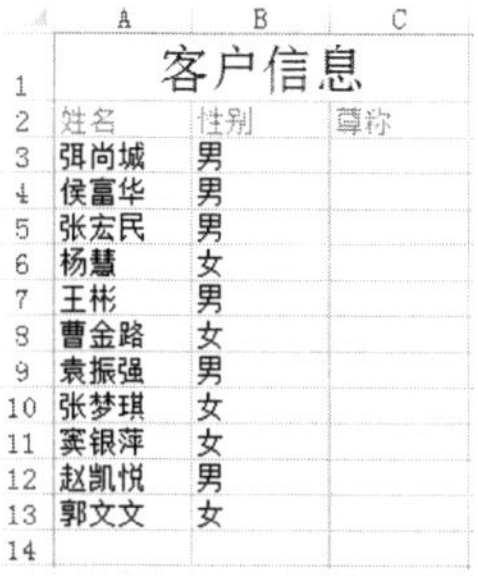

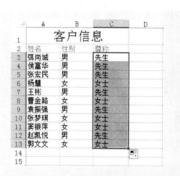

图 8-69 "客户信息"工作簿 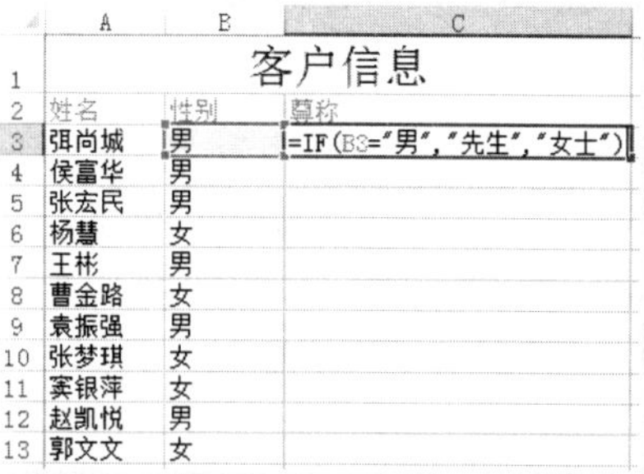 **图 8-70** 输入公式

步骤 **04** 依据 C3 单元格中的公式向下填充，如图 8-72 所示。

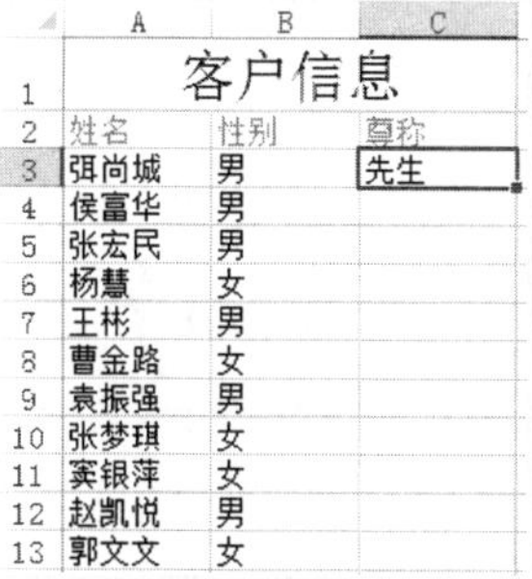

图 8-71 运算结果 **图 8-72** 自动填充

8.5.4 将小写字符串首字母转换为大写

PROPER 函数的作用是将文本字符串的首字母以及任何非字母字符后的首字母转换为大写，将其余的字母转换为小写。

步骤 **01** 新建工作表，输入数据，如图 8-73 所示。

步骤 **02** 在 B1 单元格中输入公式"=PROPER(A1)"，如图 8-74 所示。

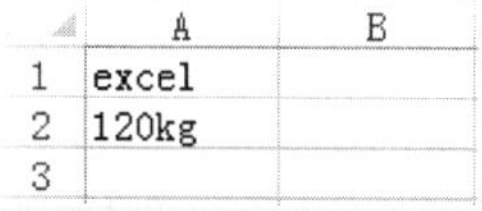

图 8-73 输入数据 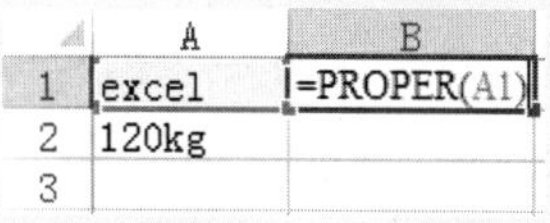 **图 8-74** 输入公式

步骤 **03** 单击编辑栏中的【输入】按钮 ✓，完成运算，如图 8-75 所示。

步骤 **04** 利用自动填充功能完成其他单元格的操作，如图 8-76 所示。

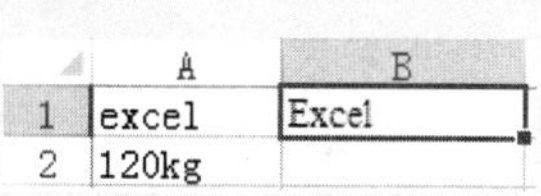

图 8-75 完成转换 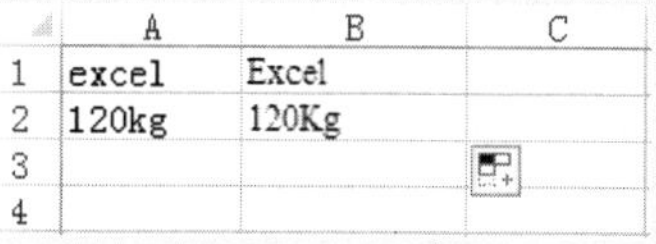 **图 8-76** 自动填充

8.5.5 将数值转换为文本

TEXT 函数可以将数值转换为文本，并且可以使用特殊格式字符串来指定显示格式。

步骤 01　打开随书附带光盘中的 CDROM\素材\第 9 章\商品价格.xlsx 工作簿，如图 8-77 所示。

步骤 02　在 D3 单元格中输入公式“=TEXT(B3*C3,"￥#.00")”，如图 8-78 所示。

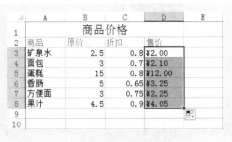

	A	B	C	D
1	商品价格			
2	商品	原价	折扣	售价
3	矿泉水	2.5	0.8	
4	面包	3	0.7	
5	蛋糕	15	0.8	
6	香肠	5	0.65	
7	方便面	3	0.75	
8	果汁	4.5	0.9	

图 8-77　“商品价格”工作簿

	A	B	C	D	E	F
1	商品价格					
2	商品	原价	折扣	售价		
3	矿泉水	2.5	0.8	=TEXT(B3*C3,"￥#.00")		
4	面包	3	0.7			
5	蛋糕	15	0.8			
6	香肠	5	0.65			
7	方便面	3	0.75			
8	果汁	4.5	0.9			

图 8-78　输入公式

步骤 03　单击编辑栏中的【输入】按钮✔，完成运算，如图 8-79 所示。

步骤 04　利用自动填充功能完成其他单元格的操作，如图 8-80 所示。

	A	B	C	D
1	商品价格			
2	商品	原价	折扣	售价
3	矿泉水	2.5	0.8	¥2.00
4	面包	3	0.7	
5	蛋糕	15	0.8	
6	香肠	5	0.65	
7	方便面	3	0.75	
8	果汁	4.5	0.9	

图 8-79　运算结果

	A	B	C	D	E
1	商品价格				
2	商品	原价	折扣	售价	
3	矿泉水	2.5	0.8	¥2.00	
4	面包	3	0.7	¥2.10	
5	蛋糕	15	0.8	¥12.00	
6	香肠	5	0.65	¥3.25	
7	方便面	3	0.75	¥2.25	
8	果汁	4.5	0.9	¥4.05	
9					
10					

图 8-80　自动填充

TEXT 函数语法：

TEXT(value,format_text)

- value：数值、计算结果为数值的公式，或对包含数值的单元格的引用；
- format_text：使用双引号括起来作为文本字符串的数字格式，例如“￥#.00”。

8.6　日期和时间函数的应用

日期与时间函数主要用于获取日期和时间的相关信息，例如获取当前日期、时间，对两个日期或时间进行计算等。

8.6.1 统计日期

DATEDIF 函数用于返回两个日期之间的天数。

步骤 01　打开随书附带光盘中的 CDROM\素材\第 9 章\工程进度.xlsx 工作簿，如图 8-81 所示。

步骤 02　在 D3 单元格中输入公式"=DATEDIF(B3,C3,"D")"，如图 8-82 所示。

	A	B	C	D
1		工程进度		
2	项目	开工日期	结束日期	工期
3	搬迁	2011/6/5	2012/6/5	
4	策划	2011/5/5	2012/12/12	
5	审计	2011/4/13	2012/1/1	
6	审核	2011/10/15	2012/8/8	
7				

图 8-81　工作簿

	A	B	C	D	E
1		工程进度			
2	项目	开工日期	结束日期	工期	
3	搬迁	2011/6/5	2012/6/5	=DATEDIF(B3,C3,"D")	
4	策划	2011/5/5	2012/12/12		
5	审计	2011/4/13	2012/1/1		
6	审核	2011/10/15	2012/8/8		

图 8-82　输入公式

步骤 03　单击编辑栏中的【输入】按钮✔，完成运算，然后利用自动填充功能完成其他单元格的操作，如图 8-83 所示。

	A	B	C	D	E
1		工程进度			
2	项目	开工日期	结束日期	工期	
3	搬迁	2011/6/5	2012/6/5	366	
4	策划	2011/5/5	2012/12/12	587	
5	审计	2011/4/13	2012/1/1	263	
6	审核	2011/10/15	2012/8/8	298	
7					
8					

图 8-83　自动填充

DATEDIF 函数语法：

DATEDIF(start_date, end_date, unit)的用法。

- start_date：代表时间段内的第一个日期或起始日期。
- end_date：代表时间段内的最后一个日期或结束日期。
- unit：表示所需信息的返回类型(Y：时间段中的整年数；M：时间段中的整月数；D：时间段中的天数；MD：start_date 与 end_date 日期中天数的差，忽略日期中的月和年；YM：start_date 与 end_date 日期中月数的差，忽略日期中的日和年；YD：start_date 与 end_date 日期中天数的差，忽略日期中的年)。

8.6.2　计算时间差

使用 DATEDIF 函数来计算食品出厂时长，其中会用到 TODAY 函数，该函数用于返回当前系统的日期。

步骤 01　打开随书附带光盘中的 CDROM\素材\第 9 章\食品检查.xlsx 工作簿，如图 8-84 所示。

步骤 02　在 C3 单元格中输入公式"=DATEDIF(B3,TODAY(),"y")&"年"&DATEDIF(B3,TODAY(),"ym")&"月"&DATEDIF(B3,TODAY(),"md")&"天""，单击编辑栏中

的【输入】按钮✔，完成运算，如图 8-85 所示。

	A	B	C
1	食品检查		
2	食品	生产日期	出厂时长
3	面包	2012/3/6	
4	香肠	2012/4/12	
5	可乐	2012/5/15	
6	蛋糕	2012/7/8	
7	奶酪	2012/6/5	

图 8-84 "食品检查"工作簿

	A	B	C
1	食品检查		
2	食品	生产日期	出厂时长
3	面包	2012/3/6	1年1月20天
4	香肠	2012/4/12	
5	可乐	2012/5/15	
6	蛋糕	2012/7/8	
7	奶酪	2012/6/5	

图 8-85 运算结果

步骤 03 利用自动填充功能完成其他单元格的操作，如图 8-86 所示。

	A	B	C	D
1	食品检查			
2	食品	生产日期	出厂时长	
3	面包	2012/3/6	1年1月20天	
4	香肠	2012/4/12	1年0月14天	
5	可乐	2012/5/15	0年11月11天	
6	蛋糕	2012/7/8	0年9月18天	
7	奶酪	2012/6/5	0年10月21天	
8				
9				

图 8-86 自动填充

8.6.3 计算日期所对应的星期数

WEEKDAY 函数用于返回指定日期的星期数。默认情况下，值为 1 表示星期日，值为 2 表示星期一，以此类推，值为 7 表示星期六。

步骤 01 打开随书附带光盘中的 CDROM\素材\第 9 章\食品生产.xlsx 工作簿，如图 8-87 所示。

步骤 02 在 C3 单元格中输入公式 "=WEEKDAY(B3)"，如图 8-88 所示。

	A	B	C
1	食品生产		
2	食品	生产日期	对应星期
3	面包	2012/3/6	
4	香肠	2012/4/12	
5	可乐	2012/5/15	
6	蛋糕	2012/7/8	
7	奶酪	2012/6/5	

图 8-87 "食品生产"工作簿

	A	B	C	D
1	食品生产			
2	食品	生产日期	对应星期	
3	面包	2012/3/6	=WEEKDAY(B3)	
4	香肠	2012/4/12		
5	可乐	2012/5/15		
6	蛋糕	2012/7/8		
7	奶酪	2012/6/5		

图 8-88 输入公式

步骤 03 单击编辑栏中的【输入】按钮✔，完成运算，利用自动填充功能完成其他单元格的操作，如图 8-89 所示。

步骤 04 将 C 列的单元格格式设置为【日期】后的效果，如图 8-90 所示。

图 8-89　自动填充　　　　图 8-90　设置单元格格式

8.6.4 为时间增加小时、分或秒

可以通过 TIME 函数让某个时间沿指定小时、分钟或秒数进行增加。

步骤 01　打开随书附带光盘中的 CDROM\素材\第 9 章\时刻表.xlsx 工作簿，如图 8-91 所示。

图 8-91　"时刻表"工作簿

步骤 02　在 C3 单元格中输入公式"=B3+TIME(0,30,0)"，如图 8-92 所示。
步骤 03　单击编辑栏中的【输入】按钮✔，完成运算，如图 8-93 所示。

图 8-92　输入公式　　　　图 8-93　运算结果

8.7　统计函数的应用

统计函数可以帮助用户对一定范围中复杂的数据进行统计分析。统计函数包含了多个子类别的函数，如求平均值、统计符合给定条件的数量，统计指定区域中的最大值、最小值等。

8.7.1 求平均值

使用 AVERAGE 函数可以计算选中区域所有数值的平均值。

步骤 01 打开随书附带光盘中的 CDROM\素材\第 9 章\成绩表.xlsx 工作簿，如图 8-94 所示。

	A	B	C	D	E	F
1			成绩表			
2	姓名	数学	语文	英语	总分	平均分
3	赵灿	100	95	93	288	
4	汤雄	90	81.5	98	269.5	
5	杨雪花	83.5	97	90	270.5	
6	高彩丽	75	91	91	257	
7	王刚	95	97	81	273	
8	张天洋	99.9	89	98	286.9	
9	于锦萍	98	100	92	290	
10	蔡秀丽	75	83.5	81	239.5	
11	何磊	96	91	80	267	
12						

图 8-94　"成绩表"工作簿

步骤 02 在 F3 单元格中输入公式 "=AVERAGE(B3：D3)"，如图 8-95 所示。

	A	B	C	D	E	F	G
1			成绩表				
2	姓名	数学	语文	英语	总分	平均分	
3	赵灿	100	95	93	288	=AVERAGE(B3:D3)	
4	汤雄	90	81.5	98	269.5		
5	杨雪花	83.5	97	90	270.5		
6	高彩丽	75	91	91	257		
7	王刚	95	97	81	273		
8	张天洋	99.9	89	98	286.9		
9	于锦萍	98	100	92	290		
10	蔡秀丽	75	83.5	81	239.5		
11	何磊	96	91	80	267		

图 8-95　输入公式

步骤 03 单击编辑栏中的【输入】按钮✔，完成运算，利用自动填充功能完成其他单元格的操作，结果如图 8-96 所示。

	A	B	C	D	E	F	G
1			成绩表				
2	姓名	数学	语文	英语	总分	平均分	
3	赵灿	100	95	93	288	96	
4	汤雄	90	81.5	98	269.5	89.833333	
5	杨雪花	83.5	97	90	270.5	90.166667	
6	高彩丽	75	91	91	257	85.666667	
7	王刚	95	97	81	273	91	
8	张天洋	99.9	89	98	286.9	95.633333	
9	于锦萍	98	100	92	290	96.666667	
10	蔡秀丽	75	83.5	81	239.5	79.833333	
11	何磊	96	91	80	267	89	
12							
13							

图 8-96　自动填充

8.7.2　为数据排序

RANK 函数可以分析一组数据中各个值的大小，并将分析结果用序号表示出来。

步骤 01 继续上一节，在 G2 单元格中输入"排名"，新建一列，如图 8-97 所示。

图 8-97　新建列

步骤 02　在 G3 单元格中输入公式 "=RANK(E3,$E$3:$E$11)"，如图 8-98 所示。

图 8-98　输入公式

步骤 03　单击编辑栏中的【输入】按钮 ✔，完成运算，利用自动填充功能完成其他单元格的操作，结果如图 8-99 所示。

图 8-99　自动填充

8.7.3　统计最大值与最小值

MAX 与 MIN 两个函数分别用于返回指定数值串中的最大值与最小值。

步骤 01　打开随书附带光盘中的 CDROM\素材\第 9 章\成绩表.xlsx 工作簿，在 G3 单元格中输入 "最高分"，在 G5 单元格中输入 "最低分"，如图 8-100 所示。

图 8-100　输入数据

步骤 02　在 G4 单元格中输入公式"=MAX(E3:E11)"，如图 8-101 所示。

图 8-101　输入公式

步骤 03　单击编辑栏中的【输入】按钮✔，完成运算，如图 8-102 所示。

图 8-102　运算结果

步骤 04　在 G6 单元格中输入公式"=MIN(E3:E11)"，计算最小值，如图 8-103 所示。

图 8-103　运算结果

8.7.4 单项统计

COUNTIF 函数可以对区域中满足单个指定条件的单元格进行计数。

步骤01 打开随书附带光盘中的 CDROM\素材\第 9 章\学生信息.xlsx 工作簿，如图 8-104 所示。

步骤02 在 C3 单元格中输入公式“=COUNTIF(B3:B11,"男")”，如图 8-105 所示。

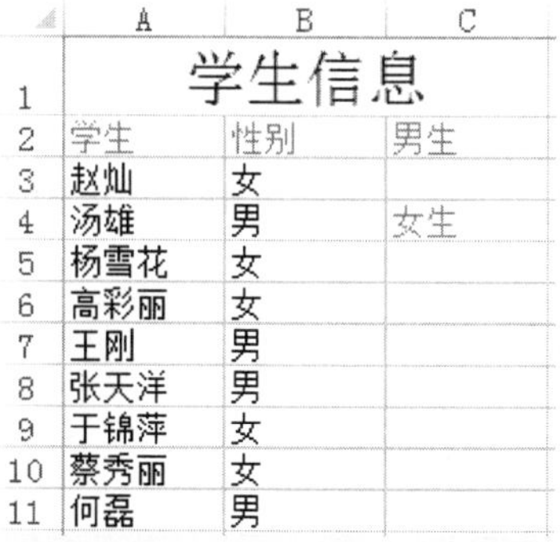

	A	B	C
1	学生信息		
2	学生	性别	男生
3	赵灿	女	
4	汤雄	男	女生
5	杨雪花	女	
6	高彩丽	女	
7	王刚	男	
8	张天洋	男	
9	于锦萍	女	
10	蔡秀丽	女	
11	何磊	男	

图 8-104 “学生信息”工作簿

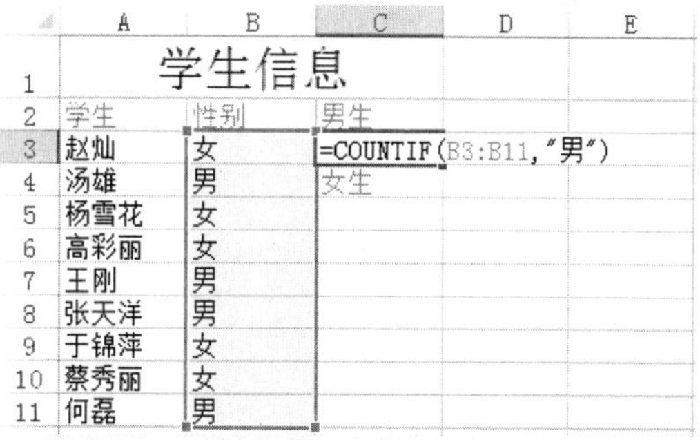

	A	B	C	D	E
1	学生信息				
2	学生	性别	男生		
3	赵灿	女	=COUNTIF(B3:B11,"男")		
4	汤雄	男	女生		
5	杨雪花	女			
6	高彩丽	女			
7	王刚	男			
8	张天洋	男			
9	于锦萍	女			
10	蔡秀丽	女			
11	何磊	男			

图 8-105 输入公式

步骤03 单击编辑栏中的【输入】按钮✔，完成运算，如图 8-106 所示。

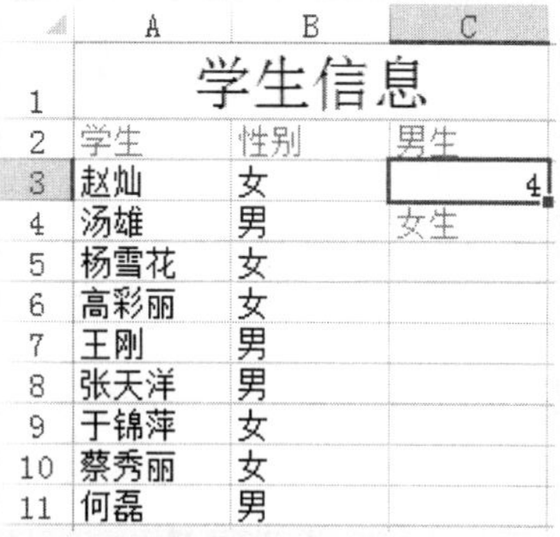

	A	B	C
1	学生信息		
2	学生	性别	男生
3	赵灿	女	4
4	汤雄	男	女生
5	杨雪花	女	
6	高彩丽	女	
7	王刚	男	
8	张天洋	男	
9	于锦萍	女	
10	蔡秀丽	女	
11	何磊	男	

图 8-106 运算结果

COUNTIF 函数的语法：

COUNTIF(range,criteria)

- range：要对其进行计数的一个或多个单元格；
- criteria：用于定义条件。

8.8 查找和引用函数的应用

查找和引用函数主要用于对数据清单或工作表中特定的数值进行查找，或对特定单元格进行引用。

8.8.1 调取数据

LOOKUP 函数从单行或单列区域或数组返回值。LOOKUP 函数具有两种语法形式：向量形式和数组形式。

向量是只含一行或一列的区域。LOOKUP 的向量形式在单行区域或单列区域中查找值，然后返回第二个单行区域或单列区域中相同位置的值。

LOOKUP 的数组形式在数组的第一行或第一列中查找指定的值，并返回数组最后一行或最后一列中同一位置的值。

为了使 LOOKUP 函数能够正常运行，必须按升序排列查询的数据。

步骤01 打开随书附带光盘中的 CDROM\素材\第 9 章\就业信息.xlsx 工作簿，如图 8-107 所示。

步骤02 在 C14 单元格中输入公式"=LOOKUP(B14,A3:A11,C3:C11)"，如图 8-108 所示。

图 8-107 "就业信息"工作簿	图 8-108 输入公式

步骤03 单击编辑栏中的【输入】按钮✔，完成运算，如图 8-109 所示。

图 8-109 运算结果

提示：A3:A11 单元格的数据为升序排列。

向量形式语法：

LOOKUP(lookup_value,lookup_vector,[result_vector])

- lookup_value：在第一个向量中搜索的值，可以是文本、数字、逻辑值、名称的引用；
- lookup_vector：只包含一行或一列的区域，其值可以是文本、数字或逻辑值；
- result_vector：为可选项，只包含一行或一列区域，该参数必须与 lookup_vector 大小相同。

数组形式语法：

LOOKUP(lookup_value,array)

- lookup_value：在数组中搜索的值，可以是文本、数字、逻辑值、名称的引用；
- array：包含要与 lookup_value 进行比较的文本、数字或逻辑值的单元格区域。

8.8.2 选择参数

利用 CHOOSE 函数可以根据索引号从最多 254 个数值中选择一个。CHOOSE 函数的用法如下。

步骤01 打开随书附带光盘中的 CDROM\素材\第 9 章\公司员工.xlsx 工作簿，如图 8-110 所示。

步骤02 在 C3 单元格中输入公式 "=choose(A3,"经理","主管","主任","班长","组长")"，如图 8-111 所示。

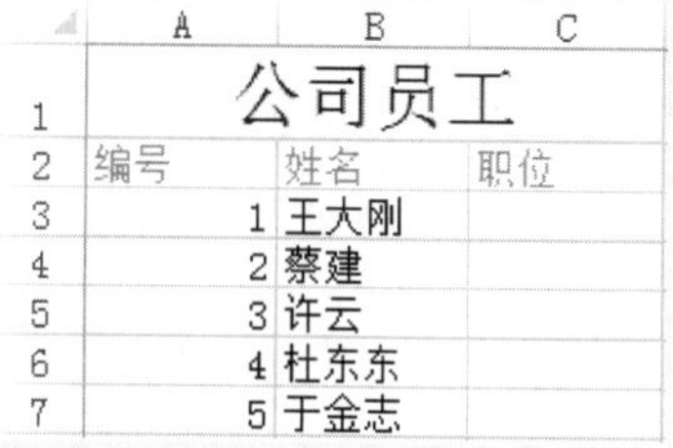

图 8-110 "公司员工"工作簿 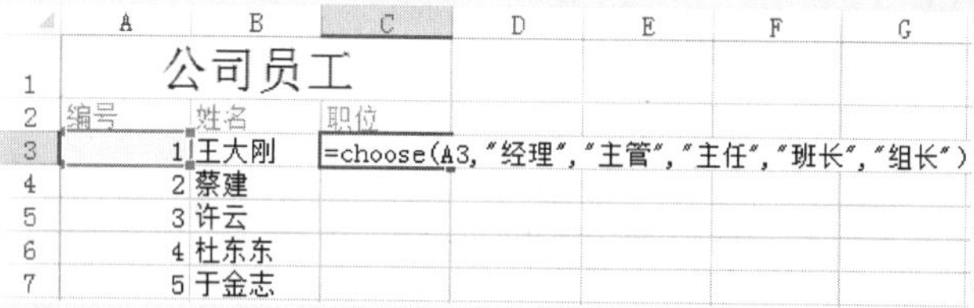　　　　　　　图 8-111 输入公式

步骤03 单击编辑栏中的【输入】按钮✔，完成运算，利用自动填充功能完成其他单元格的操作，如图 8-112 所示。

图 8-112 自动填充

CHOOSE 函数语法：

CHOOSE(index_num,value1,[value1,…])

- index_num：指定所选定的值参数，index_num 必须为 1～254 之间的数字，或对包含 1～254 之间某个数字的单元格的引用。
- value1：该参数为必需的，后续的值是可选的。这些值的个数介于 1～254 之间，函数 CHOOSE 基于 index_num 从这些值参数中选择一个数值或一项要执行的操作。参数可以为数字、单元格引用、已定义名称、公式、函数或文本。

8.8.3 偏移单元格

OFFSET 函数以指定的引用为参照，通过给定偏移量得到新的引用。返回的引用可以为一个单元格或单元格区域，并可以指定返回的行数或列数。

步骤01 打开随书附带光盘中的 CDROM\素材\第 9 章\小区燃气.xlsx 工作簿，如图 8-113 所示。

步骤02 在 B11 单元格中输入公式“=SUM(B3:OFFSET(B3,6,0))”，如图 8-114 所示。

	A	B	C	D	E
1	小区燃气				
2	楼层	一号楼	二号楼	三号楼	四号楼
3	第一层	80	81	80	83
4	第二层	85	86	88	84
5	第三层	85	86	87	87
6	第四层	90	91	92	90
7	第五层	92	93	95	96
8	第六层	95	96	97	95
9	第七层	101	102	102	104
10					
11	一号楼				

图 8-113 “小区燃气”工作簿

	A	B	C	D	E
1	小区燃气				
2	楼层	一号楼	二号楼	三号楼	四号楼
3	第一层	80	81	80	83
4	第二层	85	86	88	84
5	第三层	85	86	87	87
6	第四层	90	91	92	90
7	第五层	92	93	95	96
8	第六层	95	96	97	95
9	第七层	101	102	102	104
10					
11	一号楼	=SUM(B3:OFFSET(B3,6,0))			

图 8-114 输入公式

步骤03 单击编辑栏中的【输入】按钮✔，完成运算，如图 8-115 所示。

	A	B	C	D	E
1	小区燃气				
2	楼层	一号楼	二号楼	三号楼	四号楼
3	第一层	80	81	80	83
4	第二层	85	86	88	84
5	第三层	85	86	87	87
6	第四层	90	91	92	90
7	第五层	92	93	95	96
8	第六层	95	96	97	95
9	第七层	101	102	102	104
10					
11	一号楼	628			

图 8-115 运算结果

OFFSET 函数语法：

OFFSET (reference,rows,cols,[height],[width])

- reference：作为偏移量参照系的引用区域，reference 必须为对单元格或相连单元格区域的引用，否则将返回错误值“#VALUE！”；

- rows：相对于偏移量参照系的左上角单元格上(下)偏移的行数，正数代表在起始引用的下方，负数代表在起始引用的上方；
- cols：相对于偏移量参照系的左上角单元格左(右)偏移的列数，正数代表起始引用的右边，负数代表起始引用的左边；
- height、width：为可选项，即所要返回的引用区域的行数或列数。height 和 width 必须为正数。

8.8.4 VLOOKUP 函数

可以使用 VLOOKUP 函数搜索某个单元格区域的第一列，然后返回该区域相同行上任何单元格中的值。

步骤01 打开随书附带光盘中的 CDROM\素材\第 9 章\小区燃气.xlsx 工作簿，在 A12 单元格中输入“三楼第四层”，如图 8-116 所示。

步骤02 在 B12 单元格中输入公式“=VLOOKUP(A6,A3:E9,4)”，如图 8-117 所示。

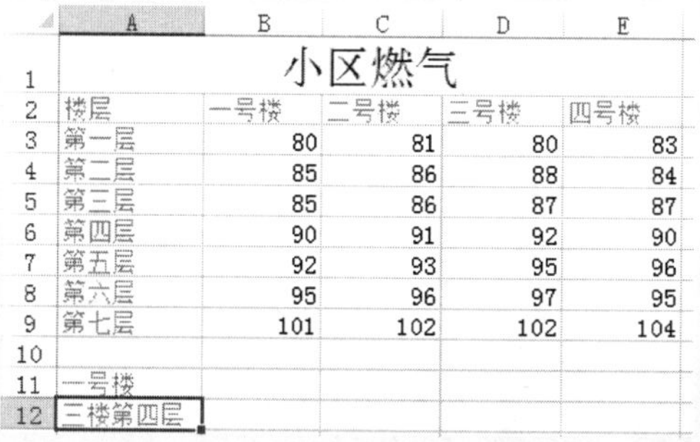

	A	B	C	D	E
1	小区燃气				
2	楼层	一号楼	二号楼	三号楼	四号楼
3	第一层	80	81	80	83
4	第二层	85	86	88	84
5	第三层	85	86	87	87
6	第四层	90	91	92	90
7	第五层	92	93	95	96
8	第六层	95	96	97	95
9	第七层	101	102	102	104
10					
11	一号楼				
12	三楼第四层				

图 8-116 输入数据

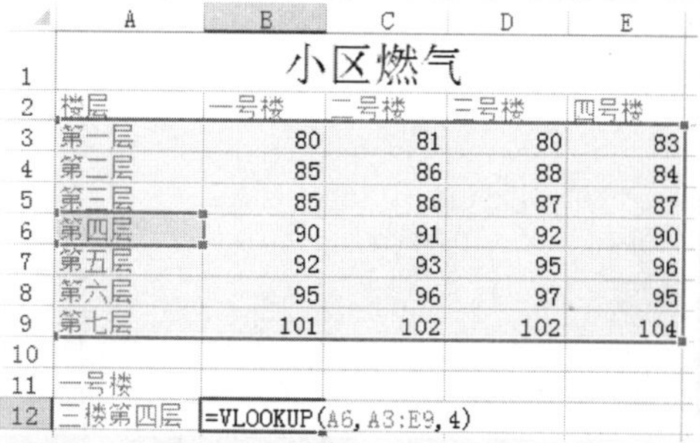

	A	B	C	D	E
1	小区燃气				
2	楼层	一号楼	二号楼	三号楼	四号楼
3	第一层	80	81	80	83
4	第二层	85	86	88	84
5	第三层	85	86	87	87
6	第四层	90	91	92	90
7	第五层	92	93	95	96
8	第六层	95	96	97	95
9	第七层	101	102	102	104
10					
11	一号楼				
12	三楼第四层	=VLOOKUP(A6, A3:E9, 4)			

图 8-117 输入公式

步骤03 单击编辑栏中的【输入】按钮✔，完成运算，如图 8-118 所示。

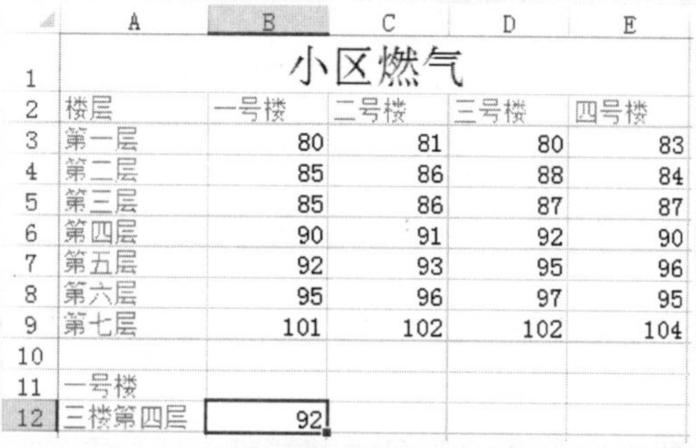

	A	B	C	D	E
1	小区燃气				
2	楼层	一号楼	二号楼	三号楼	四号楼
3	第一层	80	81	80	83
4	第二层	85	86	88	84
5	第三层	85	86	87	87
6	第四层	90	91	92	90
7	第五层	92	93	95	96
8	第六层	95	96	97	95
9	第七层	101	102	102	104
10					
11	一号楼				
12	三楼第四层	92			

图 8-118 运算结果

VLOOKUP 函数语法：

VLOOKUP(lookup_ value, table_ array, col_ index_ num,[range_ lookup])

- lookup_value：要在表格或区域的第一列中搜索的值，该参数可以是值或引用；

- table_array：包含数据的单元格区域；
- col_index_num：table_array 参数中必须返回的匹配值的列号；
- range_lookup：可选项，一个逻辑值，用于指定希望 VLOOKUP 查找精确匹配值还是近似匹配值。

8.9 财务函数的应用

财务函数主要用于进行财务计算，如确定贷款每期付款额、投资的未来值或计算折旧值等。财务函数是 Excel 中常用的函数之一，它为财务和会计的核算提供了方便。

8.9.1 计算贷款的每月还款金额

在已知贷款金额、年利率不变的情况下，可以通过 PMT 函数计算不同货款期限所对应的月还款金额。

步骤 01 打开随书附带光盘中的 CDROM\素材\第 9 章\贷款记录.xlsx 工作簿，如图 8-119 所示。

	A	B	C	D
1	贷款记录			
2	贷款额（万元）	年利率	期限（年）	月付额（元）
3	50	6%	15	
4	30	6%	10	
5	48	5.80%	12	
6	100	5.40%	18	

图 8-119 "贷款记录"工作簿

步骤 02 在 D3 单元格中输入公式"=PMT(6%/12,C3*12,A3*10000)"，如图 8-120 所示。

	A	B	C	D	E	F
1	贷款记录					
2	贷款额（万元）	年利率	期限（年）	月付额（元）		
3	50	6%	15	=PMT(6%/12,C3*12,A3*10000)		
4	30	6%	10			
5	48	5.80%	12			
6	100	5.40%	18			

图 8-120 输入公式

步骤 03 单击编辑栏中的【输入】按钮✔，完成运算，如图 8-121 所示。

	A	B	C	D
1	贷款记录			
2	贷款额（万元）	年利率	期限（年）	月付额（元）
3	50	6%	15	¥-4,219.28
4	30	6%	10	
5	48	5.80%	12	
6	100	5.40%	18	

图 8-121 运算结果

PMT 函数语法：

PMT(rate,nper,pv,[fv],[type])

- rate：贷款利率；
- nper：该项贷款的付款总期数；
- pv：现值，或一系列未来付款后希望得到的累积和，也称为本金；
- fv：可选项，未来值，或在最后一次付款后希望得到的现金余额，如果省略，则假设其值为 0，即一笔贷款的未来值为 0；
- type：可选项，数字 0 或 1，用以指定各期的付款时间是在期初还是期末(0 或省略为期末，1 为期初)。

8.9.2 资产折旧值

DB 函数使用固定余额递减法来计算一笔资产在给定期间内的折旧值。

步骤01 打开随书附带光盘中的 CDROM\素材\第 9 章\资产折旧值.xlsx 工作簿，如图 8-122 所示。

	A	B
1	资产折旧值	
2	资产原值	¥20,000,000.00
3	资产残值	¥1,500,000.00
4	使用寿命	6
5	第一年 7 个月内的折旧值	

图 8-122 “资产折旧值”工作簿

步骤02 在 B5 单元格中输入公式“=DB(B2,B3,B4,1,7)”，如图 8-123 所示。

	A	B
1	资产折旧值	
2	资产原值	¥20,000,000.00
3	资产残值	¥1,500,000.00
4	使用寿命	6
5	第一年 7 个月内的折旧值	=DB(B2,B3,B4,1,7)

图 8-123 输入公式

步骤03 单击编辑栏中的【输入】按钮✔，完成运算，如图 8-124 所示。

	A	B
1	资产折旧值	
2	资产原值	¥20,000,000.00
3	资产残值	¥1,500,000.00
4	使用寿命	6
5	第一年 7 个月内的折旧值	¥4,095,000.00

图 8-124 运算结果

DB 函数语法：

DB(cost,salvage,life,period,[month])

- cost：资产原值；
- salvage：资产在折旧期末的价值(有时也称为资产残值)；
- life：资产的折旧期数(有时也称为资产的使用寿命)；
- period：需要计算折旧值的期间，period 必须与 life 是相同的单位；
- month：可选项，第一年的月份数，如果省略，则假设为 12。

8.9.3 FV 函数

FV 函数基于固定利率和等额分期付款方式，返回某项投资的未来值。

步骤01 打开随书附带光盘中的 CDROM\素材\第 9 章\投资未来值.xlsx 工作簿，如图 8-125 所示。

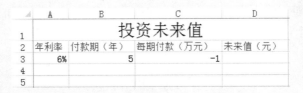

图 8-125 "投资未来值"工作簿

步骤02 在 D3 单元格中输入公式 "=FV(A3/12, B3*12,C3*10000)"，如图 8-126 所示。

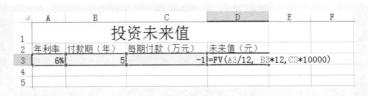

图 8-126 输入公式

步骤03 单击编辑栏中的【输入】按钮✔，完成运算，如图 8-127 所示。

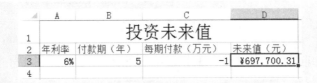

图 8-127 运算结果

FV 函数语法：

FV(rate,nper,pmt,[pv],[type])

- rate：各期利率；
- nper：年金的付款总期数；
- pmt：各期所应付款金额，其数值在整个年金期间保持不变，通常 pmt 包括本金和利息，但不包括其他费用或税款，如果省略 pmt，则必须包括 pv 参数；

- pv：可选项，现值，或一系列未来付款的当前值的累积和，如果省略 pv，则假设其值为 0，并且必须包括 pmt 参数；
- type：可选项，数字 0 或 1，用以指定各期的付款时间是在期初还是期末，如果省略 type，则假定其值为 0。

8.10 逻辑函数的应用

逻辑函数是 Excel 中常用的函数，它是根据不同的条件进行不同处理的函数，条件格式中使用比较运算符号指定逻辑式，并用逻辑值表示结果。

8.10.1 逻辑判断

IF 函数用来进行逻辑判断。如果指定条件的计算结果为 TRUE，IF 函数将返回某个值；如果该条件的计算结果为 FALSE，则返回另一个值。

步骤01 打开随书附带光盘中的 CDROM\素材\第 9 章\体能测试.xlsx 工作簿，如图 8-128 所示。

步骤02 在 C3 单元格中输入公式“=IF(B3<60,"淘汰","达标")”，如图 8-129 所示。

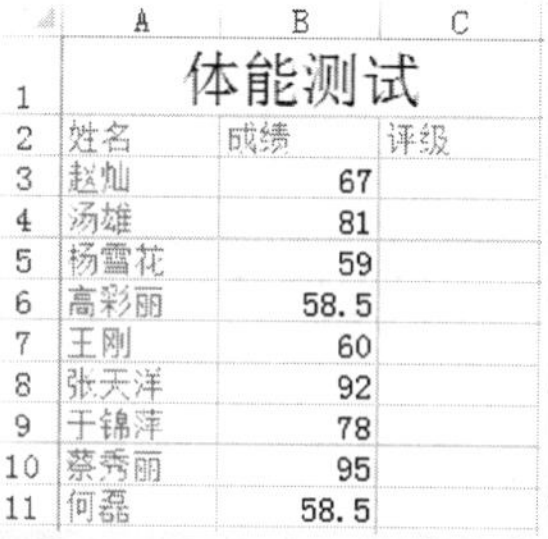

	A	B	C
1	体能测试		
2	姓名	成绩	评级
3	赵灿	67	
4	汤雄	81	
5	杨雪花	59	
6	高彩丽	58.5	
7	王刚	60	
8	张天洋	92	
9	于锦萍	78	
10	蔡秀丽	95	
11	何磊	58.5	

图 8-128 “体能测试”工作簿

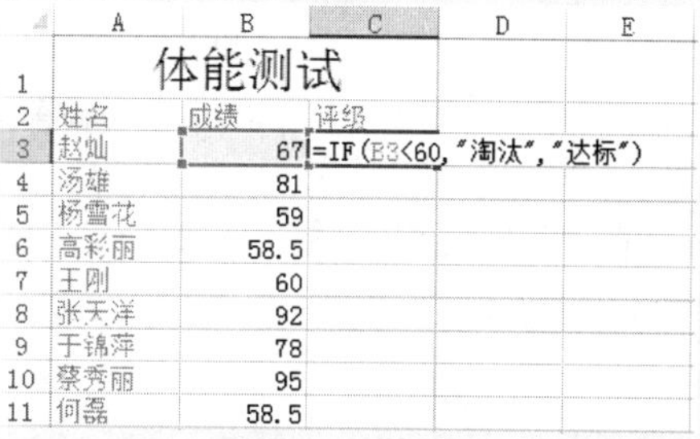

	A	B	C	D	E
1	体能测试				
2	姓名	成绩	评级		
3	赵灿	67	=IF(B3<60,"淘汰","达标")		
4	汤雄	81			
5	杨雪花	59			
6	高彩丽	58.5			
7	王刚	60			
8	张天洋	92			
9	于锦萍	78			
10	蔡秀丽	95			
11	何磊	58.5			

图 8-129 输入公式

步骤03 单击编辑栏中的【输入】按钮✔，完成运算，利用自动填充功能完成其他单元格的操作，如图 8-130 所示。

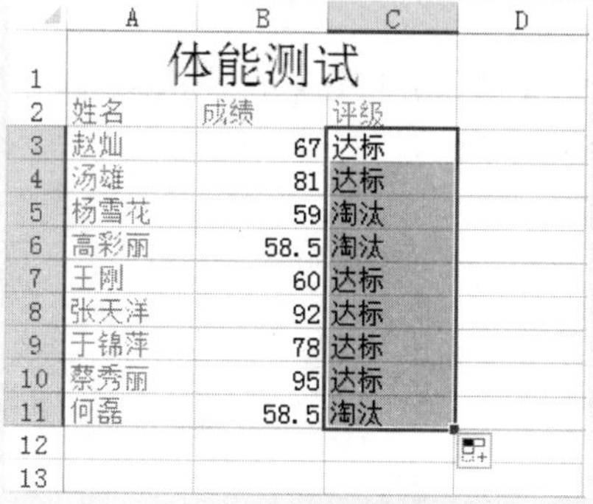

	A	B	C	D
1	体能测试			
2	姓名	成绩	评级	
3	赵灿	67	达标	
4	汤雄	81	达标	
5	杨雪花	59	淘汰	
6	高彩丽	58.5	淘汰	
7	王刚	60	达标	
8	张天洋	92	达标	
9	于锦萍	78	达标	
10	蔡秀丽	95	达标	
11	何磊	58.5	淘汰	
12				
13				

图 8-130 自动填充

IF 函数语法：

IF(logical_test,[value_if_true],[value_if_false])

- logical_test：计算结果可能为 TRUE 或 FALSE 的任意值或表达式。例如 B3<60 就是一个逻辑表达式，如果单元格 B3 中的值小于 60，表达式的结果为 TRUE，否则为 FALSE；
- value_if_true：可选项，logical_test 参数计算结果为 TRUE 时所要返回的值；
- value_if_false：可选项，logical_test 参数计算结果为 FALSE 时所要返回的值。

8.10.2 AND 函数

AND 函数在当所有参数的计算结果都为 TRUE 时，返回 TRUE，只要有一个参数的计算结果为 FALSE，则返回 FALSE。

步骤 01 打开随书附带光盘中的 CDROM\素材\第 9 章\销售目标.xlsx 工作簿，如图 8-131 所示。

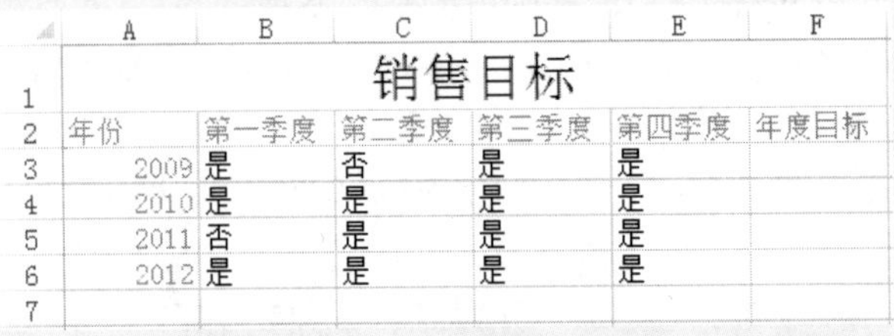

图 8-131 "销售目标"工作簿

步骤 02 在 F3 单元格中输入公式 "=AND(B3="是",C3="是",D3="是",E3="是")"，如图 8-132 所示。

图 8-132 输入公式

步骤 03 单击编辑栏中的【输入】按钮 ✔，完成运算，利用自动填充功能完成其他单元格的操作，如图 8-133 所示。

图 8-133 自动填充

AND 函数语法：

AND(logical1,[logical2]…)

- logical1：要检验的第一个条件，其计算结果可以为 TRUE 或 FALSE；
- logical2：可选项，要检验的其他条件，其计算结果可以为 TRUE 或 FALSE，最多包含 255 个条件。

8.11　上 机 练 习

本节将介绍唯宜女装 9 月份第 1 周库存统计和图书库存信息卡的制作，通过制作这两个案例，来巩固前面学习的内容。

8.11.1　唯宜女装 9 月份第 1 周库存统计

本例将介绍唯宜女装 9 月份第 1 周库存统计的制作。该例主要是输入公式并复制公式，效果如图 8-134 所示。

唯宜女装9月份第1周库存统计			
服装类型	进货数量	销售数量	当前库存量
T 恤	100	78	22
衬 衫	65	65	0
卫 衣	35	34	1
连衣裙	50	45	5
长 裙	40	35	5
牛仔裤	70	66	4
连体裤	30	29	1

图 8-134　唯宜女装 9 月份第 1 周库存统计

步骤01　新建一个空白工作簿，选择 A1:I1 单元格区域，并在【对齐方式】组中单击【合并后居中】按钮，即可合并选择的单元格，效果如图 8-135 所示。

图 8-135　合并单元格

步骤02　确定合并后的单元格处于选中状态，在【字体】组中单击【填充颜色】按钮右侧的下三角按钮，在弹出的下拉菜单中选择【其他颜色】命令，如图 8-136 所示。

步骤03　弹出【颜色】对话框，切换到【标准】选项卡，然后选择如图 8-137 所示的颜色。

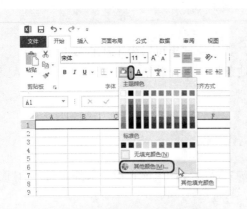

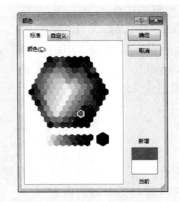

| 图 8-136 选择【其他颜色】命令 | 图 8-137 选择颜色 |

步骤 04 单击【确定】按钮，即可为选择的单元格填充该颜色，效果如图 8-138 所示。

图 8-138 为选择的单元格填充颜色

步骤 05 在【单元格】组中单击【格式】按钮，在弹出的下拉菜单中选择【行高】命令，如图 8-139 所示。

步骤 06 弹出【行高】对话框，设置【行高】为"30"，单击【确定】按钮，如图 8-140 所示。

| 图 8-139 选择【行高】命令 | 图 8-140 设置行高 |

步骤 07　再次单击【格式】按钮，在弹出的下拉菜单中选择【列宽】命令，如图 8-141 所示。

步骤 08　弹出【列宽】对话框，设置【列宽】为 "10"，单击【确定】按钮，如图 8-142 所示。

图 8-141　选择【列宽】命令

图 8-142　设置列宽

步骤 09　设置单元格行高和列宽后的效果如图 8-143 所示。

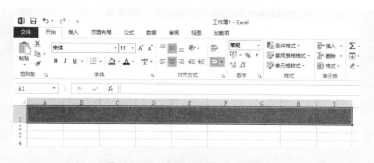

图 8-143　设置单元格后的效果

步骤 10　在合并后的单元格中输入文字，并选择该单元格，在【开始】选项卡的【字体】组中，将字体设置为【方正粗倩简体】，将字号设置为 "16"，如图 8-144 所示。

图 8-144　输入并设置文字

步骤 11 在【字体】组中单击【字体颜色】按钮 ▲ 右侧的下三角按钮 ，在弹出的下拉菜单中选择【白色，背景 1】，即可为文字填充白色，效果如图 8-145 所示。

图 8-145　为文字填充颜色

步骤 12 选择 A2:I9 单元格区域，在【单元格】组中单击【格式】按钮，在弹出的下拉菜单中选择【行高】命令，如图 8-146 所示。

图 8-146　选择【行高】命令

步骤 13 弹出【行高】对话框，设置【行高】为"25"，单击【确定】按钮即可，效果如图 8-147 所示。

图 8-147　设置单元格行高

步骤 14 在选择的单元格上单击鼠标右键，在弹出的快捷菜单中选择【设置单元格格式】命令，如图 8-148 所示。

图 8-148 选择【设置单元格格式】命令

步骤 15 弹出【设置单元格格式】对话框，切换到【边框】选项卡，在【样式】列表框中选择一种边框样式，并单击【颜色】下方的▼按钮，在弹出的下拉菜单中选择【其他颜色】命令，如图 8-149 所示。

图 8-149 选择【其他颜色】命令

步骤 16 弹出【颜色】对话框，切换到【标准】选项卡，然后选择如图 8-150 所示的颜色。

步骤 17 单击【确定】按钮，返回到【设置单元格格式】对话框，然后在【预置】选项组中单击【外边框】按钮，在【边框】选项组中单击按钮和按钮，如图 8-151 所示。

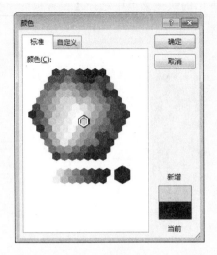

图 8-150　单击选择颜色

图 8-151　选择边框样式

步骤 18　单击【确定】按钮，即可为选择的单元格填充边框，效果如图 8-152 所示。

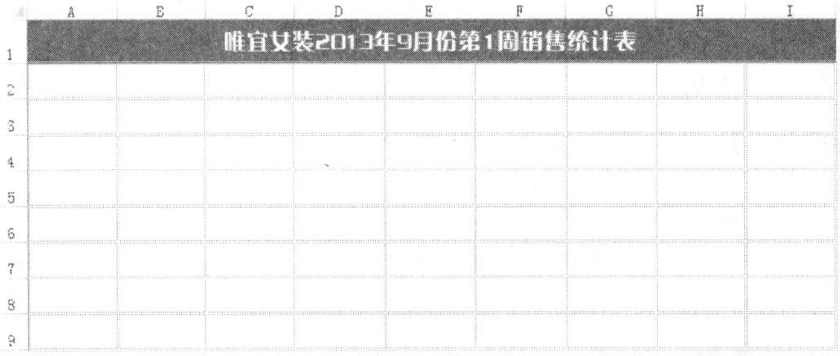

图 8-152　为选择的单元格填充边框

步骤 19　选择 A2:I2 单元格区域，在【字体】组中将【填充颜色】设置为【橙色，着色 2，淡色 80%】，效果如图 8-153 所示。

图 8-153　为单元格填充颜色

步骤 20　在单元格中输入文字，如图 8-154 所示。

步骤21 选择 A2:I9 单元格区域，在【对齐方式】组中单击【居中】按钮，即可居中对齐文字，效果如图 8-155 所示。

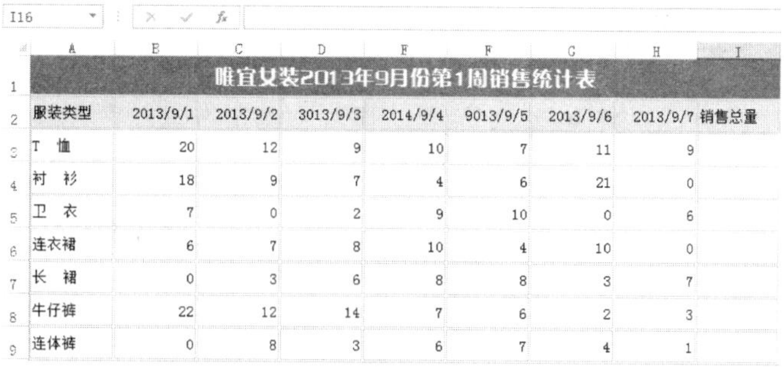

唯宜女装2013年9月份第1周销售统计表								
服装类型	2013/9/1	2013/9/2	3013/9/3	2014/9/4	9013/9/5	2013/9/6	2013/9/7	销售总量
T 恤	20	12	9	10	7	11	9	
衬 衫	18	9	7	4	6	21	0	
卫 衣	7	0	2	9	10	0	6	
连衣裙	6	7	8	10	4	10	0	
长 裙	0	3	6	8	8	3	7	
牛仔裤	22	12	14	7	6	2	3	
连体裤	0	8	3	6	7	4	1	

图 8-154 输入文字

唯宜女装2013年9月份第1周销售统计表								
服装类型	2013/9/1	2013/9/2	3013/9/3	2014/9/4	9013/9/5	2013/9/6	2013/9/7	销售总量
T 恤	20	12	9	10	7	11	9	
衬 衫	18	9	7	4	6	21	0	
卫 衣	7	0	2	9	10	0	6	
连衣裙	6	7	8	10	4	10	0	
长 裙	0	3	6	8	8	3	7	
牛仔裤	22	12	14	7	6	2	3	
连体裤	0	8	3	6	7	4	1	

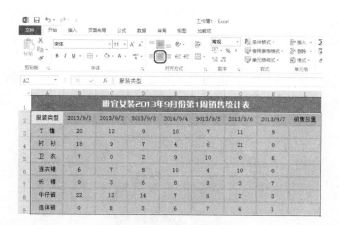

图 8-155 居中对齐文字

步骤22 选择 A2:I2 单元格区域，在【字体】组中将字体设置为【黑体】，将字号设置为“12”，如图 8-156 所示。

唯宜女装2013年9月份第1周销售统计表								
服装类型	2013/9/1	2013/9/2	3013/9/3	2014/9/4	9013/9/5	2013/9/6	2013/9/7	销售总量
T 恤	20	12	9	10	7	11	9	
衬 衫	18	9	7	4	6	21	0	
卫 衣	7	0	2	9	10	0	6	
连衣裙	6	7	8	10	4	10	0	
长 裙	0	3	6	8	8	3	7	
牛仔裤	22	12	14	7	6	2	3	
连体裤	0	8	3	6	7	4	1	

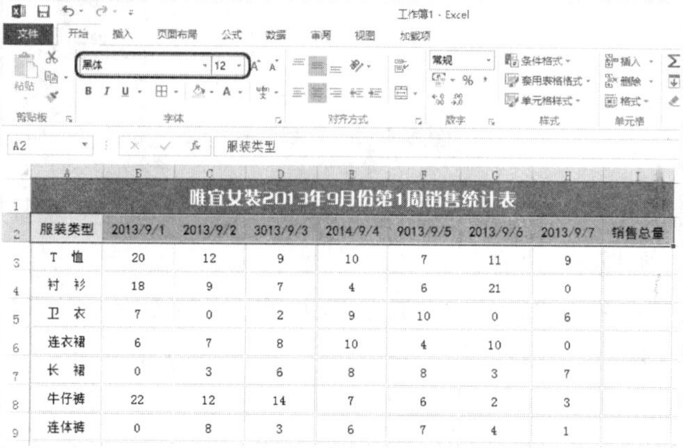

图 8-156 设置文字

步骤23 选择 I3 单元格，在该单元格中输入函数公式“=SUM(B3:H3)”，输入完成后按 Enter 键确认，并再次选择该单元格，如图 8-157 所示。

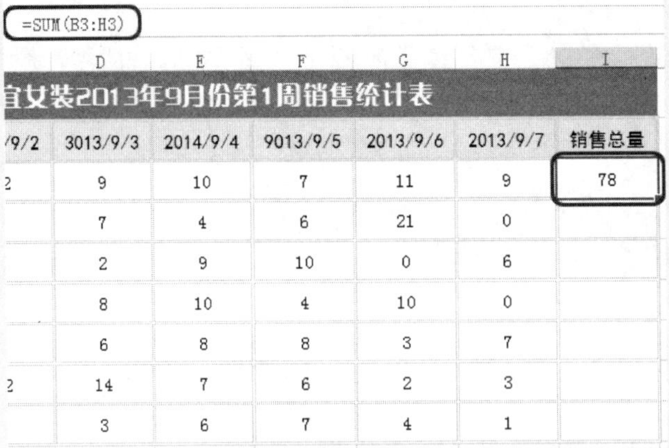
=SUM(B3:H3)

	D	E	F	G	H	I
宜女装2013年9月份第1周销售统计表						
/9/2	3013/9/3	2014/9/4	9013/9/5	2013/9/6	2013/9/7	销售总量
2	9	10	7	11	9	78
	7	4	6	21	0	
	2	9	10	0	6	
	8	10	4	10	0	
	6	8	8	3	7	
2	14	7	6	2	3	
	3	6	7	4	1	

图 8-157　输入公式

步骤24 将鼠标移至选中单元格的右下角处，当鼠标变成**+**样式后，单击鼠标左键并拖动鼠标，拖动至 I9 单元格上释放鼠标左键，即可复制公式。复制公式后的效果如图 8-158 所示。

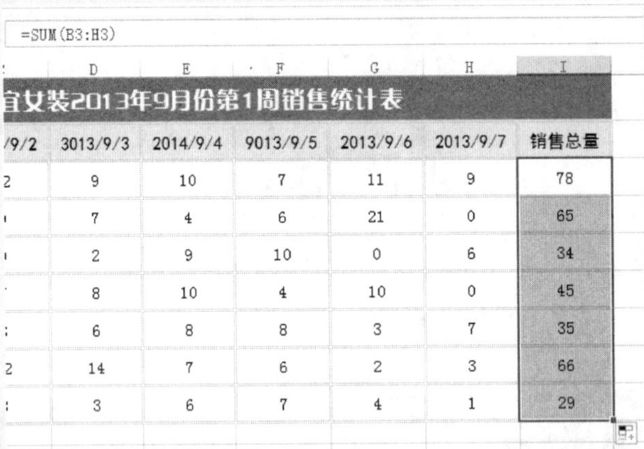
=SUM(B3:H3)

	D	E	F	G	H	I
宜女装2013年9月份第1周销售统计表						
/9/2	3013/9/3	2014/9/4	9013/9/5	2013/9/6	2013/9/7	销售总量
2	9	10	7	11	9	78
	7	4	6	21	0	65
	2	9	10	0	6	34
	8	10	4	10	0	45
	6	8	8	3	7	35
2	14	7	6	2	3	66
	3	6	7	4	1	29

图 8-158　复制公式

步骤25 在 Sheet1 工作表标签上单击鼠标右键，在弹出的快捷菜单中选择【重命名】命令，如图 8-159 所示。

步骤26 将其重命名为“销售”，然后单击其右侧的【新工作表】按钮⊕，新建工作表，并将新建的工作表重命名为“库存”，如图 8-160 所示。

步骤27 使用前面介绍的方法，在“库存”工作表中对 A1:D9 单元格区域的格式进行设置，如图 8-161 所示。

| 8 | 牛仔裤 | 22 | 12 | 14 |
| 9 | 连体裤 | | | 3 |

插入(I)...
删除(D)
重命名(R)
移动或复制(M)...
查看代码(V)
保护工作表(P)...
工作表标签颜色(T)
隐藏(H)
取消隐藏(U)...
选定全部工作表(S)

图 8-159 选择【重命名】命令　　图 8-160 新建工作表并重命名

步骤 28 在单元格中输入文字，并设置其文字格式和对齐方式，效果如图 8-162 所示。

图 8-161 设置单元格格式

唯宜女装9月份第1周库存统计			
服装类型	进货数量	销售数量	当前库存量
T 恤	100		
衬 衫	65		
卫 衣	35		
连衣裙	50		
长 裙	40		
牛仔裤	70		
连体裤	30		

图 8-162 输入并设置文字

步骤 29 选择 C3 单元格，在该单元格中输入函数公式"=销售!I3"，输入完成后，按 Enter 键确认，并再次选择该单元格，如图 8-163 所示。

步骤 30 使用前面介绍的方法，对输入的公式进行复制。复制公式后的效果如图 8-164 所示。

图 8-163 输入公式　　图 8-164 复制公式

步骤 31　选择 D3 单元格，在该单元格中输入公式"=B3-C3"，输入完成后按 Enter 键确认，并再次选择该单元格，如图 8-165 所示。

步骤 32　复制输入的公式，效果如图 8-166 所示。

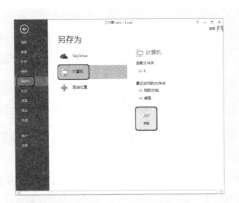

图 8-165　输入公式

图 8-166　复制公式

步骤 33　至此，唯宜女装 9 月份第 1 周库存统计就制作完成了，单击【文件】按钮，在弹出的界面中选择【另存为】，在右侧的列表中选择【计算机】，然后单击【浏览】按钮，如图 8-167 所示。

步骤 34　在弹出的对话框中指定保存路径，并在【文件名】文本框中输入"唯宜女装 9 月份第 1 周库存统计"，设置完成后单击【保存】按钮即可，如图 8-168 所示。

图 8-167　单击【浏览】按钮

图 8-168　设置保存路径并输入文件名

8.11.2　图书库存信息卡

下面通过制作"图书库存信息卡"来练习这一章节所讲解的知识，完成后的效果如图 8-169 所示。

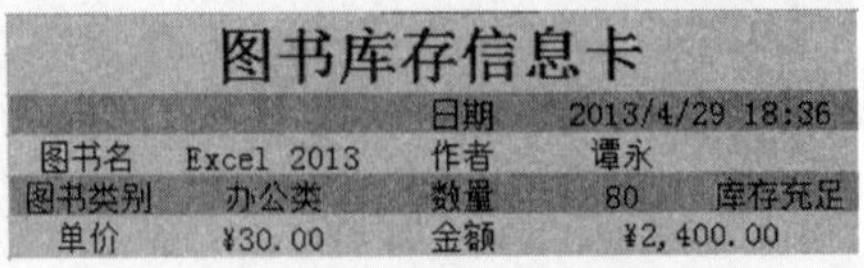

图书库存信息卡				
		日期	2013/4/29 18:36	
图书名	Excel 2013	作者	谭永	
图书类别	办公类	数量	80	库存充足
单价	¥30.00	金额	¥2,400.00	

图 8-169　完成后的效果

具体操作步骤如下。

步骤01 打开 Excel 2013，单击【空白工作簿】选项，创建一个新的空白工作簿，如图 8-170 所示。

步骤02 选中 A1:E2 单元格区域，然后单击【对齐方式】组中的【合并后居中】按钮，如图 8-171 所示。

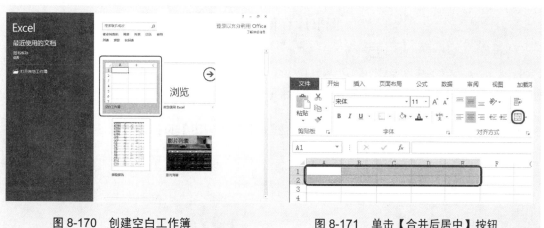

图 8-170　创建空白工作簿　　　　　　　图 8-171　单击【合并后居中】按钮

步骤03 在合并后的单元格中输入"图书库存信息卡"，将文字的字号设置为"20"，并加粗，如图 8-172 所示。

步骤04 在 C3 单元格中输入"日期"；在 A4 单元格中输入"图书名"；在 C4 单元格中输入"作者"；在 A5 单元格中输入"图书类别"；在 C5 单元格中输入"数量"；在 A6 单元格中输入"单价"；在 C6 单元格中输入"金额"，如图 8-173 所示。

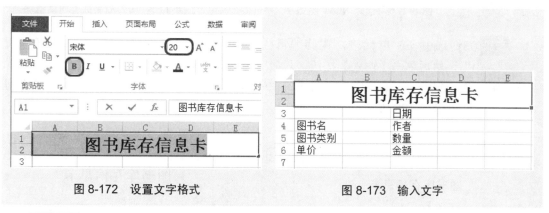

图 8-172　设置文字格式　　　　　　　　图 8-173　输入文字

步骤05 选中 D3:E3 单元格区域，然后单击【对齐方式】组中的【合并后居中】按钮，如图 8-174 所示。

步骤06 选中合并后的单元格，切换至【公式】选项卡，单击【函数库】组中的【日期和时间】按钮，在弹出的下拉菜单中选择 NOW 函数，如图 8-175 所示。

图 8-174　单击【合并后居中】按钮

步骤07　在弹出的【函数参数】对话框中单击【确定】按钮，如图 8-176 所示。

图 8-175　选择 NOW 函数

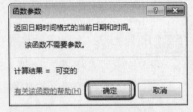

图 8-176　【函数参数】对话框

步骤08　选中 E5 单元格，在其编辑栏中输入"=IF(D5<50,"库存不足","库存充足")"，然后单击【输入】按钮✔，如图 8-177 所示。

步骤09　选中 D6 单元格，在其编辑栏中输入"=D5*B6"，然后单击【输入】按钮✔，如图 8-178 所示。

图 8-177　输入函数

图 8-178　输入函数

步骤10　选中 B6 和 D6 单元格，切换至【开始】选项卡，单击【字体】组中右下角的按钮，在弹出的对话框中，切换至【数字】选项卡，在【分类】列表框中选择【货币】选项,在设置界面右侧的【负数】列表框中选择默认的选项,然后单击【确定】按钮,如图 8-179 所示。

图 8-179 【设置单元格格式】对话框

步骤 11 选中 D6:E6 单元格区域,然后单击【对齐方式】组中的【合并后居中】按钮。

步骤 12 在工作簿中输入图书库存信息,并调整单元格宽度,如图 8-180 所示。

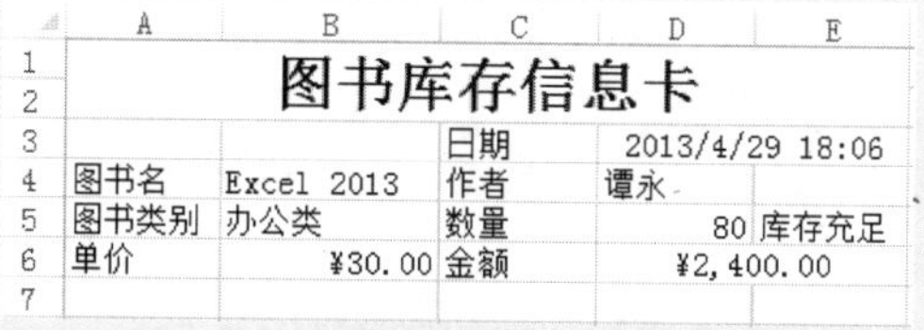

图 8-180 输入图书库存信息

步骤 13 选中 A3:E6 单元格区域,在【对齐方式】组中单击【居中】按钮,如图 8-181 所示。

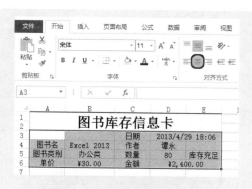

图 8-181 单击【居中】按钮

步骤 14 分别选择 A1:A2、A4:E4 和 A6:E6 单元格区域,将其填充为橙色,如图 8-182 所示。

步骤 15 分别选择 A3:E3 和 A5:E5 单元格区域，将其填充为【橙色，着色 2】，如图 8-183 所示。

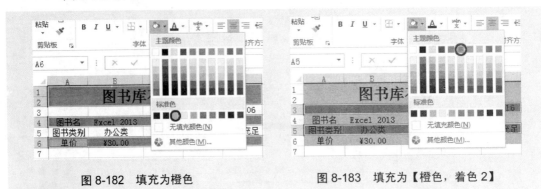

图 8-182　填充为橙色　　　　　　　图 8-183　填充为【橙色，着色 2】

步骤 16 切换至【视图】选项卡，在【显示】组中选中【网格线】复选框，如图 8-184 所示。

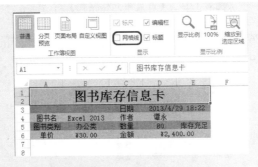

图 8-184　选中【网格线】复选框

步骤 17 最后将其保存，命名为"图书库存信息卡"，然后单击【保存】按钮，如图 8-185 所示。

图 8-185　【另存为】对话框

这样，"图书库存信息卡"就编辑完成了。

第 **9** 章

数据的管理

通过数据筛选和排序功能可以使用户快速地挑选所需要的数据，而通过数据透视表和数据透视图则可以清晰地表示出数据的汇总情况。本章将主要来介绍数据的排序、筛选以及数据透视表和数据透视图的应用。

本章重点：

- ➥ 数据的排序
- ➥ 筛选
- ➥ 数据透视表
- ➥ 数据透视图

9.1　数据的排序

在日常工作中，往往需要为一堆数据或名单进行排序，通过对数据进行排序，使数据具有条理性，利于用户的管理。为了对工作表中的数据管理更加方便，可以对工作表中的数据进行排序。

9.1.1　升序和降序

最简单、最常用的排序方法是按照 Excel 默认的升序或降序规则对工作表中的数据进行排序。下面将介绍如何对数据进行升序和降序排列，具体操作步骤如下。

步骤 01　按 Ctrl+O 组合键，在打开的界面中选择【计算机】，单击【浏览】按钮，在弹出的对话框中选择随书附带光盘中的 CDROM\素材\第 10 章\个人支出表.xlsx 素材文件，如图 9-1 所示。

步骤 02　单击【打开】按钮，将该文件打开，效果如图 9-2 所示。

图 9-1　选择素材文件　　　　　图 9-2　打开的素材文件

步骤 03　选择 F4:F15 单元格区域，如图 9-3 所示。

步骤 04　切换到【开始】选项卡，在【编辑】组中单击【排序和筛选】按钮，在打开的下拉菜单中选择【升序】命令，如图 9-4 所示。

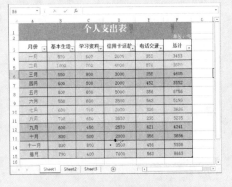

图 9-3　选择单元格区域　　　　　图 9-4　选择【升序】命令

步骤 05 执行该操作后，即可对选中的区域进行升序排序，如图 9-5 所示。

步骤 06 选择 E4:E15 单元格区域，如图 9-6 所示。

图 9-5 升序排序后的效果

图 9-6 选择单元格区域

步骤 07 切换到【开始】选项卡，在【编辑】组中单击【排序和筛选】按钮，在打开的下拉菜单中选择【降序】命令。执行该操作后，即可对选中的区域进行降序排序，如图 9-7 所示。

图 9-7 降序排序

在 Excel 中不同类型按升序排列时的次序为：数字—字母—逻辑值—错误值—空格。而同种类型数据的排序规则如下。

- 数字：数字按从最小的负数到最大的正数进行排序；
- 字母：按照英文字母的先后顺序排列，即 A~Z 和 a~z 的次序排列；
- 逻辑值：在逻辑值中，FALSE 排在 TRUE 的前面；
- 错误值与空格：在 Excel 中所有错误值的优先级相同，空格将始终排在最后；
- 汉字：汉字的排序分为两种，一种是根据汉字拼音的字母排序，另一种是根据汉字的笔划排序。

9.1.2 按颜色排序

在 Excel 中，该应用程序可以根据单元格的颜色对数据进行排序，从而方便用户的操作。下面将介绍如何按颜色排序，具体操作步骤如下。

步骤01 在 D3 单元格中单击其右下角的 ▼ 按钮，在弹出的下拉菜单中选择【按颜色排序】命令，再在弹出的子菜单中选择颜色，如图 9-8 所示。

步骤02 执行该操作后，即可按颜色进行排序，效果如图 9-9 所示。

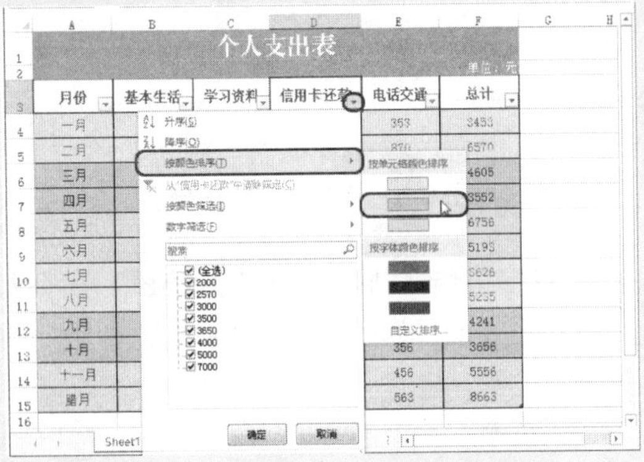

图 9-8　选择颜色

图 9-9　按颜色排序后的效果

除了上述方法之外，用户还可以通过【排序】对话框进行颜色排序，其具体操作步骤如下。

步骤01 在工作簿中选择任意单元格，例如选择 B9 单元格，如图 9-10 所示。

步骤02 切换到【开始】选项卡，在【编辑】组中单击【排序和筛选】按钮，在弹出的下拉菜单中选择【自定义排序】命令，如图 9-11 所示。

图 9-10　选择单元格

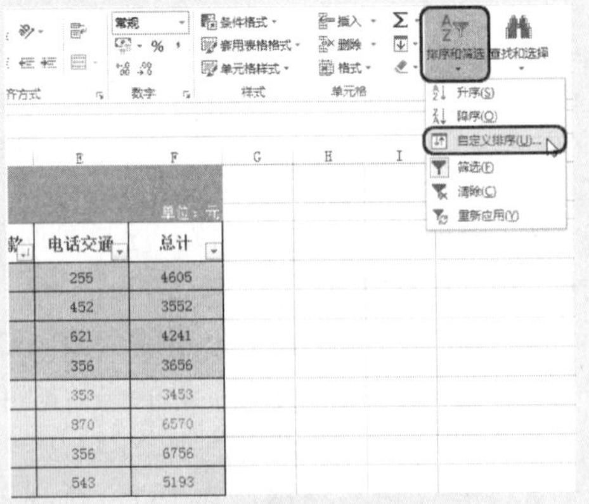

图 9-11　选择【自定义排序】命令

步骤03 在弹出的【排序】对话框中将【主要关键字】设置为【基本生活】，然后选择如图 9-12 所示的颜色。

图 9-12　【排序】对话框

步骤 04　设置完成后，单击【确定】按钮，即可按颜色进行排序，效果如图 9-13 所示。

图 9-13　完成后的效果

9.1.3　按笔划进行排序

下面将介绍如何在 Excel 中按笔划进行排序，其具体操作步骤如下。

步骤 01　选择任意单元格，切换到【开始】选项卡，在【编辑】组中单击【排序和筛选】按钮，在弹出的下拉菜单中选择【自定义排序】命令，如图 9-14 所示。

步骤 02　在弹出的【排序】对话框中单击【选项】按钮，如图 9-15 所示。

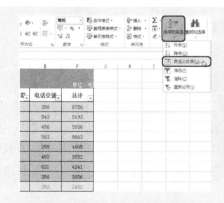

图 9-14　选择【自定义排序】命令　　　图 9-15　【排序】对话框

步骤03 在弹出的【排序选项】对话框中选中【方法】选项组中的【笔划排序】单选
按钮，如图 9-16 所示。

步骤04 单击【确定】按钮，将【主要关键字】设置为【月份】，将【排列依据】设
置为【数值】，如图 9-17 所示。

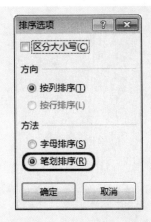

图 9-16 【排序选项】对话框

图 9-17 设置排序参数

步骤05 设置完成后，单击【确定】按钮，即可完成排序，效果如图 9-18 所示。

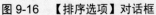

图 9-18 排序后的效果

9.1.4 自定义序列

下面将介绍如何通过自定义序列来进行排序，其具体操作步骤如下。

步骤01 选择任意单元格，切换到【开始】选项卡，在【编辑】组中单击【排序和筛
选】按钮，在弹出的下拉菜单中选择【自定义排序】命令，在弹出的对话框中单
击【次序】下方的下三角按钮，在弹出的下拉菜单中选择【自定义序列】命令，
如图 9-19 所示。

步骤02 在弹出的【自定义序列】对话框中选择序列，如图 9-20 所示。

图 9-19　选择【自定义序列】命令　　　　　　图 9-20　选择序列

步骤03　单击【确定】按钮，返回至【排序】对话框，将【主要关键字】设置为【月份】，将【排序依据】设置为【数值】，如图 9-21 所示。

步骤04　设置完成后，单击【确定】按钮，完成后的效果如图 9-22 所示。

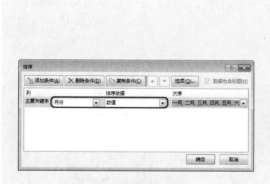

图 9-21　设置排序参数　　　　　　　　图 9-22　排序后的效果

9.2　筛　　选

在 Excel 中，筛选是在多个数据中选择并显示出符合指定条件的数据，而不满足指定条件的数据将被隐藏起来。用户通过筛选功能可以快速地在数据列表中查找所有的数据。

9.2.1　自动筛选

在含有大量数据的工作表中，利用自动筛选功能可以快速查找到符合条件的数据。自动筛选分为单条件和多条件筛选。

1. 单条件筛选

下面将介绍如何进行单条件筛选数据，其具体操作步骤如下。

步骤 01　按 Ctrl+O 组合键，在弹出的界面中选择【计算机】，单击【浏览】按钮，在弹出的对话框中选择随书附带光盘中的 CDROM\素材\第 10 章\成绩单.xlsx 素材文件，如图 9-23 所示。

步骤 02　单击【打开】按钮，将该文件打开，效果如图 9-24 所示。

图 9-23　选择素材文件

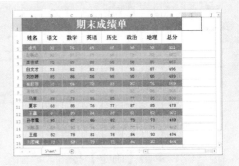

图 9-24　打开的素材文件

步骤 03　选择 A2:H2 单元格区域，切换到【开始】选项卡，在【编辑】组中单击【排序和筛选】按钮，在弹出的下拉菜单中选择【筛选】命令，如图 9-25 所示。

步骤 04　选择 D2 单元格，单击其右下角的下三角按钮，在弹出的下拉菜单中取消选中【全选】复选框，然后再选中 78 复选框，如图 9-26 所示。

图 9-25　选择【筛选】命令

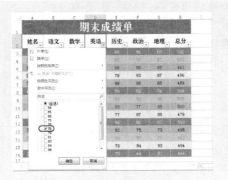

图 9-26　选中 78 复选框

步骤 05　单击【确定】按钮后即可将不满足条件的数据隐藏，只显示满足条件的数据，效果如图 9-27 所示。

图 9-27　筛选后的效果

2. 多条件自动筛选

用户可以通过在不同字段的列表中设置筛选条件来进行多条件筛选操作，具体操作步骤如下。

步骤 01 选择 B2 单元格，单击其右下角的下三角按钮，在弹出的下拉菜单中取消选中【全选】复选框，然后在该下拉菜单中选择多个要显示的选项，如图 9-28 所示。

步骤 02 单击【确定】按钮，即可完成筛选，效果如图 9-29 所示。

图 9-28 选中多项复选框　　　　图 9-29 筛选后的效果

9.2.2 按颜色筛选

下面将介绍如何按颜色进行筛选，其具体操作步骤如下。

步骤 01 选择 E2 单元格，单击其右下角的下三角按钮，在弹出的下拉菜单中选择【按颜色筛选】命令，再在弹出的子菜单中选择一种颜色，如图 9-30 所示。

步骤 02 执行该操作后，即可按颜色进行筛选，效果如图 9-31 所示。

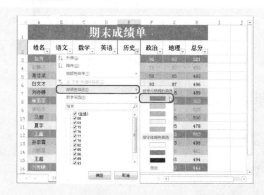 

图 9-30 选择颜色　　　　图 9-31 筛选后的效果

9.2.3 按数字进行筛选

在 Excel 中，用户可以通过筛选列表中的【数字筛选】的子列表中筛选大于、小于、

10 个最大值、高于或低于平均值等数据范围。下面将介绍如何按数字进行筛选，具体操作步骤如下。

步骤 01　选择 H2 单元格，单击其右下角的下三角按钮，在弹出的下拉菜单中选择【数字筛选】命令，再在弹出的子菜单中选择【高于平均值】命令，如图 9-32 所示。

步骤 02　执行该操作后，即可将高于平均值的数据筛选出来，效果如图 9-33 所示。

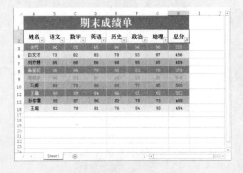

图 9-32　选择【高于平均值】命令　　　　　图 9-33　筛选后的效果

步骤 03　继续单击该单元格中的下三角按钮，在弹出的下拉菜单中选择【数字筛选】命令，再在弹出的子菜单中选择【前 10 项】命令，如图 9-34 所示。

步骤 04　在弹出的对话框中将数值设置为"5"，如图 9-35 所示。

图 9-34　选择【前 9 项】命令　　　　　图 9-35　设置参数选项

步骤 05　设置完成后，单击【确定】按钮，筛选后的效果如图 9-36 所示。

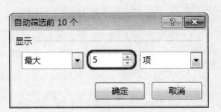

图 9-36　筛选后的效果

9.2.4 自定义筛选

Excel 还提供了通过设置一个"与"或"或"的条件范围来筛选出符合该范围内数据的方法，可以使用户更加灵活地进行筛选操作，具体操作步骤如下。

步骤 01 选择 H2 单元格，单击其右下角的下三角按钮，在弹出的下拉菜单中选择【数字筛选】命令，再在弹出的子菜单中选择【自定义筛选】命令，如图9-37所示。

步骤 02 在弹出的【自定义自动筛选方式】对话框中设置条件范围，如图9-38所示。

图9-37 选择【自定义筛选】命令

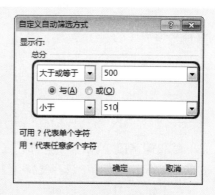

图9-38 设置条件范围

步骤 03 设置完成后，单击【确定】按钮，即可完成筛选，效果如图9-39所示。

图9-39 筛选后的效果

在【自定义自动筛选方式】对话框中的【与】、【或】的功能如下。

● 【与】：表示必须同时满足设置两个条件；

● 【或】：表示满足任意一个条件即可。

9.2.5 取消筛选

对工作表中的数据进行筛选后，不满足条件的数据将被隐藏，如果要查看被隐藏的数据，需要取消对数据的筛选操作，具体操作步骤如下。

步骤01 切换到【开始】选项卡，在【编辑】组中单击【排序和筛选】按钮，在弹出的菜单中选择【清除】命令，如图 9-40 所示。

步骤02 执行该操作后，被隐藏的数据将会被显示出来，效果如图 9-41 所示。

图 9-40 选择【清除】命令　　　　　　图 9-41 清除后的效果

如果要取消字段单元格右侧的下三角按钮的显示，单击【编辑】组中的【排序和筛选】按钮，在弹出的菜单中选择【筛选】命令，如图 9-42 所示。

此时在工作表中所有字段单元格右侧的下三角将被取消，如图 9-43 所示。

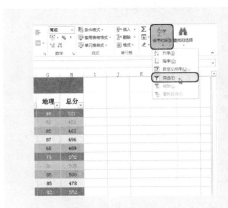

图 9-42 选择【筛选】命令　　　　　　图 9-43 取消筛选后的效果

9.3 数据透视表

数据透视表传统上是使用 OLAP 多维数据集和其他在表之间已经具有丰富链接的复杂数据源构造的。但是，在 Excel 2013 中，用户可以随意导入多个表并在表之间生成自己的链接。

9.3.1 创建数据透视表

下面将介绍如何创建数据透视表，其具体操作步骤如下。

步骤 01 按 Ctrl+O 组合键，在弹出的界面中选择【计算机】，单击【浏览】按钮，在弹出的对话框中选择随书附带光盘中的 CDROM\素材\第 10 章\商店饮料采购统计表.xlsx 素材文件，如图 9-44 所示。

步骤 02 单击【打开】按钮，将该文件打开，效果如图 9-45 所示。

图 9-44 选择素材文件

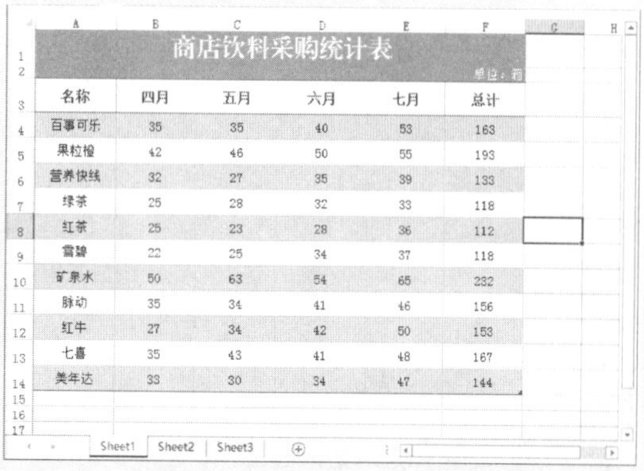

图 9-45 打开的素材文件

步骤 03 选择 A3:F14 单元格区域，如图 9-46 所示。

步骤 04 切换到【插入】选项卡，在【表格】组中单击【数据透视表】按钮，在弹出的【创建数据透视表】对话框中使用其默认设置，如图 9-47 所示。

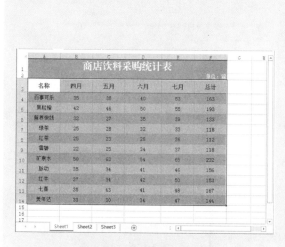

图 9-46 选择单元格区域

图 9-47 【创建数据透视表】对话框

步骤 05 单击【确定】按钮，即可创建数据透视表，如图 9-48 所示。

步骤 06 在右侧【选择要添加到报表的字段】选项组中选中要显示的字段，执行该操作后，即可在左侧显示相应的内容，如图 9-49 所示。

| 图 9-48 | 数据透视表 | 图 9-49 | 显示字段后的效果 |

9.3.2 添加标签

当创建数据透视表后，可以根据需要添加行标签或列标签。下面将介绍如何添加标签，其具体操作步骤如下。

步骤 01 在【数据透视表字段】窗口中选择要添加到标签的字段，例如选择【四月】，右击鼠标，在弹出的快捷菜单中选择【添加到行标签】命令，如图 9-50 所示。

步骤 02 执行该操作后，即可将该字段添加至行标签中，如图 9-51 所示。

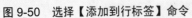

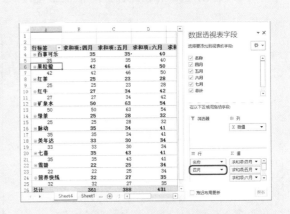

| 图 9-50 | 选择【添加到行标签】命令 | 图 9-51 | 添加行标签后的效果 |

在 Excel 中，用户还可以根据相同的方法添加列标签。

9.3.3 删除字段

在字段前面复选框没有选中的情况下，单击鼠标右键，在弹出的快捷菜单中也可以进行添加字段的设置。

如果需要删除字段，则在需要删除的字段后面单击下三角按钮，在弹出的下拉菜单中选择【删除字段】命令，如图 9-52 所示。

执行该操作后，选择的字段即可被删除，如图 9-53 所示。

图 9-52　选择【删除字段】命令

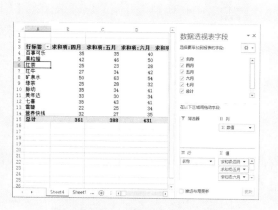

图 9-53　删除字段后的效果

9.3.4　改变数据透视表汇总方式

设置完成字段后，我们还可以对字段的值进行设置，以改变数据透视表的汇总方式，具体操作步骤如下。

步骤01　在【行】选项组中单击【名称】右侧的下三角按钮，在弹出的下拉菜单中选择【字段设置】命令，如图 9-54 所示。

步骤02　在弹出的【字段设置】对话框中可以根据需要对数据透视表的汇总方式进行设置，如图 9-55 所示。

图 9-54　选择【字段设置】命令

图 9-55　字段设置

9.3.5　数据透视表的排序

排序是数据透视表的基本操作，可以将表格中的数据按照升序或者降序的方式进行排列，方便我们的查看。

步骤01 选择 B4:F14 单元格区域，如图 9-56 所示。

步骤02 切换到【开始】选项卡，在【编辑】组中单击【排序和筛选】按钮，在弹出的下拉菜单中选择【升序】命令，执行该操作后，即可完成排序，如图 9-57 所示。

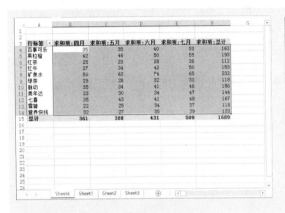

行标签	求和项:四月	求和项:五月	求和项:六月	求和项:七月	求和项:总计
百事可乐	35	35	40	53	163
果粒橙	42	46	50	55	193
红茶	25	23	28	36	112
红牛	27	34	42	50	153
矿泉水	50	63	54	65	232
绿茶	25	28	32	33	118
脉动	35	34	41	46	156
美年达	33	30	34	47	144
七喜	35	43	41	48	167
雪碧	22	25	34	37	118
营养快线	32	27	35	39	133
总计	361	388	431	509	1689

图 9-56 选择单元格区域

行标签	求和项:四月	求和项:五月	求和项:六月	求和项:七月	求和项:总计
雪碧	22	25	34	37	118
绿茶	25	28	32	33	118
红茶	25	23	28	36	112
红牛	27	34	42	50	153
营养快线	32	27	35	39	133
美年达	33	30	34	47	144
脉动	35	34	41	46	156
七喜	35	43	41	48	167
百事可乐	35	35	40	53	163
果粒橙	42	46	50	55	193
矿泉水	50	63	54	65	232
总计	361	388	431	509	1689

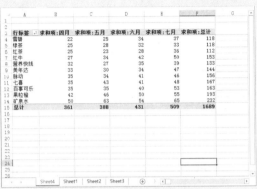

图 9-57 排序后的效果

如果对源数据进行了修改，透视表更新后将按照排序方式自动进行重新排序。

9.3.6 添加数据透视表样式

当创建完数据透视表后，用户可以在【数据透视表工具】下的【设计】选项卡中选择要应用的数据透视表样式。下面将对其进行简单介绍。

步骤01 在数据透视表中选择任意单元格，然后切换到【数据透视表】下的【设计】选项卡，在【数据透视表样式】组中单击【其他】按钮，在弹出的下拉菜单中选择要应用的样式，如图 9-58 所示。

步骤02 执行该操作后，即可应用该样式，效果如图 9-59 所示。

图 9-58 选择透视表样式

行标签	求和项:四月	求和项:五月	求和项:六月	求和项:七月	求和项:总计
雪碧	22	25	34	37	118
绿茶	25	28	32	33	118
红茶	25	23	28	36	112
红牛	27	34	42	50	153
营养快线	32	27	35	39	133
美年达	33	30	34	47	144
脉动	35	34	41	46	156
七喜	35	43	41	48	167
百事可乐	35	35	40	53	163
果粒橙	42	46	50	55	193
矿泉水	50	63	54	65	232
总计	361	388	431	509	1689

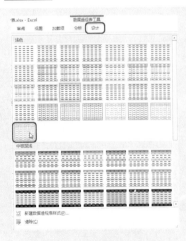

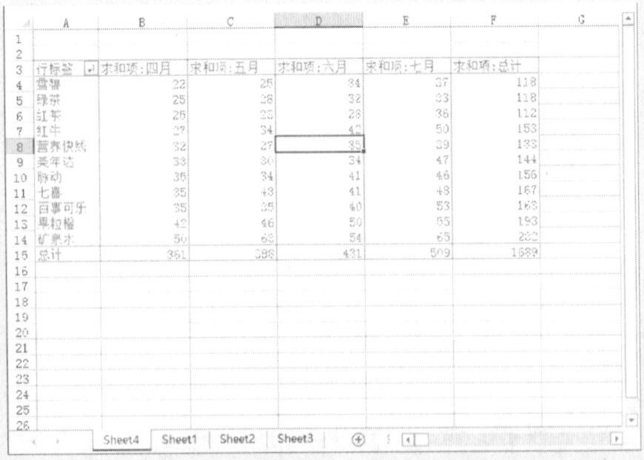

图 9-59 应用样式后的效果

9.4 数据透视图

数据透视图是以图形的形式显示数据透视表中的数据，和数据透视表一样，用户也可以更改数据透视图中的布局和数据，更改完成后相关联的数据和布局将立即在数据透视图中反映出来。

9.4.1 创建数据透视图

在 Excel 中，可以通过两种方法创建数据透视图，本节将对其进行简单介绍。

1. 通过数据透视表创建数据透视图

下面将介绍如何通过数据透视表创建数据透视图，其具体操作步骤如下。

步骤01 继续上面的操作，在【数据透视表字段】窗口中取消选中【总计】复选框，如图 9-60 所示。

步骤02 选择任意单元格，切换到【数据透视表工具】下的【分析】选项卡，在【工具】组中单击【数据透视表】按钮，在弹出的对话框中选择一种图表类型，如图 9-61 所示。

图 9-60 取消选中【总计】复选框

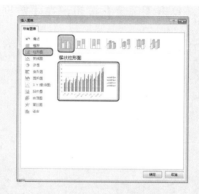

图 9-61 选择图表类型

步骤03 选择完成后，单击【确定】按钮，即可创建一个数据透视图，效果如图 9-62 所示。

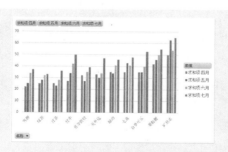

图 9-62 创建数据透视图后的效果

2. 通过数据区域创建数据透视图

下面将介绍如何通过数据区域创建数据透视图，其具体操作步骤如下。

步骤01 打开"商店饮料采购统计表.xlsx"素材文件，切换到【插入】选项卡，在【图表】组中单击【数据透视图】按钮，如图 9-63 所示。

步骤02 在弹出的对话框中使用其默认设置，如图 9-64 所示。

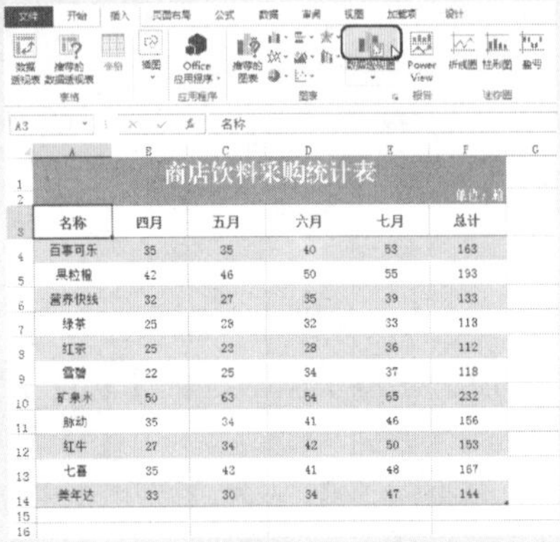

图 9-63　单击【数据透视图】按钮 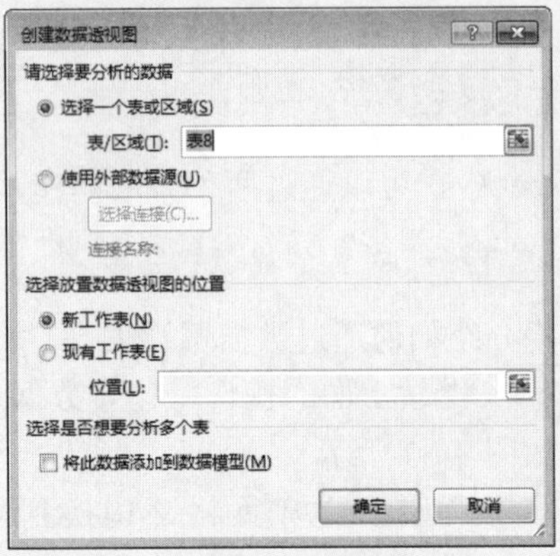　　　图 9-64　【创建数据透视图】对话框

步骤03 单击【确定】按钮，在【数据透视图字段】窗口中选中要显示的字段，如图 9-65 所示。

步骤04 执行该操作后，即可完成数据透视图的创建，效果如图 9-66 所示。

图 9-65　选中要显示的字段

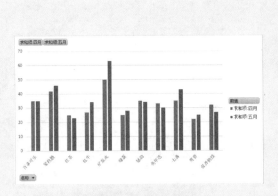

图 9-66　数据透视图

9.4.2　编辑数据透视图

数据透视图创建完成后，即可对数据透视图进行编辑。编辑数据透视图和一般图表一样，这里我们进行简单介绍。

步骤 01　选择数据透视图，切换到【数据透视图工具】下的【设计】选项卡，在【图表样式】组中单击【其他】按钮，在弹出的下拉菜单中选择一种图表样式，如图 9-67 所示。

步骤 02　执行该操作后，即可应用该图表样式，如图 9-68 所示。

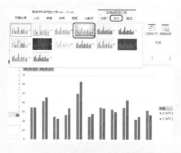

图 9-67　选择图表样式

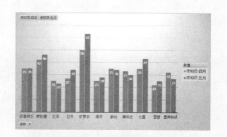

图 9-68　应用图表样式后的效果

9.4.3　更改图表类型

下面将介绍如何更改图表的类型，其具体操作步骤如下。

步骤 01　选择要更改类型的图表，如图 9-69 所示。

步骤 02　切换到【数据透视图工具】下的【设计】选项卡，在【类型】组中单击【更改图表类型】按钮，在弹出的对话框中选择一种图表类型，如图 9-70 所示。

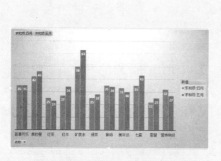

图 9-69　选择更改类型的图表

图 9-70　选择图表类型

步骤 03　选择完成后，单击【确定】按钮，即可更改选择对象的类型，如图 9-71 所示。

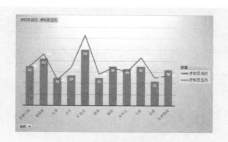

图 9-71　更改后的效果

9.5 上机练习

本章主要介绍了数据的排序、筛选以及数据透视表和透视图，通过前面所学的知识，相信读者已经对数据的管理有了基本的了解，本节将根据前面所介绍的知识制作两个案例。

9.5.1 制作费用支出表

下面将介绍如何制作费用支出表，效果如图 9-72 所示，其具体操作步骤如下。

步骤 01 启动 Excel 2013，选择 A1:F1 单元格区域，切换到【开始】选项卡，在【对齐方式】组中单击【合并后居中】按钮，如图 9-73 所示。

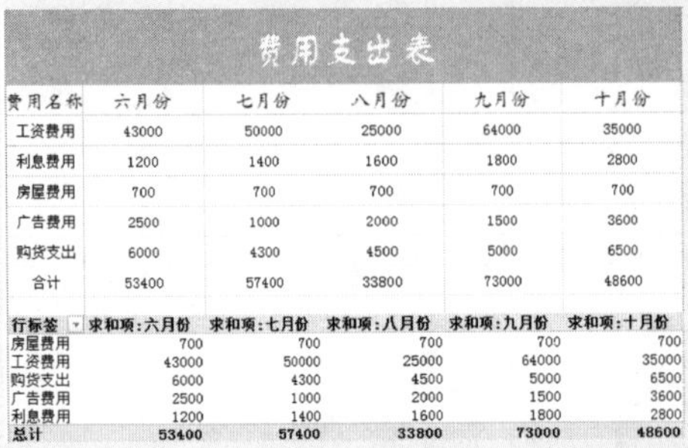

费用支出表

费用名称	六月份	七月份	八月份	九月份	十月份
工资费用	43000	50000	25000	64000	35000
利息费用	1200	1400	1600	1800	2800
房屋费用	700	700	700	700	700
广告费用	2500	1000	2000	1500	3600
购货支出	6000	4300	4500	5000	6500
合计	53400	57400	33800	73000	48600

行标签	求和项:六月份	求和项:七月份	求和项:八月份	求和项:九月份	求和项:十月份
房屋费用	700	700	700	700	700
工资费用	43000	50000	25000	64000	35000
购货支出	6000	4300	4500	5000	6500
广告费用	2500	1000	2000	1500	3600
利息费用	1200	1400	1600	1800	2800
总计	53400	57400	33800	73000	48600

图 9-72　费用支出表

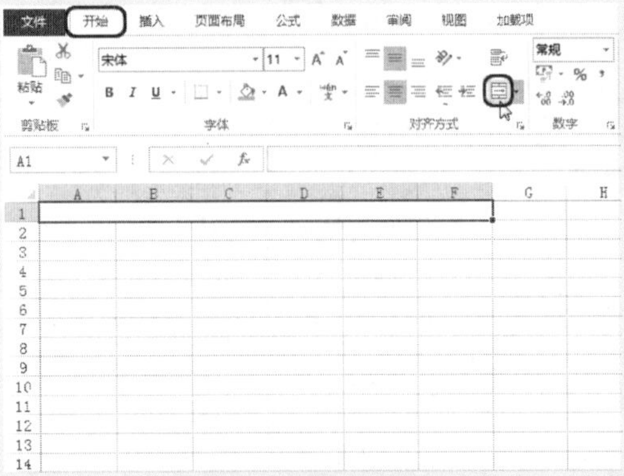

图 9-73　合并单元格

步骤 02 在【单元格】组中单击【格式】按钮，在弹出的下拉菜单中选择【行高】命令，如图 9-74 所示。

步骤 03 在弹出的【行高】对话框中将【行高】设置为“56”，如图 9-75 所示。

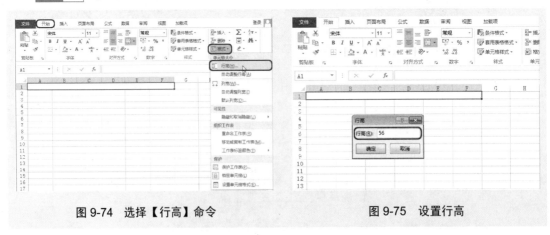

图 9-74　选择【行高】命令

图 9-75　设置行高

步骤 04 设置完成后，单击【确定】按钮，在该单元格中输入文字。切换到【开始】

选项卡,在【字体】组中将【字体】设置为【汉仪舒同体简】,将【字号】设置为"28",单击【填充颜色】右侧的下三角按钮,在弹出的下拉菜单中选择【浅绿】,如图 9-76 所示。

步骤05 设置完成后,再在【字体】组中将【字体颜色】设置为白色,如图 9-77 所示。

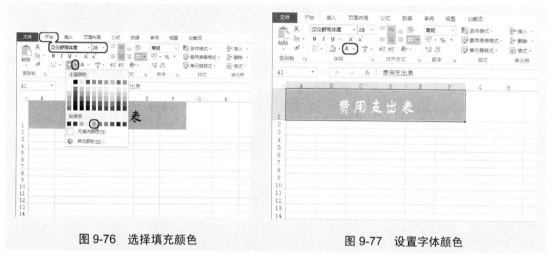

图 9-76 选择填充颜色   图 9-77 设置字体颜色

步骤06 选择 A2:F8 单元格区域,在【单元格】组中单击【格式】按钮,在弹出的下拉菜单中选择【行高】命令,如图 9-78 所示。

步骤07 在弹出的【行高】对话框中将【行高】设置为"23",如图 9-79 所示。

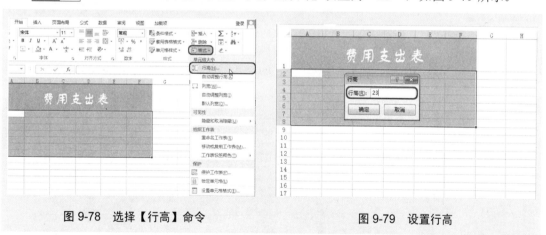

图 9-78 选择【行高】命令   图 9-79 设置行高

步骤08 设置完成后,单击【确定】按钮,再在【单元格】组中单击【格式】按钮,在弹出的下拉菜单中选择【列宽】命令,如图 9-80 所示。

步骤09 在弹出的【列宽】对话框中将【列宽】设置为"14.75",如图 9-81 所示。

步骤10 单击【确定】按钮,设置列宽后的效果如图 9-82 所示。

步骤11 在各个单元格中输入文字,并对其进行设置,效果如图 9-83 所示。

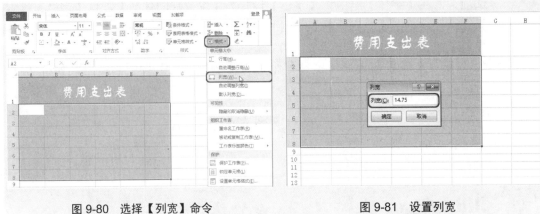

图 9-80　选择【列宽】命令　　　　　　　　图 9-81　设置列宽

图 9-82　设置列宽后的效果　　　　　　　　图 9-83　输入文字后的效果

步骤 12　选择 A2:F7 单元格区域，切换到【开始】选项卡，在【表格】组中单击【数据透视表】按钮，如图 9-84 所示。

步骤 13　在弹出的【创建数据透视表】对话框中选中【现有工作表】单选按钮，单击【位置】右侧的█按钮，然后在工作表中选择放置的位置，如图 9-85 所示。

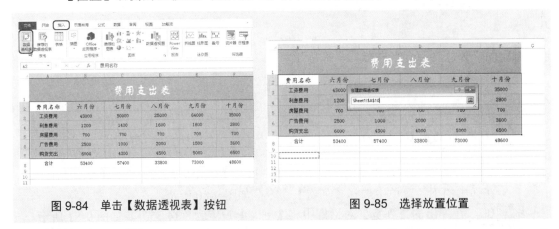

图 9-84　单击【数据透视表】按钮　　　　　　图 9-85　选择放置位置

步骤 14　单击█按钮，返回【创建数据表】对话框，单击【确定】按钮，即可创建数据透视表，效果如图 9-86 所示。

步骤 15　在【数据透视表字段】窗口中选中要显示的字段，效果如图 9-87 所示。

图 9-86　创建数据透视表后的效果

图 9-87　选中要显示的字段

步骤16　执行该操作后，即可显示选中的字段，效果如图 9-88 所示。

步骤17　单击【文件】按钮，在弹出的界面中选择【保存】|【计算机】，单击【浏览】按钮，如图 9-89 所示。

图 9-88　显示字段后的效果

图 9-89　单击【浏览】按钮

步骤18　在弹出的【另存为】对话框中指定保存路径，将【文件名】设置为"费用支出表"，如图 9-90 所示。

图 9-90　指定保存路径并设置文件名

步骤19　设置完成后，单击【保存】按钮，即可对完成后的场景进行保存。

9.5.2　制作天气预报

下面将介绍如何制作天气预报，效果如图 9-91 所示，其具体操作步骤如下。

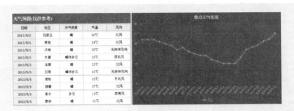

图 9-91　天气预报

步骤01　启动 Excel 2013，选择 A1:E1 单元格区域，切换到【开始】选项卡，在【对齐方式】组中单击【合并后居中】按钮右侧的下三角按钮，在弹出的下拉菜单中选择【合并单元格】命令，如图 9-92 所示。

步骤02　在【单元格】组中单击【格式】按钮，在弹出的下拉菜单中选择【行高】命令，如图 9-93 所示。

图 9-92　选择【合并单元格】命令

图 9-93　选择【行高】命令

步骤03　在弹出的【行高】对话框中将【行高】设置为"37.5"，如图 9-94 所示。

步骤04　在 A1 单元格中输入文字，并选中该单元格，切换到【开始】开始卡，在【字体】组中将【字体】设置【创艺简老宋】，将【字号】设置为"16"，如图 9-95 所示。

图 9-94　设置行高

图 9-95　设置字体和字号

步骤 05 在【字体】组中单击【填充颜色】右侧的下三角按钮，在弹出的下拉菜单中选择【其他颜色】命令，如图 9-96 所示。

步骤 06 在弹出的【颜色】对话框中切换到【自定义】选项卡，将 RGB 值设置为51、101、186，如图 9-97 所示。

图 9-96 选择【其他颜色】命令

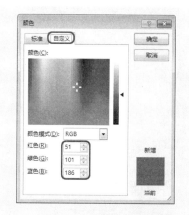

图 9-97 设置 RGB 值

步骤 07 设置完成后，单击【确定】按钮，再在【字体】组中将【字体颜色】设置为白色，效果如图 9-98 所示。

步骤 08 选择 A2:E12 单元格区域，切换到【开始】选项卡，在【单元格】组中单击【格式】按钮，在弹出的下拉菜单中选择【行高】命令，如图 9-99 所示。

图 9-98 设置字体颜色　　　　　　　　　图 9-99 选择【行高】命令

步骤 09 在弹出的【行高】对话框中将【行高】设置为"25"，如图 9-100 所示。

步骤 10 设置完成后，单击【确定】按钮，再在【单元格】组中单击【格式】按钮，在弹出的下拉菜单中选择【列宽】命令，如图 9-101 所示。

步骤 11 在弹出的【列宽】对话框中将【列宽】设置为"13"，如图 9-102 所示。

步骤 12 设置完成后，单击【确定】按钮，按住 Ctrl 键选择 A2:E2 和 A3:A12 单元格区域，如图 9-103 所示。

图 9-100　设置行高

图 9-101　选择【列宽】命令

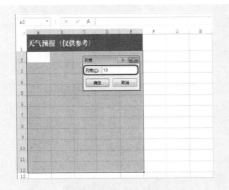

图 9-102　设置列宽

图 9-103　选择单元格区域

步骤 13　切换到【开始】选项卡，在【字体】组中单击【填充颜色】右侧的下三角按钮，在弹出的下拉菜单中选择【其他颜色】命令，在弹出的【颜色】对话框中将 RGB 值设置为 229、235、251，如图 9-104 所示。

步骤 14　设置完成后，单击【确定】按钮，填充颜色后的效果如图 9-105 所示。

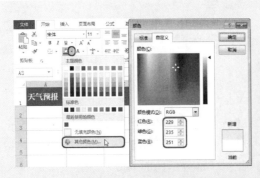

图 9-104　设置填充颜色

图 9-105　填充颜色后的效果

步骤 15　在【字体】组中单击【下框线】右侧的下三角按钮，在弹出的下拉菜单中选择【线条颜色】命令，再在弹出的子菜单中选择【其他颜色】命令，如图 9-106 所示。

步骤 16　在弹出的【颜色】对话框中将 RGB 值设置为 153、176、218，如图 9-107

所示。

步骤 **17**　设置完成后，单击【确定】按钮，再单击【下框线】右侧的下三角按钮，在弹出的下拉菜单中选择【绘图边框网格】命令，在工作表中进行绘制，效果如图 9-108 所示。

图 9-106　选择【其他颜色】命令

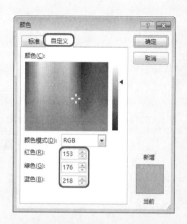
图 9-107　设置 RGB 值

步骤 **18**　再单击【下框线】右侧的下三角按钮，在弹出的下拉菜单中选择【线性】命令，再在弹出的子菜单中选择如图 9-109 所示的线条样式。

图 9-108　绘制边框线后的效果

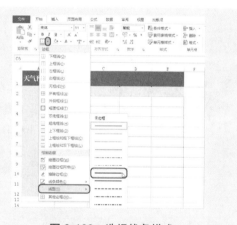
图 9-109　选择线条样式

步骤 **19**　在工作表中进行绘制，绘制后的效果如图 9-110 所示。

步骤 **20**　按 Esc 键取消边框线的绘制，在各个单元格中输入文字，并将其居中对齐，效果如图 9-111 所示。

步骤 **21**　在工作表标签右侧单击【新工作表】按钮 ⊕，添加一个新的工作表，并根据上面所介绍的知识输入文字和数字，并对其进行设置。效果如图 9-112 所示。

步骤 **22**　选择 A2:X3 单元格区域，切换到【插入】选项卡，在【图表】组中单击【数据透视图】按钮 　，在弹出的【创建数据透视图】对话框中使用其默认设置，如图 9-113 所示。

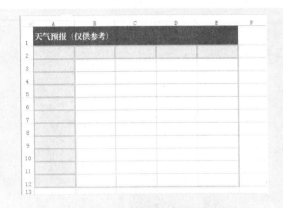

图 9-110　绘制边框线后的效果

日期	地区	天气现象	气温	风向
2013/5/6	石家庄	晴	26℃	北风
2013/5/6	莱芜	晴	24℃	北风
2013/5/6	济南	晴	25℃	无持续风向
2013/5/6	东营	晴转多云	22℃	西北风
2013/5/6	淄博	晴	23℃	北风
2013/5/6	日照	晴转多云	20℃	无持续风向
2013/5/6	潍坊	晴	23℃	东北风
2013/5/6	邯郸	晴	27℃	北风
2013/5/6	衡水	多云	19℃	西南风
2013/5/6	泰安	晴	21℃	北风

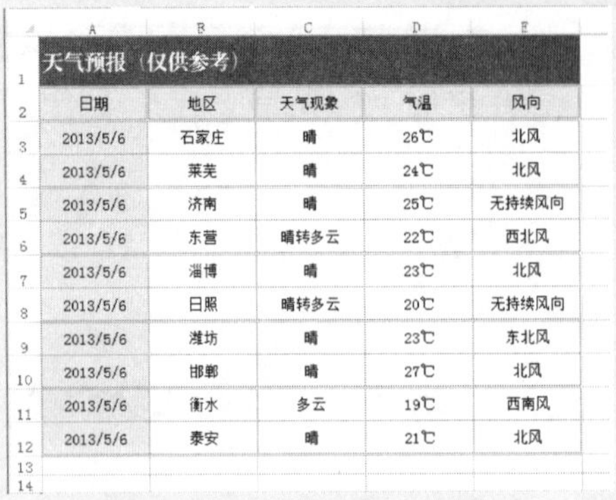

图 9-111　输入文字并居中对齐

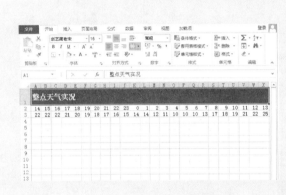

图 9-112　输入文字并设置

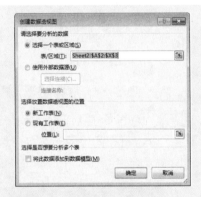

图 9-113　【创建数据透视图】对话框

步骤 23　单击【确定】按钮，在弹出的窗口中选中要显示的字段，如图 9-114 所示。

步骤 24　切换到【数据透视图工具】下的【分析】选项卡，在【显示/隐藏】组中单击【字段按钮】按钮，取消字段按钮的显示，效果如图 9-115 所示。

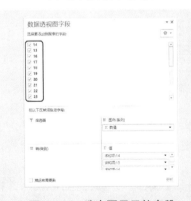

图 9-114　选中要显示的字段

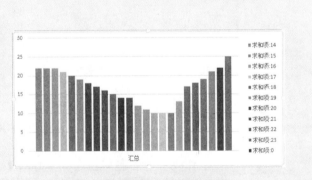

图 9-115　取消字段按钮的显示

步骤 25　切换到【数据透视图工具】下的【设计】选项卡，在【类型】组中单击【更改图表类型】按钮，在弹出的【更改图表类型】对话框中选择要更改的类型，如

图 9-116 所示。

步骤26 单击【确定】按钮，即可完成更改，效果如图 9-117 所示。

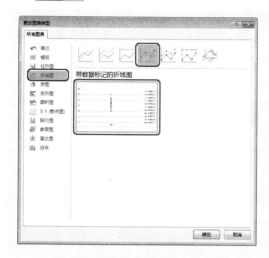

图 9-116　选择图表类型　　　　　　　　　　图 9-117　更改类型后的效果

步骤27 在【数据】组中单击【切换行/列】按钮，再在【图表样式】组中单击【其他】按钮，在弹出的下拉菜单中选择如图 9-118 所示的样式。

步骤28 在工作表中修改图表的标题，并调整图表的大小，调整后的效果如图 9-119 所示。

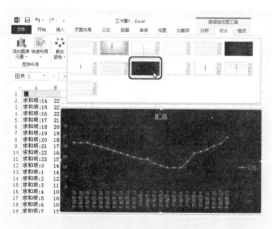

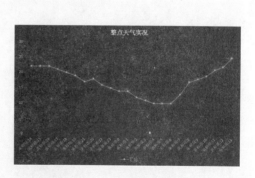

图 9-118　选择图表样式　　　　　　　　　　图 9-119　调整图表后的效果

步骤29 单击【文件】按钮，在弹出的界面中选择【保存】|【计算机】，单击【浏览】按钮，如图 9-120 所示。

步骤30 在弹出的【另存为】对话框中指定保存路径，将【文件名】设置为"费用支出表"，如图 9-121 所示。

步骤31 设置完成后，单击【保存】按钮，即可对完成后的场景进行保存。

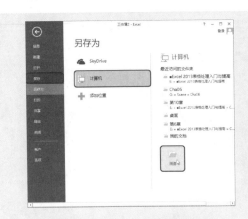

图 9-120　单击【浏览】按钮

图 9-121　指定保存路径并设置文件名

第10章

条件格式与超链接

在 Excel 中提供了条件格式，在编辑 Excel 的时候，可能需要将某些满足条件的单元格指定样式显示。本章将简单介绍如何应用条件格式以及如何创建超链接。

本章重点：

➥ 突出显示单元格规则
➥ 应用数据条
➥ 套用色阶格式
➥ 应用图标集
➥ 超链接

10.1　突出显示单元格规则

本节将介绍如何根据条件突出显示单元格，下面将进行简单介绍。

10.1.1　突出显示大于某规则的单元格

突出显示大于某规则的单元格主要是为大于某值的单元格设置格式，其具体操作步骤如下。

步骤01　打开随书附带光盘中的 CDROM\素材\第 11 章\成绩表.xlsx 素材文件，在工作簿中选择 B3:B12 单元格区域，如图 10-1 所示。

步骤02　切换到【开始】选项卡，在【样式】组中单击【条件格式】按钮，在弹出的下拉菜单中选择【突出显示单元格规则】命令，再在弹出的子菜单中选择【大于】命令，如图 10-2 所示。

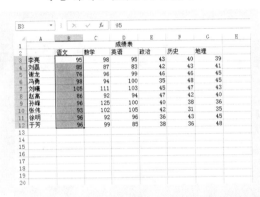

图 10-1　选择 B3:B12 单元格区域

图 10-2　选择【大于】命令

步骤03　执行该命令后，即可弹出【大于】对话框，在此使用其默认设置，如图 10-3 所示。

步骤04　设置完成后，单击【确定】按钮，即可将大于 90.5 的单元格突出显示，完成后的效果如图 10-4 所示。

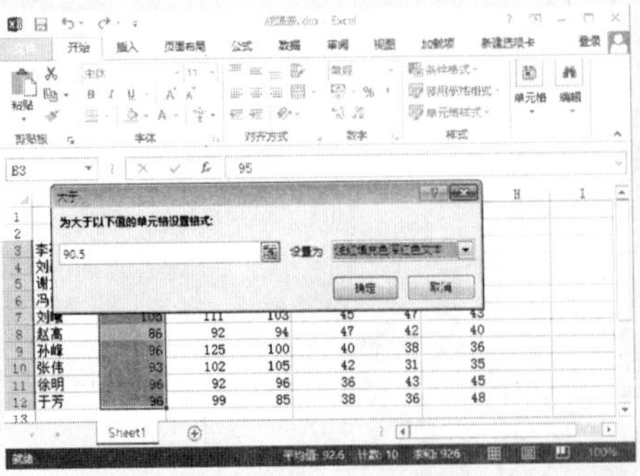

图 10-3　【大于】对话框

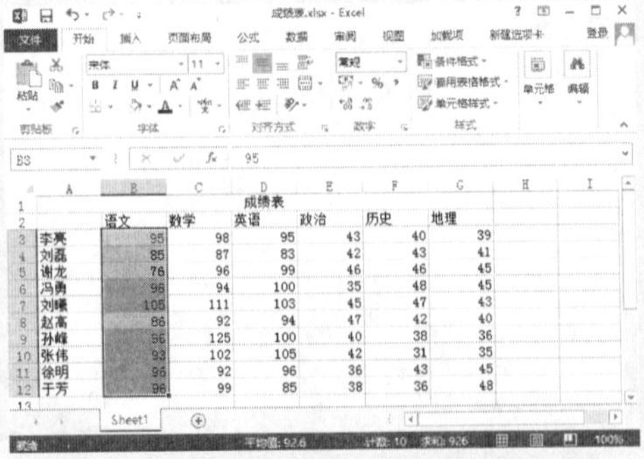

图 10-4　完成后的效果

10.1.2　突出显示小于某规则的单元格

突出显示小于某规则的单元格主要是为小于某值的单元格设置格式，其具体操作步骤如下。

步骤01　继续上一实例的操作，在工作簿中选择 B3:B12 单元格，如图 10-5 所示。

步骤02　切换到【开始】选项卡，在【样式】组中单击【条件格式】按钮，在弹出的下拉菜单中选择【突出显示单元格规则】命令，再在弹出的子菜单中选择【小于】命令，如图 10-6 所示。

图 10-5　选择 B2:B5 区域

图 10-6　选择【小于】命令

步骤03　执行该命令后，即可弹出【小于】对话框，在其左侧的文本框中输入"85"，再在其右侧的下拉列表框中选择【黄填充色深黄色文本】选项，如图 10-7 所示。

步骤04　设置完成后，单击【确定】按钮，即可将小于 85 的单元格突出显示，完成后的效果如图 10-8 所示。

图 10-7　【小于】对话框

图 10-8　设置完成后的情况

10.1.3　突出显示介于某规则之间的单元格

突出显示介于某规则之间的单元格主要是为介于某值之间的单元格设置格式，其具体操作步骤如下。

步骤 01 继续上一实例的操作，在工作簿中选择 D3:D12 单元格区域，如图 10-9 所示。

步骤 02 切换到【开始】选项卡，在【样式】组中单击【条件格式】按钮，在弹出的下拉菜单中选择【突出显示单元格规则】命令，再在弹出的子菜单中选择【介于】命令，如图 10-10 所示。

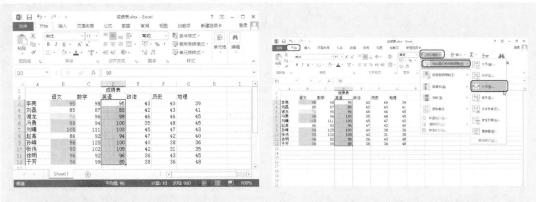

图 10-9　选择 D3:D12 单元格区域　　　　　图 10-10　选择【介于】命令

步骤 03 执行该命令后，即可弹出【介于】对话框，在两个文本框中使用默认值，再在其右侧的下拉列表框中选择【绿填充色深绿色文本】选项，如图 10-11 所示。

步骤 04 设置完成后，单击【确定】按钮，即可将介于 89～100 之间的单元格突出显示，完成后的效果如图 10-12 所示。

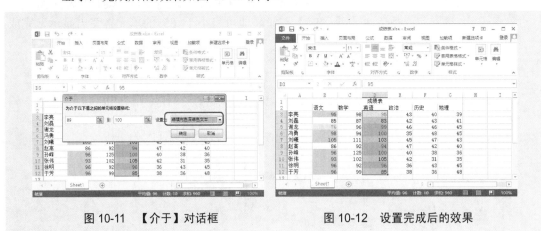

图 10-11　【介于】对话框　　　　　图 10-12　设置完成后的效果

10.1.4　突出显示包含文本的单元格

下面将介绍如何突出显示包含某文本的单元格，具体操作步骤如下。

步骤 01 打开随书附带光盘中的 CDROM\素材\第 11 章\成绩表 2xlsx 素材文件，在工作簿中选择 A1:H12 单元格区域，如图 10-13 所示。

步骤 02 切换到【开始】选项卡，在【样式】组中单击【条件格式】按钮，在弹出的下拉菜单中选择【突出显示单元格规则】命令，再在弹出的子菜单中选择【文本包含】命令，如图 10-14 所示。

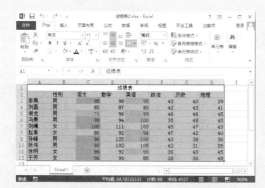

图 10-13 选择 A1:H12 单元格区域

图 10-14 选择【文本包含】命令

步骤 03 执行该命令后，即可弹出【文本中包含】对话框，在左侧的文本框中输入"男"，再在其右侧的下拉列表框中选择【红色文本】选项，如图 10-15 所示。

步骤 04 设置完成后，单击【确定】按钮，即可将包含"男"的单元格突出显示，完成后的效果如图 10-16 所示。

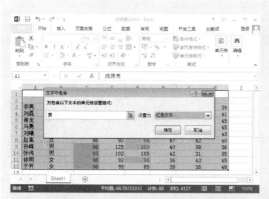

图 10-15 【文本中包含】对话框

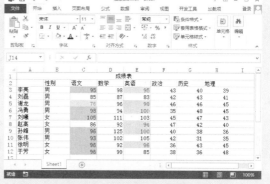

图 10-16 设置完成后的效果

10.1.5 突出显示重复值的单元格

下面将介绍如何突出显示重复值的单元格，具体操作步骤如下。

步骤 01 继续上一实例的操作，在工作簿中选择 D3:D12 单元格区域，如图 10-17 所示。

步骤 02 切换到【开始】选项卡，在【样式】组中单击【条件格式】按钮，在弹出的下拉菜单中选择【突出显示单元格规则】命令，再在弹出的子菜单中选择【重复值】命令，如图 10-18 所示。

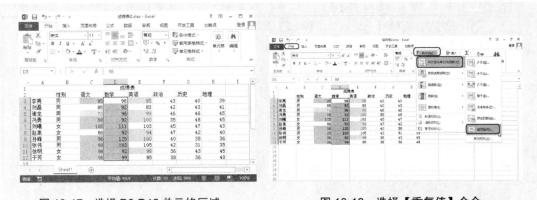

图 10-17 选择 D3:D12 单元格区域	图 10-18 选择【重复值】命令

步骤 03 执行该命令后，即可弹出【重复值】对话框，在其右侧的下拉列表框中选择【红色边框】选项，如图 10-19 所示。

步骤 04 设置完成后，单击【确定】按钮，即可将重复值的单元格突出显示，完成后的效果如图 10-20 所示。

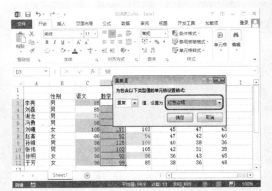
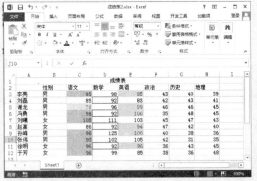

图 10-19 【重复值】对话框	图 10-20 设置完成后的效果

10.2 应用数据条

数据条可以帮助查看某个单元格相对于其他单元格的值，数据条的长度代表单元格中的数值，当数据条越长时，其数值越高，数据条越短，数值就越低。下面将简单介绍如何应用数据条。

10.2.1 应用绿色渐变数据条

步骤 01 打开随书附带光盘中的 CDROM\素材\第 11 章\汽车销量.xlsx 素材文件，在工作簿中选择 B3:E7 单元格区域，切换到【开始】选项卡，在【样式】组中单击【条件格式】按钮，在弹出的下拉菜单中选择【数据条】命令，再在弹出的子菜单中选择【渐变填充】区域中的【绿色数据条】命令，如图 10-21 所示。

步骤 02　执行该命令后，即可为选中的单元格应用绿色渐变填充，其完成后的效果如图 10-22 所示。

图 10-21　选择【绿色数据条】　　　　　图 10-22　设置完成后的效果

10.2.2　应用浅蓝色渐变数据条

下面将介绍如何应用浅蓝色渐变数据条，其具体操作步骤如下。

步骤 01　继续上一实例的操作，在工作簿中选择 B3:E7 单元格区域，切换到【开始】选项卡，在【样式】组中单击【条件格式】按钮，在弹出的下拉菜单中选择【数据条】命令，再在弹出的子菜单中选择【渐变填充】区域中的【浅蓝色数据条】命令，如图 10-23 所示。

步骤 02　执行该命令后，即可为选中的单元格应用浅蓝色渐变填充，其完成后的效果如图 10-24 所示。

图 10-23　选择【浅蓝色数据条】命令　　　　图 10-24　设置完成后的效果

10.2.3　应用蓝色实心数据条

下面将介绍如何应用蓝色实心数据条，其具体操作步骤如下。

步骤 01　继续上一实例的操作，在工作簿中选择 B3:E7 单元格区域，切换到【开始】

选项卡，在【样式】组中单击【条件格式】按钮，在弹出的下拉菜单中选择【数据条】命令，再在弹出的子菜单中选择【实心填充】区域中的【蓝色数据条】命令，如图 10-25 所示。

步骤 02　执行该命令后，即可为选中的单元格应用蓝色实心填充，其完成后的效果如图 10-26 所示。

图 10-25　选择【蓝色数据条】命令　　　　图 10-26　设置完成后的效果

10.2.4　应用橙色实心数据条

下面将介绍如何应用橙色实心数据条，其具体操作步骤如下。

步骤 01　继续上一实例的操作，在工作簿中选择 B3:E7 单元格区域，切换到【开始】选项卡，在【样式】组中单击【条件格式】按钮，在弹出的下拉菜单中选择【数据条】命令，再在弹出的子菜单中选择【实心填充】区域中的【橙色数据条】命令，如图 10-27 所示。

步骤 02　执行该命令后，即可为选中的单元格应用橙色实心填充，其完成后的效果如图 10-28 所示。

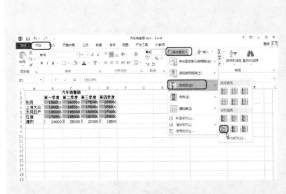

图 10-27　选择【橙色数据条】命令　　　　图 10-28　设置完成后的效果

10.2.5 应用紫色实心数据条

下面将介绍如何应用紫色实心数据条，其具体操作步骤如下。

步骤01 继续上一实例的操作，在工作簿中选择 B3:E7 单元格区域，切换到【开始】选项卡，在【样式】组中单击【条件格式】按钮，在弹出的下拉菜单中选择【数据条】命令，再在弹出的子菜单中选择【实心填充】区域中的【紫色数据条】命令，如图 10-29 所示。

步骤02 执行该命令后，即可为选中的单元格应用紫色实心填充，其完成后的效果如图 10-30 所示。

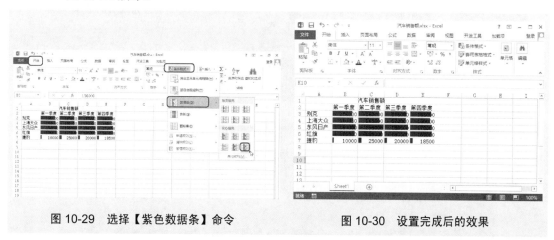

图 10-29 选择【紫色数据条】命令　　　　图 10-30 设置完成后的效果

10.3 套用色阶格式

色阶格式可以帮助用户了解数据分布和数据变化，套用色阶格式时，颜色越深表示值越高，颜色越浅表示值越低，下面将对其进行简单介绍。

10.3.1 套用绿-黄-红色阶

下面将介绍如何套用绿-黄-红色阶，具体操作步骤如下。

步骤01 打开随书附带光盘中的 CDROM\素材\第 11 章\成绩表.xlsx 素材文件，在工作簿中选择 B3:G12 单元格区域，切换到【开始】选项卡，在【样式】组中单击【条件格式】按钮，在弹出的下拉菜单中选择【色阶】命令，再在弹出的子菜单中选择【绿-黄-红色阶】命令，如图 10-31 所示。

步骤02 执行该命令后，即可为选中的单元格套用绿-黄-红色阶，其完成后的效果如图 10-32 所示。

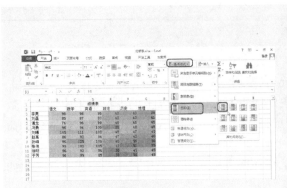

图 10-31　选择【绿-黄-红色阶】命令

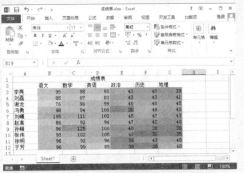

图 10-32　设置完成后的效果

10.3.2　套用绿-白-红色阶

下面将介绍如何套用绿-白-红色阶，具体操作步骤如下。

步骤01　继续使用上一实例的操作，在工作簿中选择 B3:G12 单元格区域，切换到【开始】选项卡，在【样式】组中单击【条件格式】按钮，在弹出的下拉菜单中选择【色阶】命令，再在弹出的子菜单中选择【绿-白-红色阶】命令，如图 10-33 所示。

步骤02　执行该命令后，即可为选中的单元格套用绿-白-红色阶，其完成后的效果如图 10-34 所示。

图 10-33　选择【绿-白-红色阶】命令

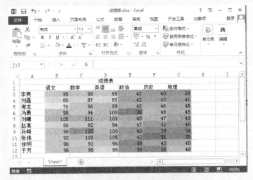

图 10-34　设置完成后的效果

10.3.3　套用蓝-白-红色阶

下面将介绍如何套用蓝-白-红色阶，具体操作步骤如下。

步骤01　继续使用上一实例的操作，在工作簿中选择 B3:G12 单元格区域，切换到【开始】选项卡，在【样式】组中单击【条件格式】按钮，在弹出的下拉菜单中选择【色阶】命令，再在弹出的子菜单中选择【蓝-白-红色阶】命令，如图 10-35 所示。

步骤02　执行该命令后，即可为选中的单元格套用蓝-白-红色阶，其完成后的效果如图 10-36 所示。

图 10-35　选择【蓝-白-红色阶】命令

图 10-36　设置完成后的效果

10.3.4　套用绿-黄色阶

下面将介绍如何套用绿-黄色阶，具体操作步骤如下。

步骤 01　继续使用上一实例的操作，在工作簿中选择 B3:G12 单元格区域，切换到【开始】选项卡，在【样式】组中单击【条件格式】按钮，在弹出的下拉菜单中选择【色阶】命令，再在弹出的子菜单中选择【绿-黄色阶】命令，如图 10-37 所示。

步骤 02　执行该命令后即可为选中的单元格套用绿-黄色阶，其完成后的效果如图 10-38 所示。

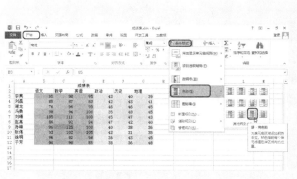

图 10-37　选择【绿-黄色阶】命令

图 10-38　设置完成后的效果

10.4　应用图标集

使用图标集可以对数据进行注释，并可以按阈值将数据分为几个类别，每个图标代表一个值的范围，下面将对其进行简单介绍。

10.4.1　应用方向图标集

下面将介绍如何应用方向图标集，具体操作步骤如下。

步骤01 打开随书附带光盘中的 CDROM\素材\第 11 章\成绩表.xlsx 素材文件，在工作簿中选择 B3:G12 单元格区域，切换到【开始】选项卡，在【样式】组中单击【条件格式】按钮，在弹出的下拉菜单中选择【图标集】命令，再在弹出的子菜单中选择【三向箭头(彩色)】命令，如图 10-39 所示。

步骤02 执行该命令后，即可为选中的单元格应用方向图标集，其完成后的效果如图 10-40 所示。

图 10-39 选择【三向箭头】命令

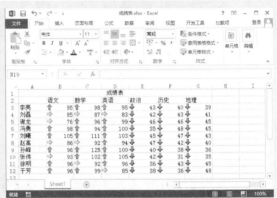

图 10-40 设置完成后的效果

10.4.2 应用形状图标集

下面将介绍如何应用形状图标集，具体操作步骤如下。

步骤01 继续上一实例的操作，在工作簿中选择 B3:G12 单元格区域，切换到【开始】选项卡，在【样式】组中单击【条件格式】按钮，在弹出的下拉菜单中选择【图标集】命令，再在弹出的子菜单中选择【三标志】命令，如图 10-41 所示。

步骤02 执行该命令后，即可为选中的单元格应用形状图标集，其完成后的效果如图 10-42 所示。

图 10-41 选择【三标志】命令

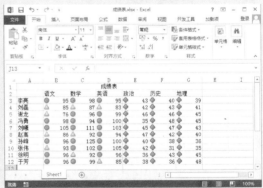

图 10-42 设置完成后的效果

10.4.3　应用标记图标集

下面将介绍如何应用标记图标集，具体操作步骤如下。

步骤01　打开素材文件，在工作簿中选择 E3:E21 单元格区域，切换到【开始】选项卡，在【样式】组中单击【条件格式】按钮，在弹出的下拉菜单中选择【图标集】命令，再在弹出的子菜单中选择【三个符号(有圆圈)】命令，如图 10-43 所示。

步骤02　执行该命令后，即可为选中的单元格应用标记图标集，其完成后的效果如图 10-44 所示。

图 10-43　选择【三个符号(有圆圈)】命令

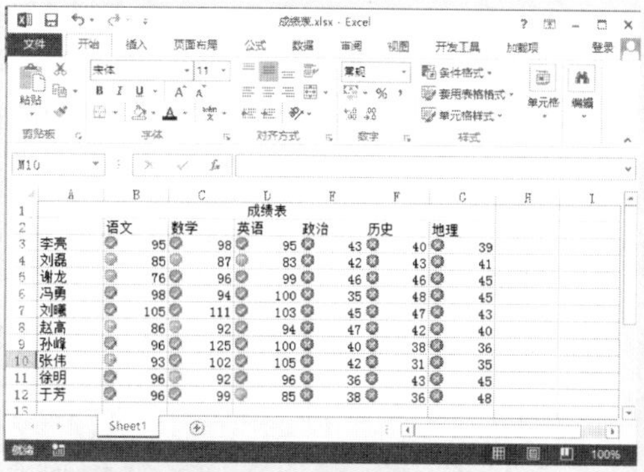

图 10-44　设置完成后的效果

10.4.4　应用等级图标集

下面将介绍如何应用等级图标集，具体操作步骤如下。

步骤01　继续上一实例操作，在工作簿中选择 B3:G12 单元格区域，切换到【开始】选项卡，在【样式】组中单击【条件格式】按钮，在弹出的下拉菜单中选择【图标集】命令，再在弹出的子菜单中选择【三个星形】命令，如图 10-45 所示。

步骤02　执行该命令后，即可为选中的单元格应用等级图标集，其完成后的效果如图 10-46 所示。

图 10-45　选择【三个星形】命令

图 10-46　设置完后的效果

10.5 超 链 接

为了快速访问另一个文件中或网页上的相关信息，用户可以在工作表单元格中插入超链接。还可以在特定的图表元素中插入超链接。超链接是来自文档中的链接，单击它时会打开另一个页面或文件。目标链接通常是另一个网页，但也可以是图片、电子邮件地址或程序。超链接本身可以是文本或图片。除此之外用户还可以将工作表标签进行隐藏。

10.5.1 创建超链接

下面将介绍如何创建超链接，其具体操作步骤如下。

步骤01 打开随书附带光盘中的 CDROM\素材\第 11 章\日历.xlsx 素材文件，在工作簿中选择 D8 单元格，切换到【插入】选项卡，在【链接】组中单击【超链接】按钮，打开【插入超链接】对话框，如图 10-47 所示。

图 10-47 【插入超链接】对话框

步骤02 在【插入超链接】对话框中单击【链接到】列表框中的【本文档中的位置】按钮，然后再在其右侧的【或在此文档中选择一个位置】列表框中选择 Sheet2 选项，选择完成后，单击【确定】按钮，如图 10-48 所示。

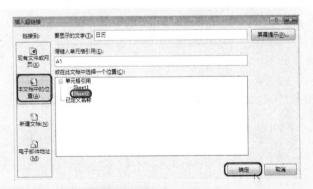

图 10-48 选择超链接对象

步骤 03 　执行操作后即可为选定的单元格创建超链接。将鼠标放置在创建超链接的文字上，鼠标会变成手指状，说明超链接成功，效果如图 10-49 所示。

图 10-49　设置完成后的效果

10.5.2　链接到外部文件

下面将介绍如何链接到外部文件，具体操作步骤如下。

步骤 01 　继续上一实例的操作，在工作表标签栏中选择 Sheet2，然后再选择 A1 单元格，如图 10-50 所示。

步骤 02 　切换到【插入】选项卡，在【链接】组中单击【超链接】按钮，在弹出的【插入超链接】对话框中单击【链接到】列表框中的【现有文件或网页】按钮，然后再在其右侧的列表框中选择如图 10-51 所示的素材文件。单击【确定】按钮，执行操作后即可为选定的文字创建超链接。

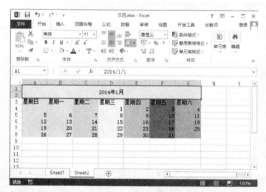

图 10-50　选择 A1 单元格

图 10-51　为 A1 单元格设置超链接

提示：如果在工作簿中添加指向其他工作簿的链接，则在将工作簿复制到便携电脑中时，要确保将链接的工作簿复制到工作簿所在的文件夹中。如果不复制链接的工作簿，或者如果重命名、移动或删除它，则当从工作簿中单击指向链接的工作簿的超链接时，链接的工作簿将不可用。

10.5.3　链接新建文档

下面将介绍如何链接新建文档，具体操作步骤如下。

步骤01　继续上一实例的操作，在工作簿中选择 A5 单元格，如图 10-52 所示。

步骤02　切换到【插入】选项卡，在【链接】组中单击【超链接】按钮，打开【插入超链接】对话框，如图 10-53 所示。

图 10-52　选中 A5 单元格

图 10-53　【插入超链接】对话框

步骤03　在【链接到】列表框中单击【新建文档】按钮，在【新建文档名称】文本框中输入"必做之事"，并为其改变路径，在【何时编辑】选项组中选中【开始编辑新文档】单选按钮，如图 10-54 所示。

步骤04　单击【确定】按钮，即可创建一个新的文档，用户可以在新建的文档中进行设置，如图 10-55 所示。

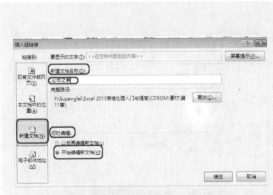

图 10-54　链接到新建文档

图 10-55　标记新建的文档

10.5.4　删除超链接

下面将介绍如何删除超链接，具体操作步骤如下。

步骤01　继续上一实例的操作，在 Sheet1 工作表中选择 D8 单元格，如图 10-56 所示。

步骤 02 切换到【插入】选项卡，在【链接】组中单击【超链接】按钮，在弹出的【编辑超链接】对话框中单击【删除链接】按钮，如图 10-57 所示。执行该操作后即可将超链接删除。

图 10-56　选择 D8 单元格　　　　　　　图 10-57　【编辑超链接】对话框

步骤 03 除此之外，用户还可以在选择要删除链接的对象后，右击鼠标，在弹出的快捷菜单中选择【删除超链接】命令，如图 10-58 所示。

步骤 04 执行该操作后，即可取消超链接，效果如图 10-59 所示。

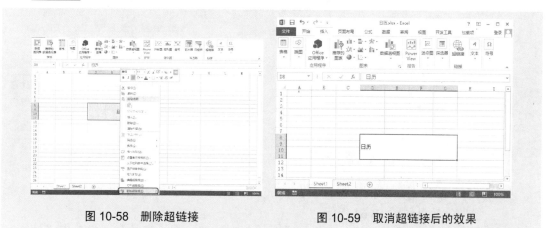

图 10-58　删除超链接　　　　　　　　图 10-59　取消超链接后的效果

10.6　上机练习

下面做两个例子来巩固本章所学的知识。

10.6.1　不同花卉的销量

下面以花卉的销量为例，巩固本章所学的知识。

步骤 01 启动 Excel 2013 程序，在打开的界面中选择【空白工作簿】选项，如图 10-60 所示。

步骤 02 选中 A1:F1 单元格区域，切换到【开始】选项卡，在【对齐方式】组中单击

【合并后居中】按钮右侧的下三角按钮，在弹出的下拉菜单中选择【合并后居中】命令，如图 10-61 所示。

图 10-60　选择【空白工作簿】选项

图 10-61　选择【合并后居中】命令

步骤03　切换到【开始】选项卡，在【单元格】组中单击【格式】按钮，在弹出的下拉菜单中选择【行高】命令，如图 10-62 所示。

步骤04　在弹出的【行高】对话框的【行高】文本框中输入"35"，然后单击【确定】按钮，如图 10-63 所示。

图 10-62　选择【行高】命令　　　　　　图 10-63　【行高】对话框

步骤05　设置完成后，在合并后的单元格内输入文本"不同花卉在各个季度的销量"，效果如图 10-64 所示。

步骤06　选中 A1 单元格，切换到【开始】选项卡，在【字体】组中单击【填充颜色】按钮右侧的下三角按钮，在弹出的下拉菜单中选择【金色，着色 4】命令，如图 10-65 所示。

图 10-64　输入文本后的效果

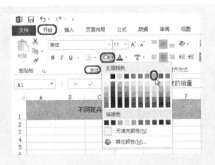

图 10-65　选择【金色，着色 4】命令

步骤 07 在【字体】组中将【字体】设置为【宋体】、【加粗】，将【字号】设置为 "18"，【字体颜色】设置为【紫色】，设置完成后的效果如图 10-66 所示。

步骤 08 在 A2:F2 单元格区域中依次输入文本"第一季度"、"第二季度"、"第三季度"、"第四季度"、"总销量"，在 A3:A10 单元格区域中输入文本"玫瑰"、"百合"、"康乃馨"、"扶郎"、"红掌"、"马蹄莲"、"水仙花"、"凤梨"。输入完文本后的效果如图 10-67 所示。

图 10-66 设置完文本后的效果   图 10-67 输入完文本后的效果

步骤 09 在 B3:E10 单元格区域中输入相应的销量。输入完成后的效果如图 10-68 所示。

步骤 10 单击 F3 单元格，切换到【开始】选项卡，在【编辑】组中单击【求和】按钮右侧的下三角按钮，在弹出的下拉菜单中选择【求和】命令，如图 10-69 所示。

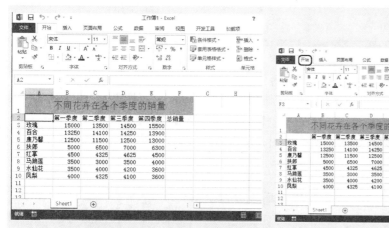
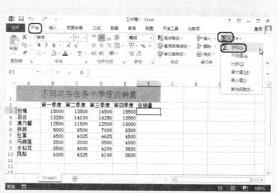

图 10-68 输入完文本后的效果   图 10-69 选择【求和】命令

步骤 11 设置完成后，可以选择需要求和的区域，为"=SUM()"设置公式，也可以直接输入需要求和的单元格。这里我们直接选择需要求和的单元格，如图 10-70 所示。

步骤 12 设置完成后，按 Enter 键即可取得求和后的结果，如图 10-71 所示。

图 10-70　选择需要求和的单元格区域

图 10-71　求和后的效果

步骤13 将光标移动到 F3 单元格的右下角处，此时光标会变成黑色十字形，单击鼠标左键，按住 Ctrl 键向下拖动鼠标，如图 10-72 所示。

步骤14 将鼠标拖动到 F10 单元格处释放鼠标和 Ctrl 键，各个行的求和效果如图 10-73 所示。

图 10-72　按住 Ctrl 键向下拖动鼠标 　　　　　　图 10-73　求和后的效果

步骤15 选中 A2:F10 单元格区域，切换到【插入】选项卡，在【图表】组中单击【插入柱形图】按钮，在弹出的下拉菜单中选择【簇状柱形图】命令，如图 10-74 所示。

步骤16 选择完成后即可插入簇状柱形图。插入图表后的效果如图 10-75 所示。

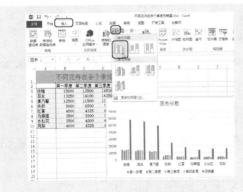

图 10-74　选择【簇状柱形图】命令

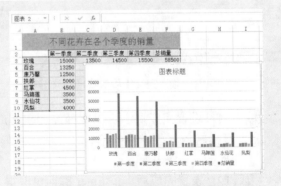

图 10-75　插入图表后的效果

步骤 17 在【图表标题】处输入标题"不同花卉在各个季度的销量"，然后调整其大小和位置。调整完成后的效果如图 10-76 所示。

步骤 18 选中簇状柱形图，切换到【绘图工具】下的【设计】选项卡，在【图表样式】组中单击【更改颜色】按钮，在弹出的下拉菜单中选择【颜色 3】命令，如图 10-77 所示。

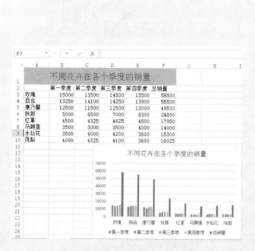

图 10-76 调整后的效果

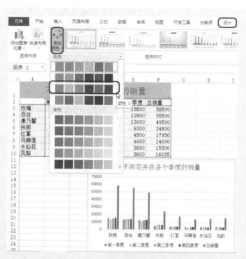

图 10-77 为簇状柱形图更改颜色

步骤 19 选择完成后即可为柱形图更改颜色。更改后的效果如图 10-78 所示。

步骤 20 切换到【绘图工具】下的【格式】选项卡，在【形状样式】组中单击【形状效果】按钮，在弹出的下拉菜单中选择【棱台→角度】命令，如图 10-79 所示。

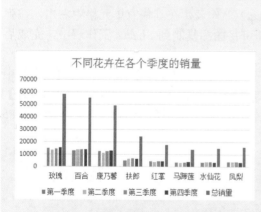

图 10-78 更改颜色后的效果

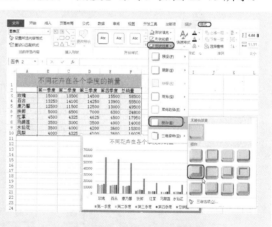

图 10-79 为柱形图设置棱台

步骤 21 选择完成后即可为柱形图设置棱台效果，如图 10-80 所示。

步骤 22 切换到【绘图工具】下的【格式】选项卡，在【形状样式】组中单击【形状填充】按钮，在弹出的下拉菜单中选择【纹理】命令，在弹出的子菜单中选择【信纸】命令，如图 10-81 所示。

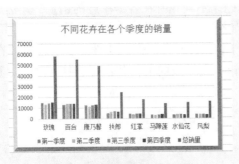

图 10-80　设置完棱台后的效果　　　　图 10-81　选择【信纸】命令

步骤 23　设置完成后即可为柱形图填充信纸纹理，效果如图 10-82 所示。

步骤 24　切换到【开始】选项卡，在【单元格】组中单击【插入】按钮，在弹出的下拉菜单中选择【插入工作表】命令，如图 10-83 所示。

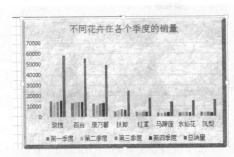

图 10-82　填充【信纸】后的效果

图 10-83　选择【插入工作表】命令

步骤 25　选择完成后即可新建一个工作表。选中柱形图，右击鼠标，在弹出的快捷菜单中选择【剪切】命令，然后选择 Sheet2 工作表，在其任意单元格中右击，在弹出的快捷菜单中选择【粘贴】命令，即可将图标复制到 Sheet2 工作表中，完成后的效果如图 10-84 所示。

步骤 26　选中 Sheet1 工作表中的 A1 单元格，切换到【插入】选项卡，在【链接】组中单击【超链接】按钮，在弹出的【插入超链接】对话框中选择【本文档中的位置】选项，在【或在此文档中选择一个位置处】列表框中选择 Sheet2 选项，如图 10-85 所示。

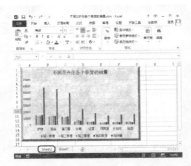

图 10-84　设置完成后的效果

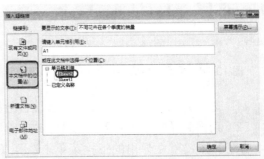

图 10-85　【插入超链接】对话框

步骤27 设置完成后单击【确定】按钮，即可插入超链接。此时将鼠标放置在"不同花卉在各个季度的销量"文本上时，鼠标会变成手指状，设置完成后的效果如图 10-86 所示。

步骤28 选中 A3 单元格，切换到【插入】选项卡，在【链接】组中单击【超链接】按钮，在弹出的【插入超链接】对话框的【链接到】列表框中选择【现有文件或网页】选项，如图 10-87 所示。

图 10-86　设置超链接后的效果

图 10-87　选择【现有文件或网页】选项

步骤29 在【查找范围】下拉列表框的下方选择【当前文件夹】选项，在右侧的列表框中选择随书附带光盘中的 CDROM\素材\第 11 章\玫瑰.jpg 素材文件，如图 10-88 所示。

步骤30 设置完成后单击【确定】按钮，即可插入超链接，效果如图 10-89 所示。

图 10-88　链接到"玫瑰.jpg"文件

图 10-89　设置完成后的效果

步骤31 运用相同的方法为 A4、A5、A6、A7、A8、A9、A10 单元格插入超链接。A4 链接到 CDROM\素材\第 11 章\百合.jpg 素材文件；A5 链接到 CDROM\素材\第 11 章\康乃馨.jpg 素材文件；A6 链接到 CDROM\素材\第 11 章\扶郎.jpg 素材文件；A7 链接到 CDROM\素材\第 11 章\红掌.jpg 素材文件；A8 链接到 CDROM\素材\第 11 章\马蹄莲.jpg 素材文件；A9 链接到 CDROM\素材\第 11 章\水仙花.jpg 素材文件；A10 链接到 CDROM\素材\第 11 章\凤梨.jpg 素材文件。设置完成后的效果如图 10-90 所示。

步骤32 选择 B3:F10 单元格区域，然后切换到【开始】选项卡，在【样式】组中单击【条件格式】按钮，在弹出的下拉菜单中选择【数据条】命令，在弹出的子菜单中选择【渐变填充】区域中的【绿色数据条】命令，如图 10-91 所示。

图 10-90　设置超链接后的效果　　　　图 10-91　选择【绿色数据条】命令

步骤 33　选择完成后即可插入绿色数据条，效果如图 10-92 所示。

步骤 34　选中 B3:F10 单元格区域，切换到【开始】选项卡，在【样式】组中单击【条件格式】按钮，在弹出的下拉菜单中选择【色阶】命令，在弹出的子菜单中选择【蓝-白-红色阶】命令，如图 10-93 所示。

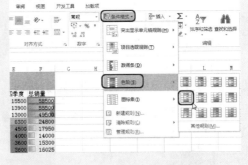

图 10-92　设置完成后的效果　　　　图 10-93　选择【蓝-白-红色阶】命令

步骤 35　选择完成后即可添加蓝-白-红色阶，效果如图 10-94 所示。

步骤 36　选中 B3:E10 单元格区域，切换到【开始】选项卡，在【样式】组中单击【条件格式】按钮，在弹出的下拉菜单中选择【突出显示单元格规则】命令，在弹出的子菜单中选择【大于】命令，如图 10-95 所示。

图 10-94　设置完成后的效果　　　　图 10-95　选择【大于】命令

步骤 37 弹出【大于】对话框，在文本框中输入数值"13500"，在【设置为】下拉列表框中选择【红色文本】选项，然后单击【确定】按钮，如图 10-96 所示。

步骤 38 设置完成后即可将大于 13500 的单元格突出显示出来，效果如图 10-97 所示。

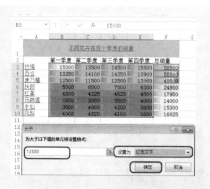

图 10-96 【大于】对话框　　　　　图 10-97 突出显示大于 13500 的单元格

步骤 39 至此，不同花卉在各个季度的销量工作表就完成了，其最终效果如图 10-98 和图 10-99 所示。

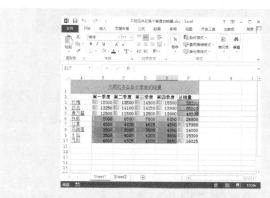

图 10-98 Sheet1 效果图　　　　　图 10-99 Sheet2 效果图

步骤 40 切换到【文件】选项卡，在【另存为】选项中单击【计算机】选项，再单击【浏览】按钮，如图 10-100 所示。

图 10-100 单击【浏览】按钮

步骤 41 在弹出的【另存为】对话框中选择路径，设置完路径后单击【保存】按钮即可将该工作表保存。

10.6.2 制作个人简历

个人简历是求职者给招聘方的一份简要介绍。不仅 Word 可以编辑个人简历，Excel 也可以设计个人简历，设置完成后的效果如图 10-101 所示。

步骤 01 启动 Excel 2013 程序，在打开的界面中选择【空白工作簿】选项，如图 10-102 所示。

图 10-101　个人简历的效果图　　　　　图 10-102　选择【空白工作簿】选项

步骤 02 选择完成后即可新建一个空白工作表，切换到【插入】选项卡，在【插图】组中单击【插图】按钮，在弹出的下拉菜单中选择【图片】命令，如图 10-103 所示。

步骤 03 选择随书附带光盘中的 CDROM\素材\第 11 章\1.jpg 素材图片，如图 10-104 所示。

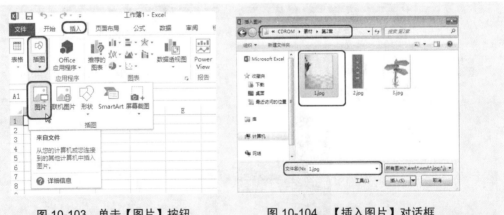

图 10-103　单击【图片】按钮　　　　　图 10-104　【插入图片】对话框

步骤 04 选择完成后单击【插入】按钮，即可插入图片。调整图片的大小和位置，调整完成后的效果如图 10-105 所示。

步骤 05 切换到【插入】选项卡，在【插图】组中单击【插图】按钮，在弹出的下拉菜单中选择【图片】命令，在弹出的【插入图片】对话框中选择 3.jpg 素材图片，如图 10-106 所示。

图 10-105　调整图片的大小和位置

图 10-106　【插入图片】对话框

步骤 06　单击【插入】按钮，调整图片的大小和位置，调整完成后的效果如图 10-107 所示。

步骤 07　切换到【图片工具】下的【格式】选项卡，在【调整】组中单击【颜色】按钮，在弹出的下拉菜单中选择【设置透明色】命令，如图 10-108 所示。

图 10-107　调整完后的效果

图 10-108　选择【设置透明色】命令

步骤 08　选择命令后在 3.jpg 图片的空白处单击鼠标，如图 10-109 所示。

步骤 09　单击鼠标后即可将图片设置为透明色，效果如图 10-110 所示。

图 10-109　为图片设置透明色

图 10-110　设置透明色后的效果

步骤 10 切换到【插入】选项卡，在【插图】组中单击【插图】按钮，在弹出的下拉菜单中选择【图片】命令，在弹出的【插入图片】对话框中选择 2.jpg 素材图片，如图 10-111 所示。

步骤 11 单击【插入】按钮后即可将图片插入到工作表中，调整图片的大小和位置。设置完成后的效果如图 10-112 所示。

图 10-111　【插入图片】对话框

图 10-112　调整图片后的效果

步骤 12 选中 2.jpg 图片，切换到【图片工具】下的【格式】选项卡，在【图片样式】组中单击【图片效果】按钮，在弹出的下拉菜单中选择【棱台】命令，在弹出的子菜单中选择【冷色斜面】命令，如图 10-113 所示。

步骤 13 设置完成后即可为图片设置冷色斜面效果，如图 10-114 所示。

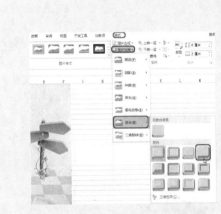

图 10-113　选择【冷色斜面】命令

图 10-114　设置完冷色斜面后的效果

步骤 14 切换到【插入】选项卡，在【文本】组中单击【文本】按钮，在弹出的下拉菜单中选择【文本框】命令，在弹出的子菜单中选择【横排文本框】命令，如图 10-115 所示。

步骤 15 在 1.jpg 图片的相应位置绘制图形，绘制完成后的效果如图 10-116 所示。

图 10-115　选择【横排文本框】命令

图 10-116　绘制图形后的效果

步骤 16　在文本框中输入相应的文字，输入完成后的效果如图 10-117 所示。

步骤 17　选中输入的文字，切换到【开始】选项卡，在【字体】组中将【字号】设置为"16"，并加粗，如图 10-118 所示。

图 10-117　输入完文本后的效果

图 10-118　设置文本

步骤 18　设置完成后的效果如图 10-119 所示。

步骤 19　选中文本框，切换到【绘图工具】下的【格式】选项卡，在【形状样式】组中单击【形状填充】按钮，在弹出的下拉菜单中选择【无填充颜色】命令，如图 10-120 所示。

图 10-119　设置文本后的效果

图 10-120　选择【无填充颜色】命令

步骤20 单击【形状轮廓】按钮，在弹出的下拉菜单中选择【无轮廓】命令，如图 10-121 所示。

步骤21 设置完成后的效果如图 10-122 所示。

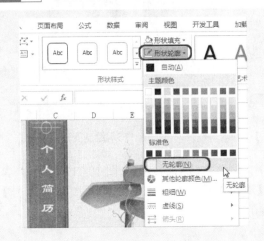

图 10-121 选择【无轮廓】命令

图 10-122 设置完成后的效果

步骤22 切换到【开始】选项卡，在【单元格】组中单击【插入】右侧的下三角按钮，在弹出的下拉菜单中选择【插入工作表】命令，如图 10-123 所示。

步骤23 选择命令后，即可新建一个工作表，效果如图 10-124 所示。

图 10-123 选择【插入工作表】命令

图 10-124 新建一个工作表

步骤24 选中 2.jpg 图片，切换到【插入】选项卡，在【链接】组中单击【超链接】按钮，会弹出【插入超链接】对话框，如图 10-125 所示。

步骤25 在【链接到】列表框中选择【本文档中的位置】选项，在【或在此文档中选择一个位置】列表框中选择 Sheet2 选项，如图 10-126 所示。

图 10-125 【插入超链接】对话框

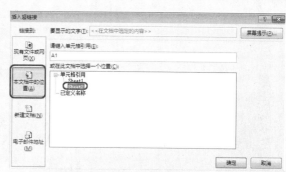

图 10-126 设置超链接

步骤26 设置完成后单击【确定】按钮，即可创建超链接，完成后的效果如图 10-127 所示。

步骤27 选择 Sheet2 工作表，选中 A1:F3 单元格区域，切换到【开始】选项卡，在 【对齐方式】组中单击【合并后居中】按钮，选择完成后即可将选中的单元格合 并，效果如图 10-128 所示。

图 10-127 创建超链接后的效果

图 10-128 合并后居中的效果

步骤28 切换到【插入】选项卡，在【文本】组中单击【文本】按钮，在弹出的下拉 菜单中选择【艺术字】命令，在弹出的子菜单中选择【填充-黑色，文本 1，阴 影】命令，如图 10-129。

步骤29 选择完成后即可插入艺术字文本框，在文本框中输入文本并选中文本，切换 到【开始】选项卡，在【字体】组中将【字号】设置为"28"，调整文本框的大 小和位置，完成后的效果如图 10-130 所示。

步骤30 选中文本框，切换到【绘图工具】下的【格式】选项卡，在【形状样式】组 中单击【其他】按钮，在弹出的下拉菜单中选择【细微效果-金色，强调颜色 4】 命令，如图 10-131 所示。

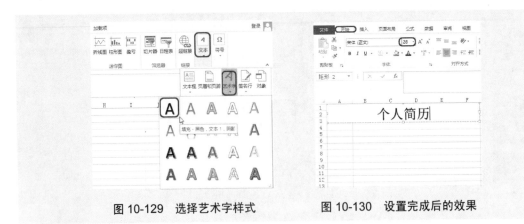

图 10-129　选择艺术字样式　　　　　图 10-130　设置完成后的效果

步骤31　选中 A3:F21 单元格区域，切换到【开始】选项卡，在【单元格】组中单击
【格式】按钮，在弹出的下拉菜单中选择【行高】命令，如图 10-132 所示。

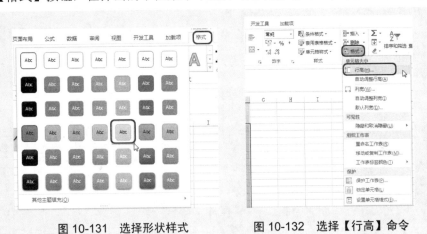

图 10-131　选择形状样式　　　　　图 10-132　选择【行高】命令

步骤32　在弹出的【行高】对话框中将【行高】设置为"23.25"，如图 10-133 所示。
步骤33　设置完成后，单击【确定】按钮即可将行高设置为"23.25"，设置完成后
的效果如图 10-134 所示。

图 10-133　设置行高

图 10-134　设置行高后的效果

步骤 34 在 A4:A7 及 D4:D6 单元格区域中输入文本，输入完后的效果如图 10-135 所示。

步骤 35 选中 B4:C4 单元格区域，切换到【开始】选项卡，在【对齐方式】组中单击【合并后居中】按钮。完成后的效果如图 10-136 所示。

图 10-135　输入文本

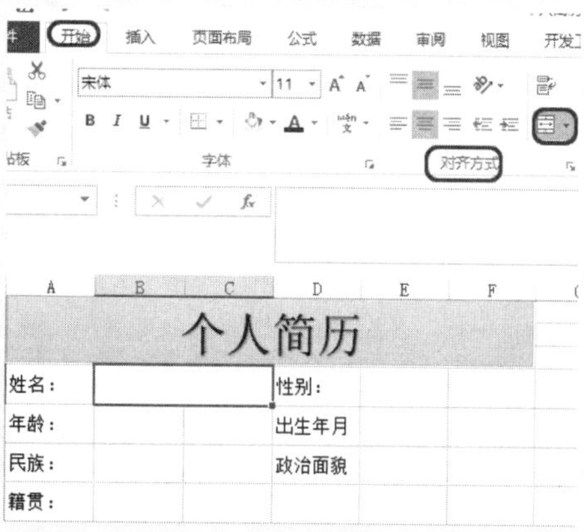

图 10-136　合并后居中

步骤 36 运用相同的方法为 B5:C5、B6:C6、B7:F7、F4:F6 单元格区域设置合并后居中效果，设置完成后的效果如图 10-137 所示。

步骤 37 在 F4 单元格中输入文本"照片"，选中 A4:F7 单元格区域，切换到【开始】选项卡，在【字体】组中单击【边框】右侧的下三角按钮，在弹出的下拉菜单中选择【所有框线】命令，如图 10-138 所示。

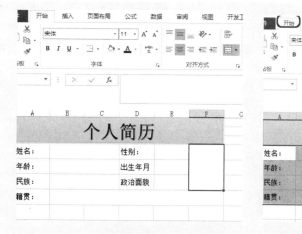

图 10-137　设置合并后居中的效果

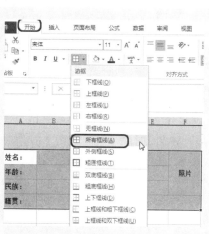

图 10-138　选择【所有框线】命令

步骤 38 设置完成后的效果如图 10-139 所示。

步骤 39 选中 A4:A7 单元格区域，切换到【开始】选项卡，在【字体】组中单击【填充颜色】右侧的下三角按钮，在弹出的下拉菜单中选择【橙色，着色 2，淡色 80%】命令，如图 10-140 所示。

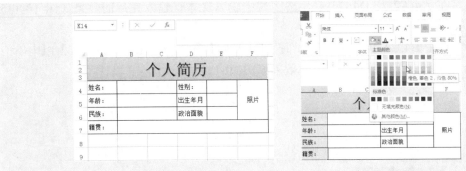

图 10-139　设置所有框线后的效果	图 10-140　选择填充颜色

步骤 40　运用相同的方法设置 D4:D6、F4:F6 单元格区域，设置完成后的效果如图 10-141 所示。

步骤 41　按住 Ctrl 键选择 B4:C6、E4:E6、B7 单元格，运用相同的方法设置填充颜色，填充颜色为【绿色，着色 6，淡色 80%】，设置完成后的效果如图 10-142 所示。

图 10-141　填充颜色后的效果	图 10-142　填充完颜色后的效果

步骤 42　运用相同的方法合并单元格并输入相应的文本。设置完成后的效果如图 10-143 所示。

步骤 43　按住 Ctrl 键选中 A8、A12、A15、A18 单元格，切换到【开始】选项卡，在【字体】组中将【字号】设置为"18"，将【填充颜色】设置为【橙色，着色 2，淡色 60%】，如图 10-144 所示。

图 10-143　设置完成后的效果	图 10-144　设置字号及填充颜色

步骤 44 设置完成后的效果如图 10-145 所示。

图 10-145 设置完成后的效果

步骤 45 运用相同的方法设置填充颜色，将 A9:A11、A16:A17 单元格区域的填充颜色设置为【橙色，着色 2，淡色 80%】，将 B9:B11、A13、B16:B17、A19:A21 单元格区域的填充颜色设置为【绿色，着色 6，淡色 80%】。设置完成后的效果如图 10-146 所示。

步骤 46 选中 A8:F21 单元格区域，切换到【开始】选项卡，在【字体】组中单击【边框】右侧的下三角按钮，在弹出的下拉菜单中选择【所有框线】命令，如图 10-147 所示。

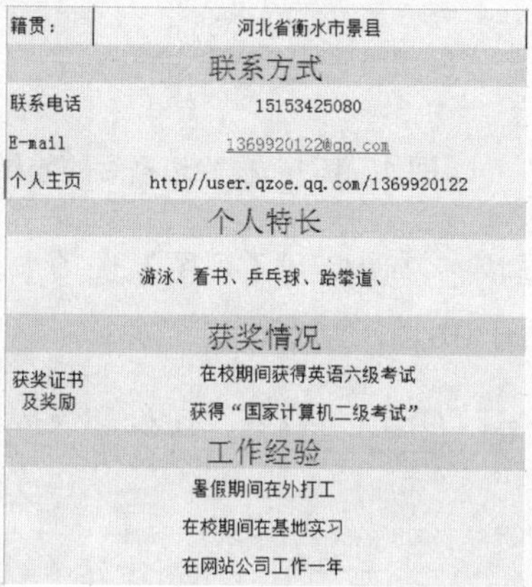

图 10-146 填充颜色后的效果

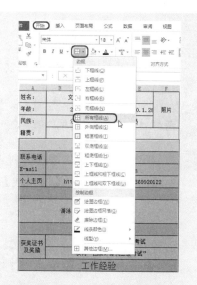

图 10-147 选择【所有框线】命令

步骤 47 设置完成后的效果如图 10-148 所示。

步骤 48 切换到【开始】选项卡，在【字体】组中单击【边框】右侧的下三角按钮，在弹出的下拉菜单中选择【擦除边框】命令，如图 10-149 所示。

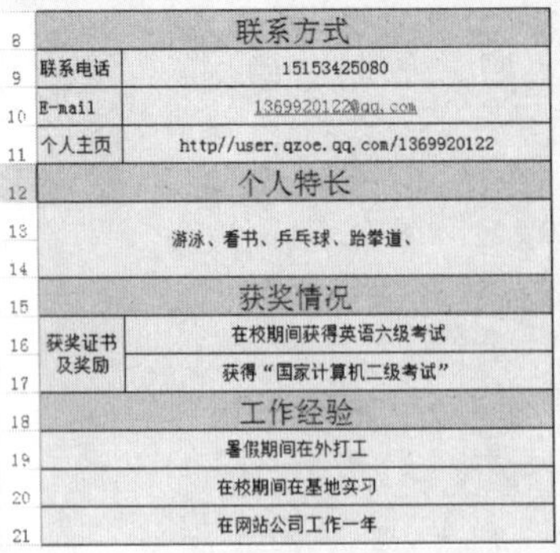

图 10-148　设置完成后的效果　　　　　图 10-149　选择【擦除边框】命令

步骤49　选择需要擦除的边框，如图 10-150 所示。

步骤50　擦除完边框后的效果如图 10-151 所示。

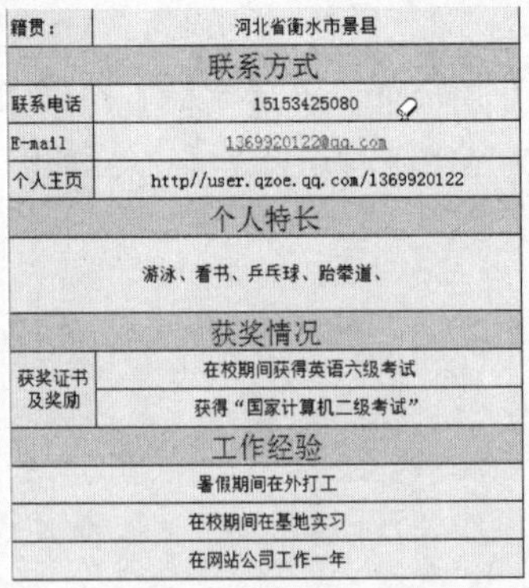

图 10-150　选择擦除的边框 　　　　　图 10-151　擦除边框后的效果

步骤51　擦除边框后，按 Esc 键退出擦除边框状态，切换到【视图】选项卡，在【显示】组中取消选中【网络线】复选框，如图 10-152 所示。

图 10-152　取消选中【网络线】复选框

步骤52　设置完成后即可取消网格线的显示，效果如图 10-153 所示。

步骤53　运用同样的方法为 Sheet1 工作表取消网格线的显示。至此，个人简历就制作完成了，最终效果如图 10-154 所示。

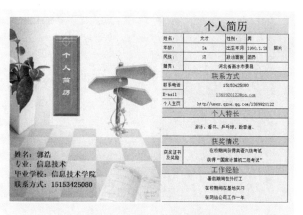

图 10-153　取消网格线显示的效果　　　　　图 10-154　最终效果图

第11章

数据的有效性、分类汇总
及合并计算

在表格中输入数据时，难免会输入错误的数据信息，除了细致的检查之外，Excel 2013 提供了数据有效性功能，一旦输入违背了有效性，即可提示用户数据输入错误，以便及时修正。分类汇总功能是将很多数据根据字段名称进行分类，并将同类别的数据放在一起，然后通过汇总函数进行计算并将结果分组显示出来，在我们处理大量数据时，可以为我们节省时间并提高工作效率。合并计算功能则可以将多个工作表或工作簿中的数据统一到一张工作表中，并对相同类别的数据进行合并计算。

本章重点:

➥ 设置数据的有效性
➥ 检测无效的数据
➥ 分类汇总
➥ 合并计算

11.1 设置数据的有效性

在工作表中输入数据时，为了防止用户输入错误的数据，我们可以为单元格设置有效的数据范围，限制用户只能输入指定范围内的数据，极大地降低了人工输入数据产生错误的概率。

切换到【数据】选项卡，在【数据工具】组中单击【数据验证】按钮，弹出【数据验证】对话框，如图 11-1 所示。

图 11-1　【数据验证】对话框

在【设置】选项卡的【允许】下拉列表框中有很多种类的数据格式，各种格式的说明如下。

- 【任何值】选项：该对话框中的默认选项，对输入数据不作任何限制，表示不适用数据有效性。
- 【整数】选项：指定输入的数值必须为整数。
- 【小数】选项：指定输入的数值必须为数字或小数。
- 【序列】选项：为有效性数据指定一个序列。
- 【日期】选项：指定输入的数据必须为日期。
- 【时间】选项：指定输入的数据必须为时间。
- 【文本长度】选项：指定有效数据的字符数。
- 【自定义】：使用自定义类型时，允许用户使用定义公式、表达式或引用其他单元格计算值来判定输入数据的有效性。

11.1.1　设置输入前的提示信息

当用户输入数据前，如果能够提示输入什么样的数据才是符合要求的，那么出错率就会降低。设置输入前的提示信息的具体操作步骤如下。

步骤01　打开随书附带光盘中的 CDROM\素材\第 12 章\第一季度工作量统计.xlsx 素材文件，如图 11-2 所示。

步骤02 在打开的素材文件中选择 A5:A11 单元格区域，如图 11-3 所示。

图 11-2　打开的素材文件　　　　　　图 11-3　选择单元格区域

步骤03 切换到【数据】选项卡，在【数据工具】组中单击【数据验证】右侧的下拉三角按钮，在弹出的下拉菜单中选择【数据验证】命令，如图 11-4 所示。

步骤04 打开【数据验证】对话框，如图 11-5 所示。

图 11-4　选择【数据验证】命令　　　图 11-5　【数据验证】对话框

步骤05 切换至【输入信息】选项卡，在【标题】文本框中输入"编号"，在【输入信息】列表框中输入"输入 6 位数编号"，如图 11-6 所示。

步骤06 设置完成后单击【确定】按钮。当单击 A5:A11 单元格区域中任意单元格时，就会显示刚才设置的提示信息，如图 11-7 所示。

图 11-6　输入信息　　　　　　　　　图 11-7　设置完成后的效果

提示：在【数据验证】对话框中单击【全部清除】按钮，可将所设置的数据内容清除，如图 11-8 所示。

图 11-8　单击【全部清除】按钮

11.1.2　设置输入编号长度

当我们在单元格中输入固定长度的数字时，可以为数字长度设置有效性提示，当输入的数字长度超过设置的数值时，就会发出警告。

步骤01　打开随书附带光盘中的 CDROM\素材\第 12 章\第一季度工作量统计.xlsx 素材文件，选择 A5:A11 单元格区域，如图 11-9 所示。

步骤02　切换到【数据】选项卡，在【数据工具】组中单击【数据验证】右侧的下拉三角按钮，在弹出的下拉菜单中选择【数据验证】命令，如图 11-10 所示，将弹出【数据验证】对话框。

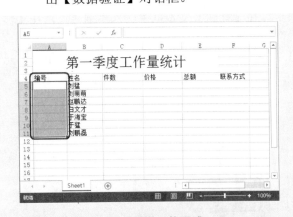

图 11-9　选择单元格区域

图 11-10　选择【数据验证】命令

步骤3　在【数据验证】对话框的【允许】下拉列表框中选择【文本长度】选项，在【数据】下拉列表框中选择【等于】选项，在【长度】文本框中输入"5"，如图 11-11 所示。

步骤 04 设置完成后单击【确定】按钮，在 A5 单元格中输入 5 位数的编号，如图 11-12 所示。

图 11-11　【数据验证】对话框

图 11-12　输入编号

当输入的学号小于或者超过 5 位时，Excel 就会自动弹出警告信息，如图 11-13 所示。

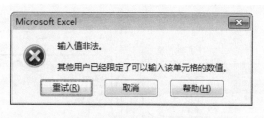

图 11-13　提示对话框

单击【取消】按钮或者右上角的关闭按钮将对话框关闭，再次输入正确的数据即可。

11.1.3　设置警告信息

如果想使警告或提示的内容更能体现出错误，可以通过设置警告信息来显示。设置警告信息的具体操作步骤如下。

步骤 01 打开随书附带光盘中的 CDROM\素材\第 12 章\第一季度工作量统计.xlsx 素材文件，选择 F5:F11 单元格区域，如图 11-14 所示。

步骤 02 切换至【数据】选项卡，在【数据工具】组中单击【数据验证】右侧的下拉三角按钮，在弹出的下拉菜单中选择【数据验证】命令，弹出【数据验证】对话框，切换到【出错警告】选项卡，如图 11-15 所示。

步骤 03 在【出错警告】选项卡的【样式】下拉列表框中选择【停止】选项，在【标题】文本框中输入"输入有误"，在【错误信息】列表框中输入错误信息，如图 11-16 所示。

图 11-14　选择单元格区域

图 11-15　【出错警告】选项卡

步骤 04　设置完成后切换到【设置】选项卡，在【允许】下拉列表框中选择【文本长度】选项，在【数据】下拉列表框中选择【等于】选项，在【长度】文本框中输入 "11"，如图 11-17 所示。

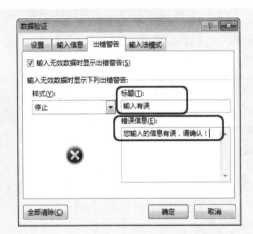

图 11-16　输入信息

图 11-17　设置信息

提示：停止：阻止用户在单元格中输入无效数据。"停止"警告消息具有三个选项："重试"、"取消"和"帮助"。

步骤 05　设置完成后单击【确定】按钮，返回到工作表中。当输入的联系方式小于或者超过 11 位时，Excel 就会自动弹出警告信息对话框，对话框中是我们设置的警告信息，如图 11-18 所示。

步骤 06　单击【取消】按钮或者右上角的关闭按钮将对话框关闭，输入正确的数据，完成后的效果如图 11-19 所示。

图 11-18　提示对话框　　　　　　　图 11-19　设置完成后的效果

11.1.4　设置数据有效条件

我们还可以为单元格设置数据有效性条件，以便在输入不符合规则的数据时出现提示对话框，具体操作步骤如下。

步骤 01　打开随书附带光盘中的 CDROM\素材\第 12 章\第一季度工作量统计.xlsx 素材文件，选择 D5:D11 单元格区域，如图 11-20 所示。

步骤 02　切换到【数据】选项卡，单击【数据验证】按钮，弹出【数据验证】对话框，切换到【设置】选项卡，在【允许】下拉列表框中选择【整数】选项，在【数据】下拉列表框中选择【介于】选项，在【最小值】文本框中输入"2530"，在【最大值】文本框中输入"3000"，如图 11-21 所示。

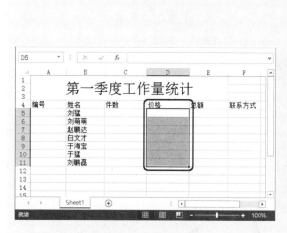

图 11-20　选择单元格　　　　　　　图 11-21　【数据验证】对话框

步骤 03　输入完成后切换到【出错警告】选项卡，在【样式】下拉列表框中选择【警告】选项，在【错误信息】列表框中输入错误信息，如图 11-22 所示。

图 11-22　设置出错警告信息

提示：警告：在用户输入无效数据时向其发出警告，但不会禁止用户输入无效数据。在出现"警告"消息时，用户可以单击【是】按钮接受无效输入、单击【否】按钮编辑无效输入，或单击【取消】按钮删除无效输入。

步骤04 设置完成后单击【确定】按钮，返回到工作表中。当输入的数值超出设置的数据范围时，Excel 就会自动弹出警告信息对话框，对话框中是我们设置的警告信息，如图 11-23 所示。

步骤05 单击【取消】按钮或者右上角的关闭按钮将对话框关闭，输入正确的数值，完成后的效果如图 11-24 所示。

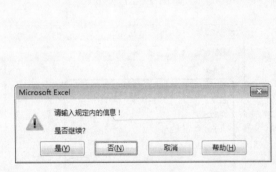

图 11-23　提示对话框

图 11-24　完成后的效果

11.1.5　设置员工性别列表

除了以上设置外，我们还可以利用数据有效性功能来在单元格中添加下拉列表项的设置。

步骤01 打开随书附带光盘中的 CDROM\素材\第 12 章\员工信息统计.xlsx 素材文件，如图 11-25 所示。

步骤02　在打开的素材文件中选择 C5:C11 单元格区域，如图 11-26 所示。

图 11-25　打开的素材文件

图 11-26　选择单元格区域

步骤03　切换到【数据】选项卡，单击【数据验证】按钮，弹出【数据验证】对话框，在该对话框中切换到【设置】选项卡，在【允许】下拉列表框中选择【序列】选项，在【来源】文本框中输入"男，女"，如图 11-27 所示。

步骤04　设置完成后单击【确定】按钮，返回工作表，单击 C5:C11 单元格区域中任意一个单元格，在该单元格的右侧便会显示一个下拉按钮，单击后会弹出一个有【男】、【女】选项的列表，如图 11-28 所示。

图 11-27　【数据验证】对话框

图 11-28　设置完成后的效果

11.1.6　设置出生日期范围

数据有效性也可以用于限制单元格的内容是时间或日期的范围，其具体的操作步骤如下。

步骤01　打开随书附带光盘中的 CDROM\素材\第 12 章\员工信息统计.xlsx 素材文件，选择 E5:E11 单元格区域，如图 11-29 所示。

步骤02　切换至【数据】选项卡，在【数据工具】组中单击【数据验证】右侧的下拉三角按钮，在弹出的下拉菜单中选择【数据验证】命令，如图 11-30 所示。

图 11-29　选择单元格区域

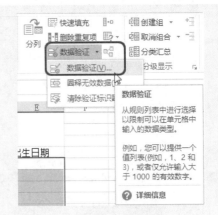

图 11-30　选择【数据验证】命令

步骤03　打开【数据验证】对话框，在该对话框中切换到【设置】选项卡，在【允许】下拉列表框中选择【日期】选项，将【数据】设置为【介于】，然后设置【开始时间】与【结束时间】，如图 11-31 所示。

步骤04　设置完成后单击【确定】按钮，返回工作表，如果在规定的单元格中输入日期的格式不是设定范围内的日期，则会提示错误信息，如图 11-32 所示。

图 11-31　【数据验证】对话框

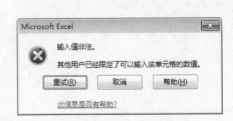

图 11-32　提示对话框

11.2　检测无效的数据

对于还没有输入数据的表格而言，可以提前设置其数据有效性，如果想查看输入完成后的数据是否符合要求，则可以通过圈定无效数据的功能将无效数据显示出来，核对完成后还可以清除圈定。

11.2.1　圈释无效数据

圈定无效数据的具体操作步骤如下。

步骤01 打开随书附带光盘中的 CDROM\素材\第 12 章\员工信息统计(1).xlsx 素材文件，如图 11-33 所示。

步骤02 在该工作簿中选择 A5:A11 单元格区域，如图 11-34 所示。

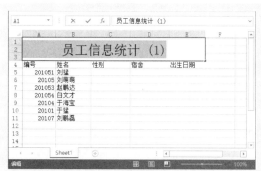

图 11-33　打开的素材文件

图 11-34　选择单元格区域

步骤03 切换至【数据】选项卡，在【数据工具】组中单击【数据验证】右侧的下拉三角按钮，在弹出的下拉菜单中选择【数据验证】命令，打开【数据验证】对话框，如图 11-35 所示。

步骤04 在【允许】下拉列表框中选择【文本长度】选项，在【数据】下拉列表框中选择【等于】选项，在【长度】文本框中输入"6"，如图 11-36 所示。

图 11-35　【数据验证】对话框

图 11-36　设置验证属性

步骤05 设置完成后单击【确定】按钮，返回到工作表中，选择 A5:A11 单元格区域，在【数据工具】组中单击【数据验证】右侧的下拉三角按钮，在弹出的下拉菜单中选择【圈释无效数据】命令，如图 11-37 所示。

步骤06 执行完该命令后无效的数据就会用红色椭圆标注出来，如图 11-38 所示。

图 11-37　选择【圈释无效数据】命令　　　　图 11-38　圈释无效数据后的效果

11.2.2　清除圈释数据

圈释这些无效数据后，就可以很方便地找到并修改为正确、有效的数据了。清除圈释数据的操作方法有两种，下面将简单地进行介绍。

方法一：当将错误的数据修改为正确的数据后，标识便会自动消失，如图 11-39 所示。

方法二：单击【数据工具】组中的【数据验证】按钮，在弹出的下拉菜单中选择【清除验证标识圈】命令，如图 11-40 所示。

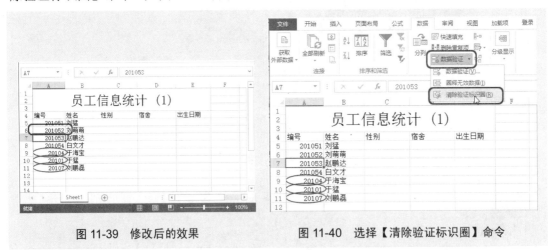

图 11-39　修改后的效果　　　　　　图 11-40　选择【清除验证标识圈】命令

执行完该命令后即可将所有的红色标识圈清除。

11.3　分类汇总及合并计算

分类汇总功能可以将大量的书籍分类后进行汇总计算，并显示各级别的汇总信息。合并计算功能则可以将多张工作表或工作簿中的数据统一到一张工作表中，并合并计算相同类别的数据。

11.3.1 创建分类汇总

使用分类汇总的数据列表，每一列数据都要有列标题，Excel 使用列标题来决定如何创建数据组以及如何计算总和，在数据列表中，使用分类汇总来求订货总值，创建分类汇总的具体操作步骤如下。

步骤01 打开随书附带光盘中的 CDROM\素材\第 12 章\10 月份某地板发货详单.xlsx 素材文件，如图 11-41 所示。

步骤02 在打开的工作簿中选择 A4:F14 单元格区域，如图 11-42 所示。

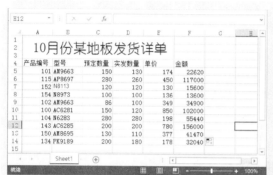

图 11-41 打开的素材文件　　　　图 11-42 选择单元格区域

步骤03 切换至【数据】选项卡，在【分级显示】组中单击【分类汇总】按钮，如图 11-43 所示。

步骤04 打开【分类汇总】对话框，如图 11-44 所示。

图 11-43 单击【分类汇总】按钮

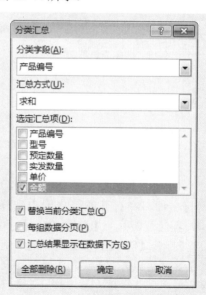

图 11-44 【分类汇总】对话框

提示：在【分类汇总】对话框中可以根据需要选中相应的复选框，其中最下方三个复选框的含义如下。

【替换当前分类汇总】：选中该复选框，表示按本次分类要求进行汇总。

【每组数据分页】：选中该复选框，表示将每一类数据分页显示。

【汇总结果显示在数据下方】：选中该复选框，表示将分类汇总数据放在本类的最后一行。

步骤05 在【选定汇总项】列表框中选中【单价】复选框，设置完成后单击【确定】按钮，如图 11-45 所示。

步骤06 设置完成后的效果如图 11-46 所示。

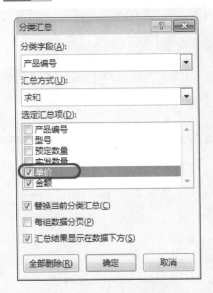

图 11-45　选择汇总项　　　　　　　　　图 11-46　设置完成后的效果

11.3.2　设置分类汇总

创建完成分类汇总后，可以根据需要对创建完成的分类汇总进行设置。设置分类汇总的具体操作步骤如下。

步骤01 打开随书附带光盘中的 CDROM\素材\第 12 章\10 月份某地板发货详单.xlsx 素材文件，在打开的工作簿中选择 A4:F14 单元格区域，切换至【数据】选项卡，在【分级显示】组中单击【分类汇总】按钮，如图 11-47 所示。

步骤02 打开【分类汇总】对话框，在该对话框中将【分类字段】设置为【预定数量】、【汇总方式】设置为【求和】，选中【单价】和【金额】复选框，如图 11-48 所示。

步骤03 完成后的效果如图 11-49 所示。

图 11-47　单击【分类汇总】按钮

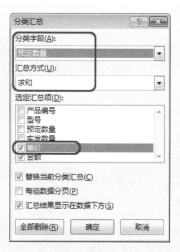

图 11-48　【分类汇总】对话框

			A	B	C	D	E	F	G	H
		5	101	AM9663	150	130	174	22620		
	−	6			150 汇总		174	22620		
	+	8			280 汇总		450	117000		
		9	152	N8113	120	120	130	15600		
	−	10			120 汇总		130	15600		
	+	12			100 汇总		136	13600		
		13	102	AM9663	86	100	349	34900		
	−	14			86 汇总		349	34900		
	+	16			150 汇总		850	102000		
		17	104	N6283	280	280	198	55440		
	−	18			280 汇总		198	55440		
	+	20			200 汇总		780	156000		
		21	150	AM8695	130	110	377	41470		
	−	22			130 汇总		377	41470		
	+	24			200 汇总		178	32040		
	−	25			总计		3622	590670		

图 11-49　设置完成后的效果

11.3.3　生成嵌套式分类汇总

下面将简单地介绍嵌套式分类汇总，具体操作步骤如下。

步骤01　打开随书附带光盘中的 CDROM\素材\第 12 章\10 月份某地板发货详单.xlsx
素材文件，在打开的工作簿中选择 A4:F14 单元格区域，切换至【数据】选项
卡，在【分级显示】组中单击【分类汇总】按钮，如图 11-50 所示。

步骤02　打开【分类汇总】对话框，在【分类字段】下拉列表框中选择【实发数量】
选项，在【汇总方式】下拉列表框中选择【平均值】选项，选中【金额】复选
框，取消选中【替换当前分类汇总】和【汇总结果显示在数据下方】复选框，如
图 11-51 所示。

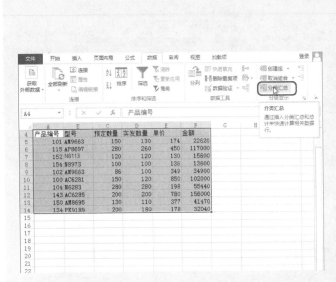

图 11-50 单击【分类汇总】按钮

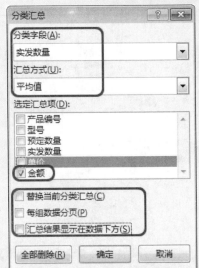

图 11-51 【分类汇总】对话框

步骤 03 设置完成后单击【确定】按钮，完成后的效果如图 11-52 所示。

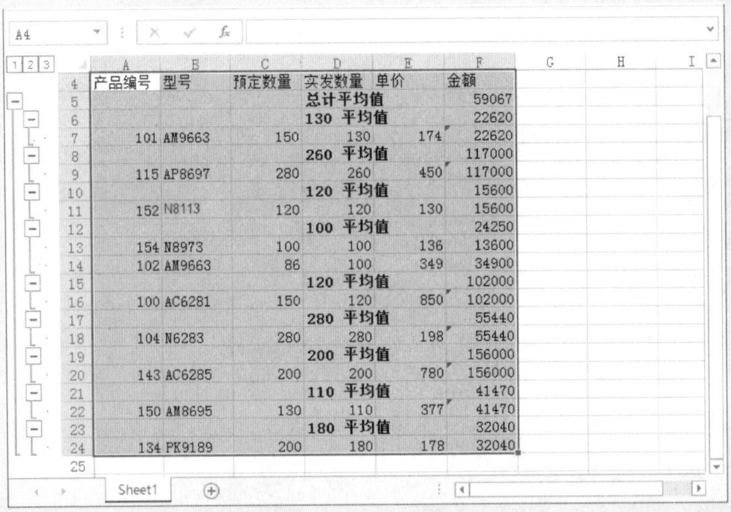

图 11-52 完成后的效果

11.3.4 组合与折叠单元格

如果需要将某些汇总项目统一折叠显示时，可以通过创建组功能实现统一折叠。在工作簿中选择需要组合的单元格，如图 11-53 所示。

选择单元格后切换至【数据】选项卡，在【分级显示】组中单击【创建组】按钮右侧的下拉三角按钮，在弹出的下拉菜单中选择【创建组】命令，如图 11-54 所示。

图 11-53　选择需要组合的单元格

此时会弹出一个【创建组】对话框，如图 11-55 所示。在该对话框中选中【行】单选按钮，然后单击【确定】按钮，此时观察工作簿中的 A6:A9 便组合在一起，如图 11-56 所示。

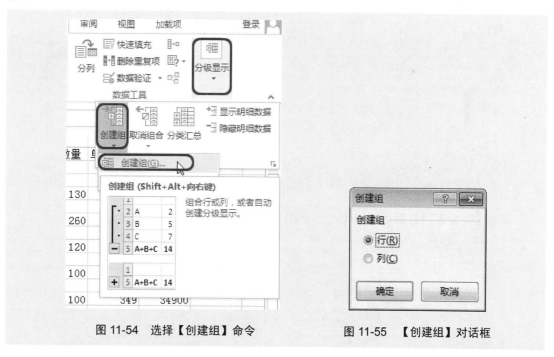

图 11-54　选择【创建组】命令　　　　　图 11-55　【创建组】对话框

为了便于查看，我们可以单击相应单元格右侧的【隐藏细节】按钮，即可将创建组的分类汇总折叠隐藏，如图 11-57 所示。

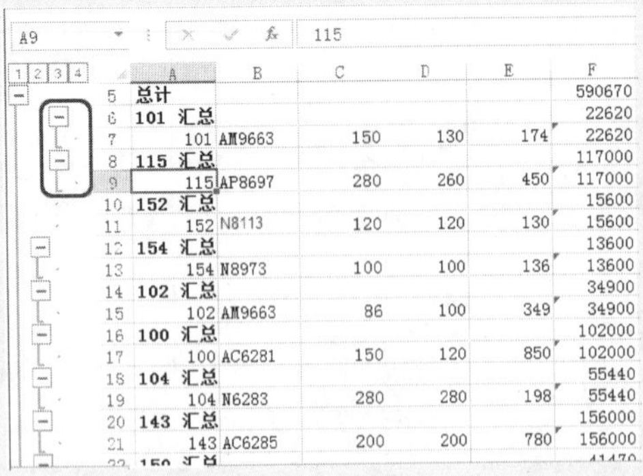

图 11-56　设置完成后的效果 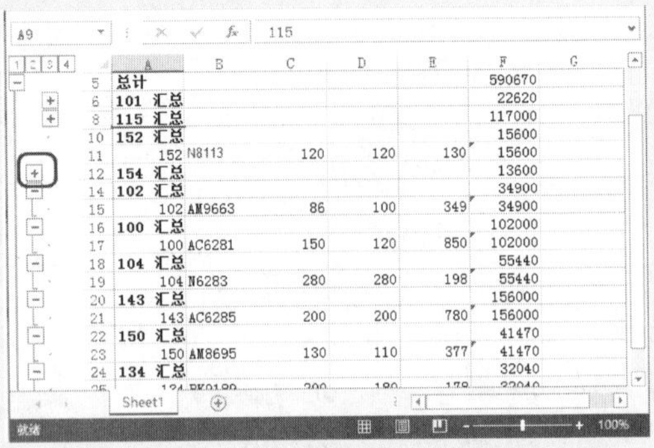　　　　　　　图 11-57　隐藏细节

11.3.5　取消单元格组合

在不需要数据的组合时，可以取消组合。选择需要取消组合的单元格，切换至【数据】选项卡，在【分级显示】组中单击【取消组合】按钮，如图 11-58 所示。

此时会弹出【取消组合】对话框，该对话框与【创建组】对话框相同，都设有两个选项，即【行】、【列】单选按钮，在此我们选中【行】单选按钮，如图 11-59 所示。

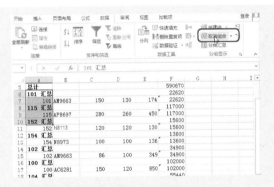

图 11-58　单击【取消组合】按钮

图 11-59　【取消组合】对话框

单击【确定】按钮即可取消组合，如图 11-60 所示。

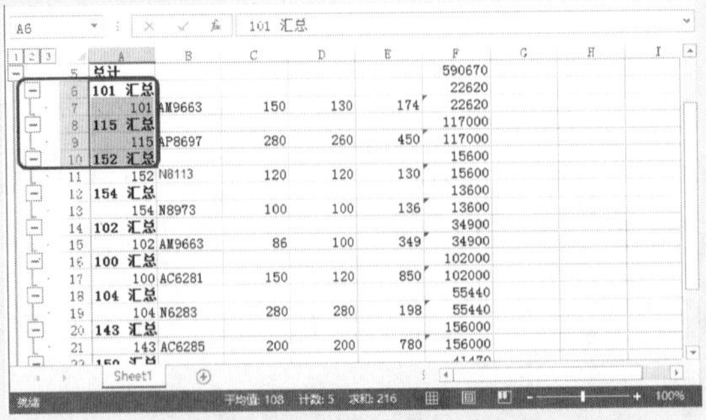

图 11-60　取消组合后的效果

11.3.6　删除分类汇总

在进行分类汇总后，当不再需要分类汇总时，可以将其删除。在工作簿中选择想要删除分类汇总的单元格，切换至【数据】选项卡，在【分级显示】组中单击【分类汇总】按钮，如图 11-61 所示。

在弹出的【分类汇总】对话框中单击【全部删除】按钮，如图 11-62 所示。

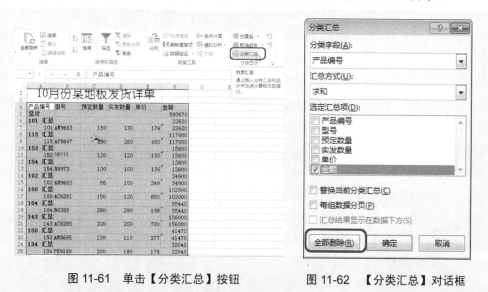

图 11-61　单击【分类汇总】按钮　　　　　图 11-62　【分类汇总】对话框

单击【全部删除】按钮后会自动关闭【分类汇总】对话框，工作簿中的分汇总也会自动删除，如图 11-63 所示。

图 11-63　删除分类汇总后的效果

11.3.7　按位置合并计算

按位置进行合并计算就是按同样的顺序排列所有工作表中的数据，将它们放在同一位置中。按位置合并计算的具体操作步骤如下。

步骤 01　打开随书附带光盘中的 CDROM\素材\第 12 章\费用表.xlsx 素材文件，如图 11-64 所示。

图 11-64　打开的素材文件

步骤 02　在打开的工作簿中选择 A1:G20 单元格区域，如图 11-65 所示。

步骤 03　切换至【公式】选项卡，在【定义的名称】组中单击【定义名称】按钮，打开【新建名称】对话框，如图 11-66 所示。

图 11-65　选择单元格区域

图 11-66　【新建名称】对话框

步骤 04　在【新建名称】对话框中将【名称】设置为"费用 1"，如图 11-67 所示。

步骤 05　设置完成后单击【确定】按钮，然后选择"费用 2"工作簿，在该工作簿中选择 F1:H20 单元格区域，如图 11-68 所示。

步骤 06　在【定义的名称】组中单击【定义名称】按钮，打开【新建名称】对话框，在该对话框中将【名称】设置为"费用 2"，如图 11-69 所示。

图 11-67　设置名称

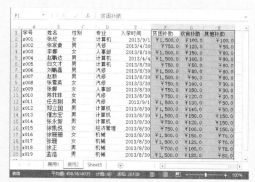

图 11-68　选择单元格区域

步骤 07　设置完成后单击【确定】按钮，然后回到"费用 1"工作簿中，选择 H1 单元格，如图 11-70 所示。

图 11-69　【新建名称】对话框

图 11-70　选择单元格

步骤 08　切换至【数据】选项卡，在【数据工具】组中单击【合并计算】按钮，打开【合并计算】对话框，如图 11-71 所示。

步骤 09　在【引用位置】文本框中输入"费用 2"，然后单击【添加】按钮，即可将选择的引用位置添加到【所有引用位置】列表框中，如图 11-72 所示。

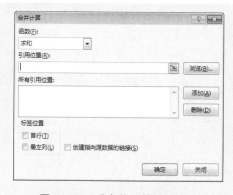

图 11-71　【合并计算】对话框

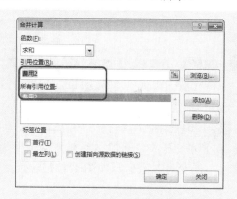

图 11-72　设置引用位置

步骤 10 设置完成后单击【确定】按钮，完成后的效果如图 11-73 所示。

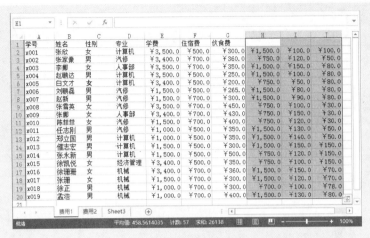

图 11-73 完成后的效果

11.3.8 由多个明细表快速生成汇总表

如果数据分散在各个明细表中，需要将这些数据汇总到一个总表中，此时就可以使用合并计算功能。下面我们将简单地介绍由多个明细表快速生成汇总表，具体操作步骤如下。

步骤 01 打开随书附带光盘中的 CDROM\素材\第 12 章\销售单.xlsx 素材文件，如图 11-74 所示。

步骤 02 在【数据工具】组中单击【合并计算】按钮，选择工作簿中的 A1 单元格，切换到【数据】选项卡，如图 11-75 所示。

图 11-74 打开的素材文件　　　　　　图 11-75 单击【合并计算】按钮

步骤 03 打开【合并计算】对话框，如图 11-76 所示。

步骤 04 在【合并计算】对话框中单击【引用位置】文本框右侧的 按钮，此时对话框变为缩览窗，如图 11-77 所示。

图 11-76 【合并计算】对话框　　图 11-77 【引用位置】缩览窗

步骤 05 选择"山东"工作表，选择 A1:D6 单元格区域，如图 11-78 所示。

步骤 06 当【引用位置】缩览窗中显示【山东!$A$1:$D$6】时，单击该缩览窗右侧的 按钮，返回到【合并计算】对话框，单击【添加】按钮，将其添加至【所有引用位置】文本框中，如图 11-79 所示。

图 11-78 选择单元格区域

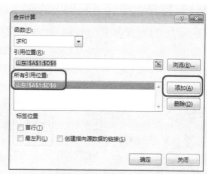

图 11-79 【合并计算】对话框

步骤 07 设置完成后再次单击【引用位置】文本框右侧的 按钮，然后选择"江苏"工作表，在工作表中选择 A1:D6 单元格区域，如图 11-80 所示。

步骤 08 使用同样的方法，返回到【合并计算】对话框，并将其添加至【所有引用位置】文本框中，如图 11-81 所示。

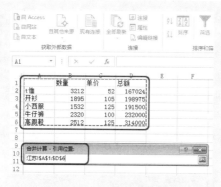

图 11-80 选择单元格区域

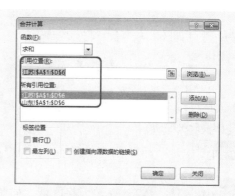

图 11-81 【合并计算】对话框

步骤 09　设置完成后使用同样的方法添加"福建"，完成后的效果如图 11-82 所示。

步骤 10　设置完成后单击【确定】按钮，此时选择的三个工作表中的数据即可进行合并计算，如图 11-83 所示。

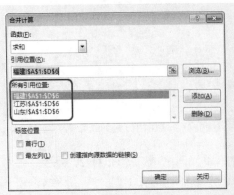

图 11-82　添加完成后的效果

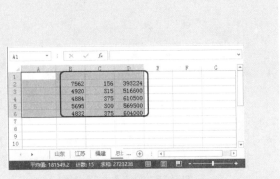

图 11-83　计算后的结果

步骤 11　设置完成后输入相应的文本信息，删除"单价"列，调整"总额"的位置，完成后的效果如图 11-84 所示。

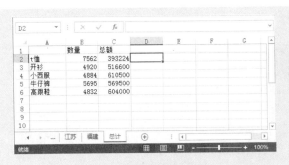

图 11-84　完成后的效果

11.4　上机练习

通过编辑"成绩表"和"仓库汇总表"来练习这一章节的知识点。

11.4.1　编辑"成绩表"

下面通过编辑"成绩表"来练习本章节所讲解的知识。编辑后的效果如图 11-85 所示。具体操作步骤如下。

步骤 01　打开随书附带光盘中的 CDROM\素材\第 12 章\成绩表.xlsx 素材文件，如图 11-86 所示。

步骤 02　选择 A2:A21 单元格区域，如图 11-87 所示。

图 11-85　编辑后的效果　　　　　　图 11-86　"成绩表.xlsx"素材文件

步骤03　切换至【数据】选项卡，在【数据工具】组中单击【数据验证】按钮右侧的按钮，在弹出的下拉菜单中选择【数据验证】命令，如图 11-88 所示。

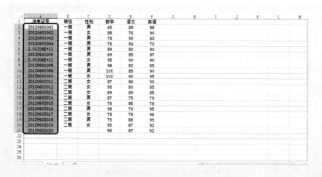

图 11-87　选择 A2:A21 单元格区域　　　　　　图 11-88　选择【数据验证】命令

步骤04　在弹出的【数据验证】对话框中，设置验证条件。在【允许】下拉列表框中选择【文本长度】选项，在【数据】下拉列表框中选择【等于】选项，在【长度】文本框中输入"11"，如图 11-89 所示。

图 11-89　设置验证条件

步骤05 单击【确定】按钮。在【数据工具】组中单击【数据验证】按钮右侧的▾按
钮，在弹出的下拉菜单中选择【圈释无效数据】命令，如图 11-90 所示。

步骤06 执行完【圈释无效数据】命令后，无效的数据就会用红色椭圆标注出来，如
图 11-91 所示。

	A	B	C	D	E	F
1	准考证号	班级	性别	数学	语文	英语
2	20120601001	一班	男	65	85	88
3	20120601002	一班	女	88	76	90
4	20120601003	一班	男	78	90	83
5	20120601004	一班	男	76	84	70
6	2.01206E+11	一班	男	89	80	90
7	20120601006	一班	男	69	85	87
8	2.01206E+11	一班	女	95	90	90
9	20120601008	一班	男	98	83	85
10	20120601009	一班	男	100	85	90
11	20120601010	一班	女	100	90	95
12	20120602011	二班	女	87	86	90
13	20120602012	二班	女	95	80	85
14	20120602013	二班	男	89	89	85
15	20120602014	二班	男	87	75	79
16	20120602015	二班	女	78	85	78
17	20120602016	二班	男	98	78	95
18	20120602017	二班	女	78	78	96
19	20120602018	二班	男	75	88	99
20	20120602019	二班	女	95	87	92
21	20120602020			95	87	92
22						

图 11-90　选择【圈释无效数据】命令　　　图 11-91　圈释无效数据后的效果

步骤07 选择 B2:B21 单元格区域，单击【数据工具】组中的【数据验证】按
钮，如图 11-92 所示。

步骤08 在弹出的【数据验证】对话框中，切换至【输入信息】选项卡，在【输入信
息】列表框中输入"请输入班级"，然后单击【确定】按钮，如图 11-93 所示。

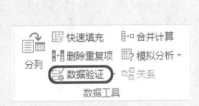

图 11-92　单击【数据验证】按钮　　　　图 11-93　设置输入信息

步骤09 当选中 B21 单元格时，弹出提示信息"请输入班级"，如图 11-94 所示。

图 11-94　弹出提示信息"请输入班级"

步骤 10 在工作簿空白处的单元格中分别输入"男"和"女",如图 11-95 所示。

步骤 11 选择 C2:C21 单元格区域,单击【数据工具】组中的【数据验证】按钮,在弹出的【数据验证】对话框中,设置验证条件。在【允许】下拉列表框中选择【序列】选项,然后单击【来源】文本框右侧的区域按钮,如图 11-96 所示。

图 11-95　分别输入"男"和"女"　　　　图 11-96　设置验证条件

步骤 12 选择 G12:G13 单元格区域,然后单击 按钮,如图 11-97 所示。

步骤 13 在【数据验证】对话框中单击【确定】按钮,如图 11-98 所示。

图 11-97　单击 按钮　　　　图 11-98　【数据验证】对话框

步骤 14 选择 C21 单元格,单击单元格右侧的下拉按钮,系统自动弹出【男】、【女】序列,如图 11-99 所示。

步骤 15 选中 D2:F21 单元格区域,如图 11-100 所示。

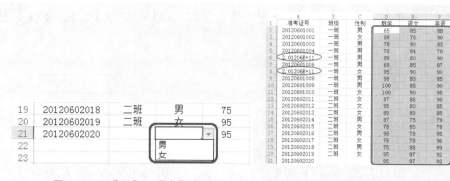

图 11-99　【男】、【女】序列　　　　图 11-100　选中 D2:F21 单元格区域

步骤 16 单击【数据工具】组中的【数据验证】按钮，在弹出的【数据验证】对话框中设置验证条件。在【允许】下拉列表框中选择【整数】选项，在【数据】下拉列表框中选择【介于】选项，在【最小值】文本框中输入"0"，在【最大值】文本框中输入"100"，如图 11-101 所示。

步骤 17 切换至【出错警告】选项卡，将【样式】设置为【警告】，在【错误信息】列表框中输入"成绩输入错误"，然后单击【确定】按钮，如图 11-102 所示。

图 11-101　设置验证条件

图 11-102　设置出错警告

步骤 18 若将成绩更改为超出成绩范围的数值"110"，如图 11-103 所示。

步骤 19 系统将弹出警告对话框，提示用户"成绩输入错误"，如图 11-104 所示。

100	85	90
100	110	95
87	86	90

图 11-103　更改数值

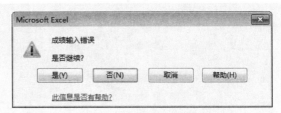

图 11-104　提示用户"成绩输入错误"

步骤 20 在 G1 单元格中输入"总成绩"，如图 11-105 所示。

步骤 21 切换至【公式】选项卡，单击【定义的名称】组中的【定义名称】按钮，如图 11-106 所示。

D	E	F	G	H
数学	语文	英语	总成绩	
65	85	88		
88	76	90		
78	90	83		
76	84	70		
89	80	90		

图 11-105　输入"总成绩"

图 11-106　单击【定义名称】按钮

步骤22 在弹出的【新建名称】对话框中，设置【名称】为"数学"，在【引用位置】文本框中选择 D2:D21 单元格区域，然后单击【确定】按钮，如图 11-107 所示。

步骤23 参照操作步骤 21～22，设置【名称】为"语文"，【引用位置】选择 E2:E21 单元格区域，然后单击【确定】按钮，如图 11-108 所示。

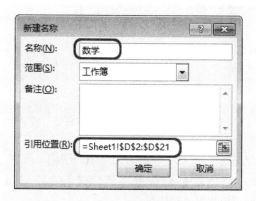

图 11-107 设置数学名称

图 11-108 设置语文名称

步骤24 参照操作步骤 21～22，设置【名称】为"英语"，【引用位置】选择 F2:F21 单元格区域，然后单击【确定】按钮，如图 11-109 所示。

步骤25 选中 G2 单元格，切换至【数据】选项卡，单击【数据工具】组中的【合并计算】按钮，如图 11-110 所示。

图 11-109 设置英语名称

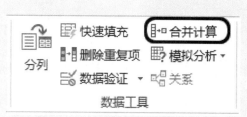

图 11-110 单击【合并计算】按钮

步骤26 在弹出的【合并计算】对话框中，设置【函数】为【求和】，在【引用位置】文本框中分别输入"数学"、"英语"和"语文"，单击【添加】按钮，将其添加到【所有引用位置】列表框中，如图 11-111 所示。

步骤27 单击【确定】按钮，合并计算得到总成绩，如图 11-112 所示。

步骤28 选中 A1:G21 单元格区域，然后单击【分级显示】组中的【分类汇总】按钮，如图 11-113 所示。

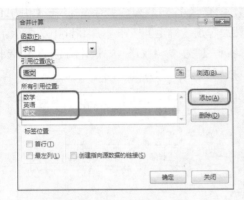

图 11-111　添加引用位置

	A	B	C	D	E	F	G	H	I
1	准考证号	班级	性别	数学	语文	英语	总成绩		
2	20120601001	一班	男	65	85	88	238		
3	20120601002	一班	女	88	76	90	254		
4	20120601003	一班	男	78	90	83	251		
5	20120601004	一班	男	76	84	70	230		
6	2.01206E+11	一班	男	89	80	90	259		
7	20120601006	一班	男	69	85	87	241		
8	2.01206E+11	一班	女	95	90	90	275		
9	20120601008	一班	男	98	83	85	266		
10	20120601009	一班	男	100	85	90	275		男
11	20120601010	一班	女	100	90	95	285		女
12	20120602011	二班	女	87	86	90	263		
13	20120602012	二班	女	95	80	85	260		
14	20120602013	二班	女	89	89	85	263		
15	20120602014	二班	男	87	75	79	241		
16	20120602015	二班	女	78	85	78	241		
17	20120602016	二班	男	98	78	95	271		
18	20120602017	二班	女	78	78	96	252		
19	20120602018	二班	男	75	88	99	262		
20	20120602019	二班	女	95	87	92	274		
21	20120602020			95	87	92	274		
22									

图 11-112　合并计算得到总成绩

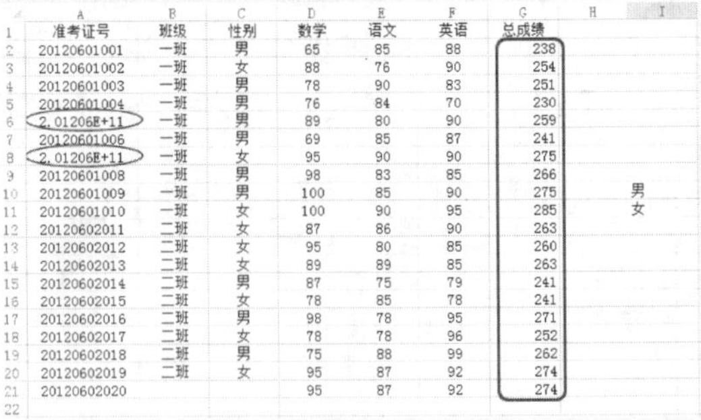

步骤 29 在弹出的【分类汇总】对话框中，将【分类字段】设置为【班级】，【汇总方式】设置为【平均值】，在【选定汇总项】列表框中选中【数学】、【语文】、【英语】和【总成绩】复选框，如图 11-114 所示。

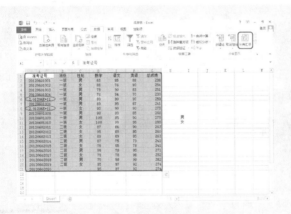

图 11-113　单击【分类汇总】按钮

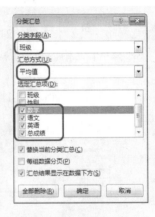

图 11-114　设置分类汇总

步骤 30 单击【确定】按钮，分类汇总效果如图 11-115 所示。

	A	B	C	D	E	F	G
1	准考证号	班级	性别	数学	语文	英语	总成绩
2	20120601001	一班	男	65	85	88	238
3	20120601002	一班	女	88	76	90	254
4	20120601003	一班	男	78	90	83	251
5	20120601004	一班	男	76	84	70	230
6	2.01206E+11	一班	男	89	80	90	259
7	20120601006	一班	男	69	85	87	241
8	2.01206E+11	一班	女	95	90	90	275
9	20120601008	一班	男	98	83	85	266
10	20120601009	一班	男	100	85	90	275
11	20120601010	一班	女	100	90	95	285
12		一班 平均值		85.8	84.8	86.8	257.4
13	20120602011	二班	女	87	86	90	263
14	20120602012	二班	女	95	80	85	260
15	20120602013	二班	女	89	89	85	263
16	20120602014	二班	男	87	75	79	241
17	20120602015	二班	女	78	85	78	241
18	20120602016	二班	男	98	78	95	271
19	20120602017	二班	女	78	78	96	252
20	20120602018	二班	男	75	88	99	262
21	20120602019	二班	女	95	87	92	274
22		二班 平均值		86.88889	82.88889	88.77778	258.5556
23	20120602020			95	87	92	274
24		总计平均值		86.75	84.05	87.95	258.75
25							

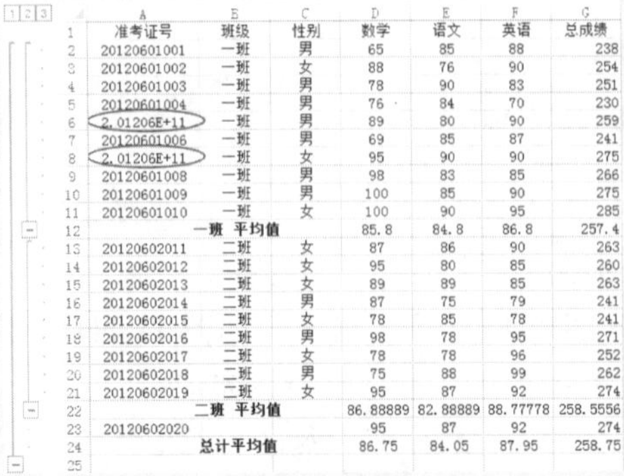

图 11-115　分类汇总效果

这样"成绩表"就编辑完成了。

11.4.2　编辑"仓库汇总表"

一般情况下，用户需要操作多张数据表进行汇总。下面通过编辑"仓库汇总表"来练习多张数据表的汇总操作。编辑完成后的效果如图 11-116 所示。

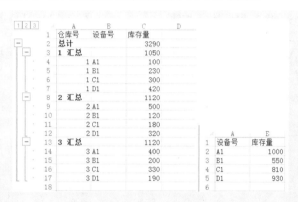

图 11-116　编辑完成后的效果

具体操作步骤如下。

步骤01　打开随书附带光盘中的 CDROM\素材\第 12 章\仓库汇总表.xlsx 素材文件，如图 11-117 所示。

步骤02　在数据表文件中，创建新工作表 Sheet4，分别将 Sheet1、Sheet2 和 Sheet3 工作表中的数据信息复制到 Sheet4 工作表中，如图 11-118 所示。

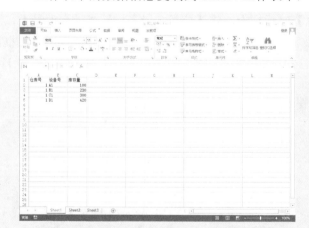

图 11-117　"仓库汇总表.xlsx"素材文件　　**图 11-118　编辑新工作表 Sheet4**

步骤03　在新工作表 Sheet4 中，选中 A2:C5 单元格区域，切换至【数据】选项卡，单击【分级显示】组中的【创建组】按钮，如图 11-119 所示。

步骤04　在弹出的【创建组】对话框中，设置【创建组】为【行】，然后单击【确定】按钮，如图 11-120 所示。

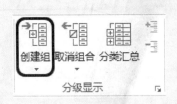

図 11-119　单击【创建组】按钮　　　図 11-120　【创建组】对话框

步骤05　选中 A10:C13 单元格区域，参照操作步骤 3～4 创建组。完成后的效果如
图 11-121 所示。

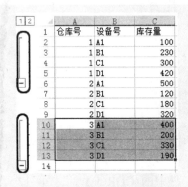

図 11-121　完成创建组的操作

步骤06　选中 A1:C13 单元格区域，单击【分级显示】组中的【分类汇总】按钮，如
图 11-122 所示。

步骤07　在弹出的【分类汇总】对话框中，将【分类字段】设置为【仓库号】，【汇
总方式】设置为【求和】，在【选定汇总项】列表框中选中【库存量】复选框，取
消选中【替换当前分类汇总】和【汇总结果显示在数据下方】复选框，如图 11-123
所示。

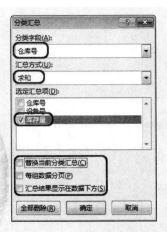

図 11-122　单击【分类汇总】按钮　　　図 11-123　设置分类汇总

步骤08 单击【确定】按钮，分类汇总后的效果如图 11-124 所示。

步骤09 在数据表文件中，创建新工作表 Sheet5。在新工作表 Sheet5 中输入数据信息，如图 11-125 所示。

图 11-124　分类汇总后的效果

图 11-125　输入数据信息

步骤10 选中新工作表 Sheet5 中的 B1 单元格，然后在【数据】选项卡中单击【数据工具】组中的【合并计算】按钮，如图 11-126 所示。

步骤11 在弹出的【合并计算】对话框中，将【函数】设置为【求和】，单击【引用位置】文本框右侧的选择区域按钮，如图 11-127 所示。

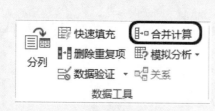

图 11-126　单击【合并计算】按钮

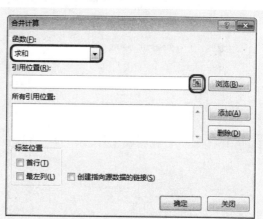

图 11-127　单击选取区域按钮

步骤12 切换至 Sheet1 工作表，选取 C2:C5 单元格区域，然后单击按钮返回，如图 11-128 所示。

步骤13 返回到【合并计算】对话框，单击【添加】按钮，将其添加到【所有引用位置】列表框中，如图 11-129 所示。

步骤14 参照操作步骤 11～13，添加引用 Sheet2 工作表和 Sheet3 工作表中的 C2:C5

单元格中的数据，如图 11-130 所示。

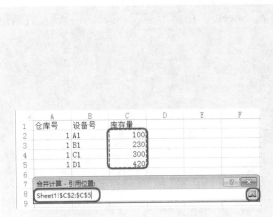

图 11-128　选取 C2:C5 单元格区域

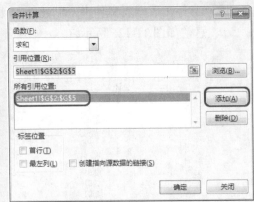

图 11-129　添加引用位置

步骤 15　单击【确定】按钮后，系统自动合并计算库存量，如图 11-131 所示。

图 11-130　添加引用位置

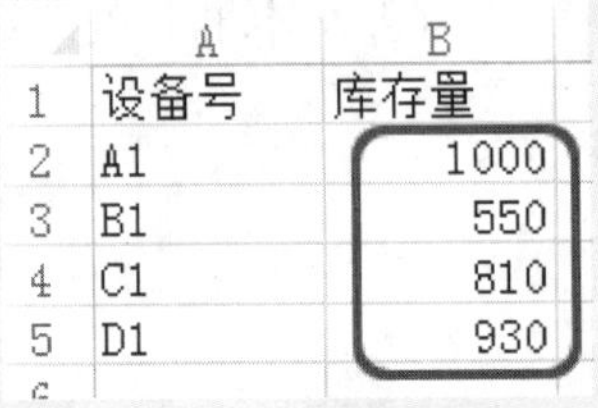

图 11-131　合并计算库存量

步骤 16　最后将数据表文件保存为"仓库汇总表"。这样"仓库汇总表"的编辑就完成了。

第12章

Excel 与其他软件的协同办公

Excel 与 Office 的其他组件之间可以很方便地协同处理数据，可以根据需要将 Excel 工作表以不同的文件格式输出。另外，在与其他人共享数据时还可以通过设置密码等来保护自己的成果。

本章重点：

- ↘ 不同文件间的协调
- ↘ Excel 工作表的输出
- ↘ 保护 Excel 工作簿

12.1 不同文档间的协同

在不同的 Office 组件之间可以非常方便地对数据进行移植。

12.1.1 将 Excel 数据移植到 Word 中

下面来介绍将 Excel 数据移植到 Word 中的方法，具体的操作步骤如下。

步骤01 打开 Excel，新建空白工作簿，在单元格中输入数值，然后选择 A1:D6 单元格区域，如图 12-1 所示。

步骤02 在选择的单元格区域上单击鼠标右键，在弹出的快捷菜单中选择【复制】命令，如图 12-2 所示。

图 12-1 选择 A1:D6 单元格区域

图 12-2 选择【复制】命令

步骤03 打开 Word 2013 软件，然后在文档中单击鼠标右键，在弹出的快捷菜单中单击【粘贴选项】区域下的【使用目标样式】按钮，如图 12-3 所示。

步骤04 这样即可将 Excel 数据移植到 Word 中，效果如图 12-4 所示。

中式快餐店餐厅营业额统计			
店名	一月	二月	三月
一号分店	245025	123155	212125
二号分店	151215	125555	212522
三号分店	122244	245152	252222
四号分店	235544	152225	254242

图 12-3 单击【使用目标样式】按钮　　　图 12-4 将 Excel 数据移植到 Word 中的效果

12.1.2 将 Excel 数据移植到 PowerPoint 中

下面来介绍将 Excel 数据移植到 PowerPoint 中的方法，具体的操作步骤如下。

步骤01 打开 Excel，新建空白工作簿，在单元格中输入数值，然后选择 A1:D6 单元格区域，按 Ctrl+C 组合键进行复制，如图 12-5 所示。

步骤02 打开 PowerPoint 2013 软件，然后在幻灯片中单击鼠标右键，在弹出的快捷菜单中单击【粘贴选项】区域下的【使用目标样式】按钮，即可将 Excel 数据移植到 PowerPoint 中，效果如图 12-6 所示。

图 12-5　按 Ctrl+C 组合键进行复制　　　　图 12-6　将 Excel 数据移植到 PowerPoint 中的效果

12.2　Excel 工作表的输出

在 Excel 中允许用户根据不同的应用需要将工作表以文本文件或 PDF 文件等多种形式保存。

12.2.1　输出为文本文件

下面来介绍将 Excel 工作表输出为文本文件的方法，具体的操作步骤如下。

步骤01 新建空白工作簿，在单元格中输入数值，单击【文件】按钮，在弹出的界面中选择【另存为】选项，然后在界面右侧选择【计算机】选项，再单击【浏览】按钮，如图 12-7 所示。

步骤02 在弹出的【另存为】对话框中选择【保存位置】，然后为文件命名，在【保存类型】下拉列表框中选择【文本文件(制表符分隔)(*.txt)】选项，然后单击【保存】按钮，即可完成保存，如图 12-8 所示。

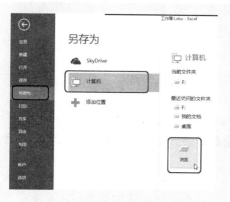 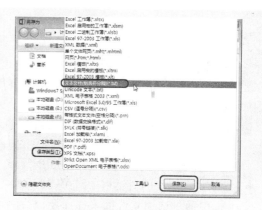

图 12-7　单击【浏览】按钮　　　　　　图 12-8　选择保存类型

12.2.2　输出为 PDF 文件

在 Excel 中也可以将工作表输出为 PDF 文件，具体的操作步骤如下。

步骤01　新建空白工作簿，在单元格中输入数值，单击【文件】按钮，在弹出的界面中选择【另存为】选项，然后在右侧选择【计算机】选项并单击【浏览】按钮，如图 12-9 所示。

步骤02　在弹出的【另存为】对话框中选择【保存位置】，然后为文件命名，在【保存类型】下拉列表中选择 PDF(*.pdf)选项，最后单击【保存】按钮，即可完成保存，如图 12-10 所示。

图 12-9　单击【浏览】按钮

图 12-10　选择保存类型

12.3　保护 Excel 工作簿

本节将介绍一些保护 Excel 工作簿的方法，如为工作簿设置密码、将工作簿标记为最终状态等。

12.3.1　检查文档

通过检查文档可以删除一些不希望被最终用户看到的内容和个人信息等，具体的操作步骤如下。

步骤01　新建空白工作簿，在单元格中输入数值，单击【文件】按钮，在弹出的界面中选择【信息】选项，单击【检查问题】按钮，在弹出的下拉菜单中选择【检查文档】命令，如图 12-11 所示。

步骤02　在弹出的对话框中选择【是】，即可弹出【文档检查器】对话框，在该对话框中通过选中复选框来选择要检查的内容，然后单击【检查】按钮对文档进行检查，如图 12-12 所示。

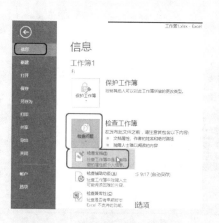

图 12-11　选择【检查文档】命令

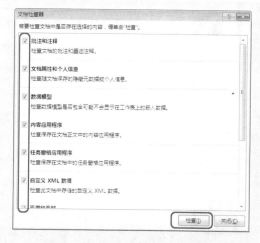

图 12-12　【文档检查器】对话框

步骤03　检查完成后会在【文档检查器】对话框中显示出检查的结果，如图 12-13 所示。如果要删除工作簿中包含的某些内容，可以单击该项目旁的【全部删除】按钮。

图 12-13　检查结果

12.3.2　为工作簿设置密码

为工作簿设置密码后，只有输入密码才可以打开该工作簿，否则无法将其打开，具体的操作步骤如下。

步骤01　新建空白工作簿，在单元格中输入数值，单击【文件】按钮，在弹出的界面中选择【信息】选项，单击【保护工作簿】按钮，然后在弹出的下拉菜单中选择【用密码进行加密】命令，如图 12-14 所示。

步骤02　弹出【加密文档】对话框，在【密码】文本框中输入密码，如图 12-15 所示。

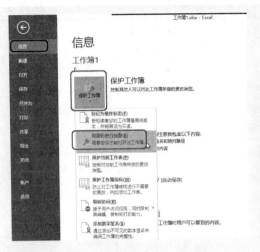

图 12-14 选择【用密码进行加密】命令

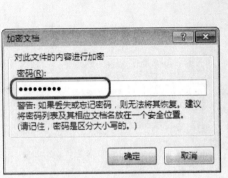

图 12-15 输入密码

步骤03 单击【确定】按钮，弹出【确认密码】对话框，在【重新输入密码】文本框中再次输入设定的密码，如图 12-16 所示。

步骤04 单击【确定】按钮并保存工作簿。当再次打开该工作簿时，会弹出【密码】对话框，如图 12-17 所示。在文本框中输入密码后才能打开该工作簿。

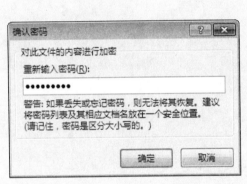

图 12-16 重新输入密码

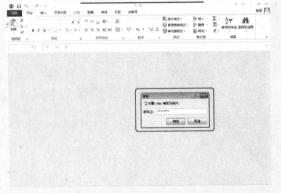

图 12-17 弹出【密码】对话框

12.3.3 工作簿的修改权限密码设置

为工作簿设置修改权限密码后，只有输入密码才会打开该工作簿并对其进行修改，否则只能以只读形式打开，具体的操作步骤如下。

步骤01 新建空白工作簿，在单元格中输入数值，单击【文件】按钮，在弹出的界面中选择【另存为】选项，然后在右侧选择【计算机】选项并单击【浏览】按钮，如图 12-18 所示。

步骤02 在【另存为】对话框中选择文件的存储位置，然后单击【工具】按钮，在弹出的下拉菜单中选择【常规选项】命令，如图 12-19 所示。

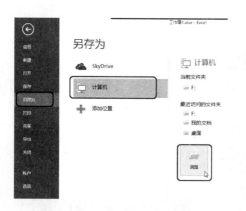

图 12-18　单击【浏览】按钮

图 12-19　选择【常规选项】命令

步骤 03　弹出【常规选项】对话框，在【修改权限密码】文本框中输入密码，如图 12-20 所示。

步骤 04　单击【确定】按钮，弹出【确认密码】对话框，在【重新输入修改权限密码】文本框中再次输入设定的密码，如图 12-21 所示。

图 12-20　输入密码

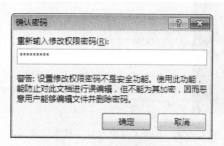

图 12-21　再次输入密码

步骤 05　单击【确定】按钮返回到【另存为】对话框，单击【保存】按钮保存工作簿。当再次打开该工作簿时，会弹出【密码】对话框，如图 12-22 所示。在文本框中输入密码后即可打开该工作簿。如果无法输入正确密码将只能以只读形式打开该工作簿，此时，只能浏览工作簿而不能进行编辑修改。

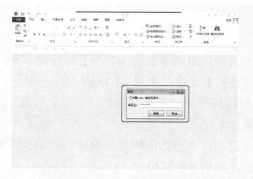

图 12-22　再次打开时输入密码

12.3.4 保护当前工作表

下面来介绍保护当前工作表的方法，具体的操作步骤如下。

步骤01 新建空白工作簿，在单元格中输入数值，单击【文件】按钮，在弹出的界面中选择【信息】选项，单击【保护工作簿】按钮，然后在弹出的下拉菜单中选择【保护当前工作表】命令，如图 12-23 所示。

步骤02 弹出【保护工作表】对话框，使用默认设置，单击【确定】按钮即可，如图 12-24 所示。

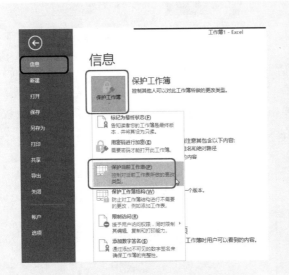

图 12-23 选择【保护当前工作表】命令

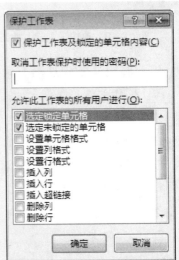

图 12-24 【保护工作表】对话框

如果在受保护的工作表中输入数据时，则会弹出信息提示对话框，提示该工作表是只读形式的，不能进行更改。

12.3.5 保护工作簿结构

保护工作簿结构是指不允许在工作簿中插入、删除或重命名工作表等，具体的操作步骤如下。

步骤01 新建空白工作簿，在单元格中输入数值，单击【文件】按钮，在弹出的界面中选择【信息】选项，单击【保护工作簿】按钮，然后在弹出的下拉菜单中选择【保护工作簿结构】命令，如图 12-25 所示。

步骤02 弹出【保护结构和窗口】对话框，使用默认设置，单击【确定】按钮即可，如图 12-26 所示。

此时在工作表标签上右击，在弹出的快捷菜单中可以看到大部分命令是灰色的，即不能对工作表进行插入、删除或重命名等操作。

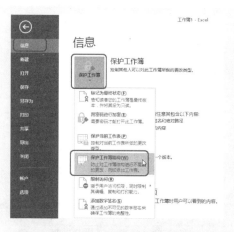

图 12-25　选择【保护工作簿结构】命令　　　图 12-26　【保护结构和窗口】对话框

12.3.6　标记为最终状态

通过标记可以告知读者此工作簿是最终版本，并且将该工作簿设置为只读形式，以防止被编辑，具体的操作步骤如下。

步骤01　新建空白工作簿，在单元格中输入数值，单击【文件】按钮，在弹出的界面中选择【信息】选项，单击【保护工作簿】按钮，然后在弹出的下拉菜单中选择【标记为最终状态】命令，如图 12-27 所示。

步骤02　弹出如图 12-28 所示的信息提示对话框，单击【确定】按钮对工作簿进行标记。

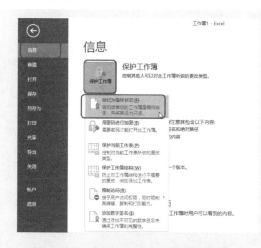

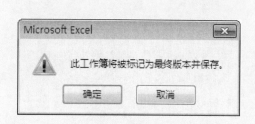

图 12-27　选择【标记为最终状态】命令　　　图 12-28　提示对话框

步骤03　单击【确定】按钮，将弹出【另存为】对话框，选择要存放的位置后保存，如图 12-29 所示。

步骤04　保存后自动返回工作表并弹出提示对话框，如图 12-30 所示。

图 12-29　选择要保存的位置

图 12-30　提示对话框

步骤05　在提示对话框中单击【确定】按钮后在工作簿功能区弹出提示框，如图 12-31
所示。若单击关闭，此时只能浏览工作簿而不能进行编辑修改，表示该工作簿已
标记为最终状态；若单击【仍然编辑】按钮，则还可以编辑。

图 12-31　提示框

第13章

综合实例

Excel 是一款功能强大的办公软件，同时在处理日常事务方面应用也非常广泛。Excel 为办公、日常生活带来了很大的便利，在本章安排了三个例子，它们对办公、日常生活都有涉及，通过这三个例子，可以进一步巩固前面所学知识，并将所学知识付诸实践。

本章重点：

➜ 制作日历
➜ 学生档案查询系统
➜ 超市收费管理

13.1 制 作 日 历

本例来介绍日历的制作，该例先是设置单元格颜色并输入文字，然后通过插入图片和绘制形状等来美化日历，效果如图 13-1 所示。

图 13-1 日历效果

步骤 01 新建一个空白工作簿，然后在如图 13-2 所示的单元格中输入文字。

步骤 02 选择 A13:G23 单元格区域，然后切换到【开始】选项卡，在【对齐方式】组中单击【居中】按钮，即可居中对齐文字，效果如图 13-3 所示。

图 13-2 输入文字

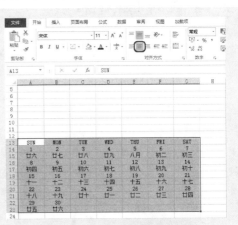

图 13-3 居中对齐文字

步骤 03 选择 A13:G13 单元格区域，然后在【字体】组中将字体设置为【黑体】，将字号设置为"13"，设置文字格式后的效果如图 13-4 所示。

步骤 04 选择 A14:G14 单元格区域，然后在【字体】组中将字体设置为【黑体】，将字号设置为"18"，并单击【加粗】按钮 B，效果如图 13-5 所示。

图 13-4　设置文字格式

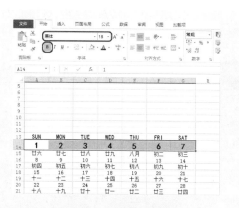

图 13-5　设置文字格式

步骤05 选择 A15:G15 单元格区域，然后在【字体】组中将字体设置为【黑体】，将字号设置为"9"，效果如图 13-6 所示。

步骤06 结合前面介绍的方法，设置其他单元格中文字的格式，效果如图 13-7 所示。

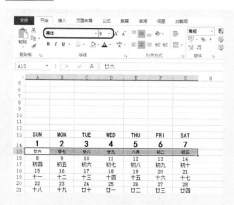

图 13-6　设置文字格式

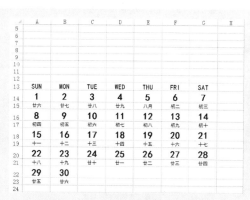

图 13-7　设置其他单元格中的文字

步骤07 选择 A13:A23 单元格区域，在【字体】组中单击【字体颜色】▲按钮右侧的下三角按钮▾，在弹出的下拉菜单中选择【红色】命令，如图 13-8 所示。

步骤08 这样即可将文字颜色更改为红色，效果如图 13-9 所示。

图 13-8　选择颜色

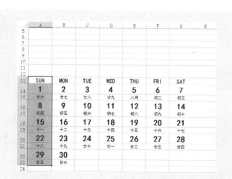

图 13-9　更改文字颜色

步骤09 使用同样的方法，将 G13:G21 单元格区域中的文字颜色更改为绿色，效果如图 13-10 所示。

步骤10 选择 A1:K29 单元格区域，如图 13-11 所示。

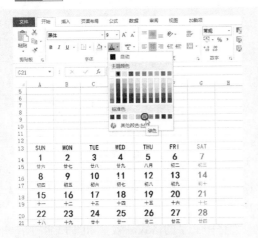

图 13-10 更改其他文字颜色　　　　图 13-11 选择单元格区域

步骤11 切换到【开始】选项卡，在【字体】组中单击【填充颜色】按钮右侧的下三角按钮，在弹出的下拉菜单中选择【金色，着色 4，淡色 80%】命令，如图 13-12 所示。

步骤12 这样即可为选择的单元格填充颜色，效果如图 13-13 所示。

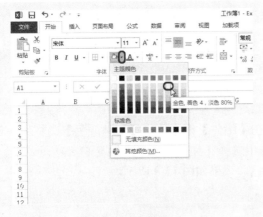

图 13-12 选择颜色

图 13-13 为选择的单元格填充颜色

步骤13 切换到【插入】选项卡，在【插图】组中单击【图片】按钮，弹出【插入图片】对话框，在该对话框中选择随书附带光盘中的 CDROM\素材\第 14 章\花边.png 素材图片，如图 13-14 所示。

步骤14 单击【插入】按钮，即可将选择的素材图片插入至工作表中，并调整图片位置，效果如图 13-15 所示。

步骤15 确定图片处于选中状态，在按住 Ctrl 键的同时，单击鼠标左键并拖动鼠标，拖动至适当位置处释放鼠标左键，即可复制图片，如图 13-16 所示。

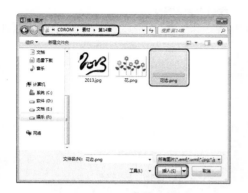

图 13-14　选择素材图片

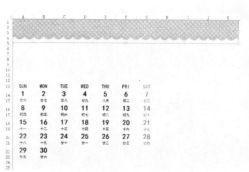

图 13-15　调整图片位置

步骤 16　确定复制后的图片处于选中状态，切换到【图片工具】下的【格式】选项卡，在【排列】组中单击【旋转对象】按钮 ，在弹出的下拉菜单中选择【垂直翻转】命令，如图 13-17 所示。

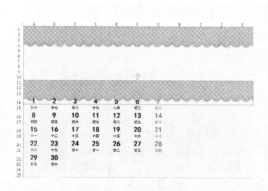

图 13-16　复制图片

图 13-17　选择【垂直翻转】命令

步骤 17　即可垂直翻转复制后的图片，并调整图片的位置，效果如图 13-18 所示。

步骤 18　切换到【插入】选项卡，在【插图】组中单击【形状】按钮，在弹出的下拉菜单中选择【圆角矩形】命令，如图 13-19 所示。

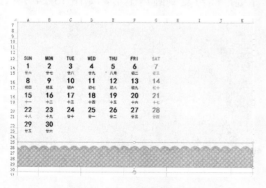

图 13-18　调整图片位置

图 13-19　选择【圆角矩形】命令

步骤 19 在工作表中绘制圆角矩形，效果如图 13-20 所示。

步骤 20 切换到【绘图工具】下的【格式】选项卡，在【形状样式】组中单击【形状填充】按钮，在弹出的下拉菜单中选择【浅绿】命令，如图 13-21 所示。

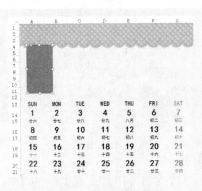
图 13-20　绘制圆角矩形

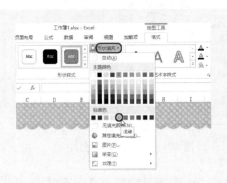
图 13-21　选择填充颜色

步骤 21 单击【形状轮廓】按钮，在弹出的下拉菜单中选择【绿色】命令，如图 13-22 所示。

步骤 22 设置圆角矩形样式后的效果如图 13-23 所示。

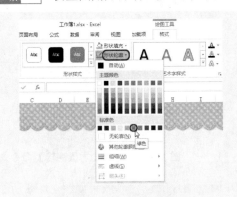
图 13-22　选择轮廓颜色

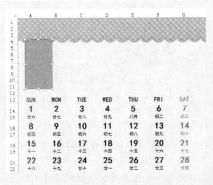
图 13-23　设置圆角矩形样式后的效果

步骤 23 确定圆角矩形处于选中状态，在按住 Ctrl 键的同时，单击鼠标左键并拖动鼠标，拖动至适当位置处释放鼠标左键，即可复制圆角矩形，如图 13-24 所示。

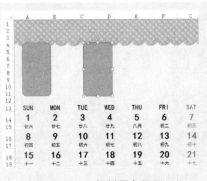
图 13-24　复制圆角矩形

步骤 24 确定复制后的圆角矩形处于选中状态，切换到【绘图工具】下的【格式】选
项卡，在【大小】组中单击【大小和属性】按钮，弹出【设置形状格式】窗
口，在该窗口中将【旋转】设置为339°，如图 13-25 所示。

步骤 25 这样即可旋转复制后的圆角矩形，效果如图 13-26 所示。

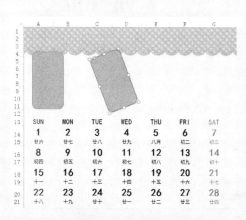

图 13-25　设置旋转度数　　　　　　图 13-26　旋转圆角矩形

步骤 26 在复制后的圆角矩形上单击鼠标右键，在弹出的快捷菜单中选择【置于底
层】|【下移一层】命令，如图 13-27 所示。

步骤 27 即可将复制后的圆角矩形下移一层，并调整圆角矩形的位置，效果如图 13-28
所示。

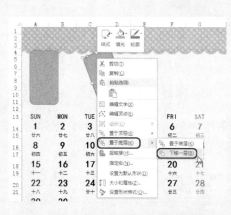

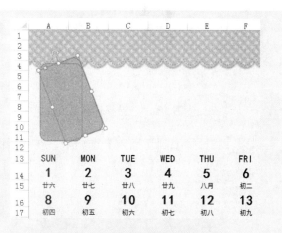

图 13-27　选择【下移一层】命令　　　图 13-28　调整复制后的圆角矩形

步骤 28 切换到【绘图工具】下的【格式】选项卡，在【形状样式】组中单击【形状
填充】按钮，在弹出的下拉菜单中选择【其他填充颜色】命令，如图 13-29 所示。

步骤 29 弹出【颜色】对话框，切换到【标准】选项卡，然后在该选项卡中选择颜色，
如图 13-30 所示。

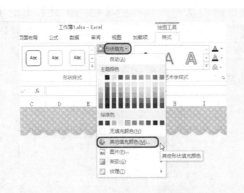

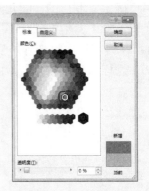

图 13-29　选择【其他填充颜色】命令　　　　图 13-30　选择颜色

步骤30　单击【确定】按钮，即可为复制后的圆角矩形填充颜色，然后在【形状样式】组中单击【形状轮廓】按钮，在弹出的下拉菜单中选择【深红】命令，如图 13-31 所示。

步骤31　这样即可为复制后的圆角矩形填充该轮廓颜色，如图 13-32 所示。

步骤32　使用同样的方法，继续复制圆角矩形，并对复制后的圆角矩形的旋转角度和样式进行设置，效果如图 13-33 所示。

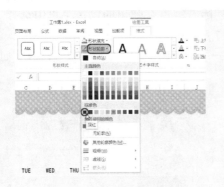

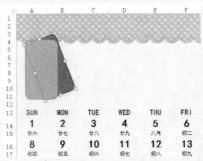

图 13-31　选择轮廓颜色　　　　图 13-32　填充轮廓颜色

步骤33　切换到【插入】选项卡，在【插图】组中单击【形状】按钮，在弹出的下拉菜单中选择【椭圆】命令，如图 13-34 所示。

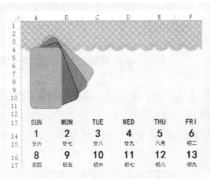

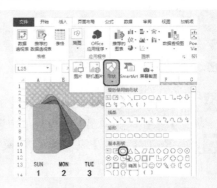

图 13-33　复制并设置圆角矩形　　　　图 13-34　选择【椭圆】命令

步骤34 在按住 Shift 键的同时绘制正圆，效果如图 13-35 所示。

步骤35 切换到【绘图工具】下的【格式】选项卡，在【形状样式】组中单击【形状填充】按钮，在弹出的下拉菜单中选择【金色，着色 4，淡色 80%】命令，如图 13-36 所示。

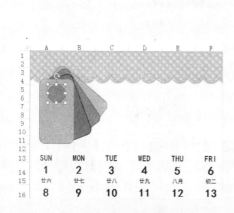

图 13-35　绘制正圆

图 13-36　选择填充颜色

步骤36 单击【形状轮廓】按钮，在弹出的下拉菜单中选择【绿色】命令，如图 13-37 所示。

步骤37 设置正圆样式后的效果如图 13-38 所示。

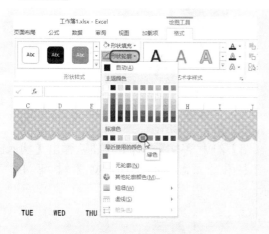

图 13-37　选择轮廓颜色

图 13-38　设置正圆样式后的效果

步骤38 切换到【插入】选项卡，在【文本】组中单击【绘制横排文本框】按钮，然后在工作表中绘制横排文本框，如图 13-39 所示。

步骤39 在绘制的文本框中输入数字 9，然后选择该文本框，切换到【绘图工具】下的【格式】选项卡，在【形状样式】组中单击【形状填充】按钮，在弹出的下拉菜单中选择【无填充颜色】命令，如图 13-40 所示。

步骤40 在【形状样式】组中单击【形状轮廓】按钮，在弹出的下拉菜单中选择【无轮廓】命令，如图 13-41 所示。

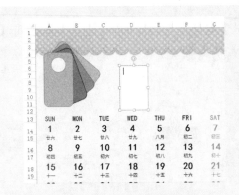

图 13-39　绘制横排文本框

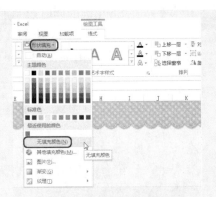

图 13-40　选择【无填充颜色】命令

步骤41　切换到【开始】选项卡，在【字体】组中将字体设置为【黑体】，将字号设置为"60"，将【字体颜色】设置为白色，并单击【加粗】按钮 **B**，效果如图 13-42 所示。

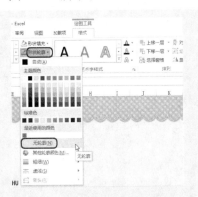

图 13-41　选择【无轮廓】命令

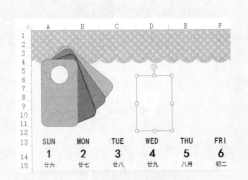

图 13-42　设置文字格式

步骤42　在工作表中调整文本框位置，效果如图 13-43 所示。

步骤43　切换到【插入】选项卡，在【插图】组中单击【图片】按钮，弹出【插入图片】对话框，在该对话框中选择随书附带光盘中的 CDROM\素材\第 14 章\2013.jpg 素材图片，如图 13-44 所示。

图 13-43　调整文本框位置

图 13-44　选择素材图片

步骤44 单击【插入】按钮，即可将选择的素材图片插入至工作表中。确定插入的素材图片处于选中状态，切换到【图片工具】下的【格式】选项卡，在【大小】组中将【形状高度】设置为 3.32 厘米、【形状宽度】设置为 4.39 厘米，如图 13-45 所示。

步骤45 在【调整】组中单击【颜色】按钮，在弹出的下拉菜单中选择【设置透明色】命令，如图 13-46 所示。

图 13-45　设置图片大小

图 13-46　选择【设置透明色】命令

步骤46 在图片的白色背景上单击鼠标左键，即可将图片的白色背景设置透明色，效果如图 13-47 所示。

步骤47 再次单击【颜色】按钮，在弹出的下拉菜单中选择【橙色，着色 2 浅色】命令，如图 13-48 所示。

图 13-47　设置透明色

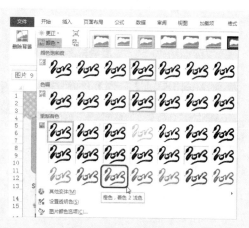

图 13-48　选择【橙色，着色 2 浅色】命令

步骤48 这样即可为选择的图片重新着色，然后在【图片样式】组中单击【图片效果】按钮，在弹出的下拉菜单中选择【映像】|【半映像，接触】命令，如图 13-49 所示。

步骤49 这样即可为图片添加映像效果，然后在工作表中调整图片的位置，效果如图 13-50 所示。

图 13-49　选择【半映像，接触】命令

图 13-50　调整图片位置

步骤50　切换到【插入】选项卡，在【文本】组中单击【绘制横排文本框】按钮，然后在工作表中绘制横排文本框，如图 13-51 所示。

步骤51　在绘制的文本框中输入文字，然后选择该文本框，并使用前面介绍的方法，将文本框的填充颜色和轮廓颜色都设为无，效果如图 13-52 所示。

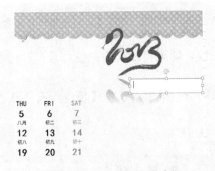

图 13-51　绘制横排文本框

图 13-52　设置文本框

步骤52　切换到【开始】选项卡，在【字体】组中将字体设置为【华文行楷】、字号设置为"18"，然后在工作表中调整文本框的位置，效果如图 13-53 所示。

步骤53　切换到【插入】选项卡，在【插图】组中单击【形状】按钮，在弹出的下拉菜单中选择【对角圆角矩形】命令，如图 13-54 所示。

图 13-53　设置文字并调整文本框位置

图 13-54　选择【对角圆角矩形】命令

步骤 54 在工作表中绘制对角圆角矩形，效果如图 13-55 所示。

步骤 55 切换到【绘图工具】下的【格式】选项卡，在【形状样式】组中单击【形状填充】按钮，在弹出的下拉菜单中选择【白色，背景 1】命令，如图 13-56 所示。

图 13-55　绘制对角圆角矩形

图 13-56　选择填充颜色

步骤 56 单击【形状轮廓】按钮，在弹出的下拉菜单中选择【金色，着色 4，深色 50%】命令，如图 13-57 所示。

步骤 57 设置对角圆角矩形样式后的效果如图 13-58 所示。

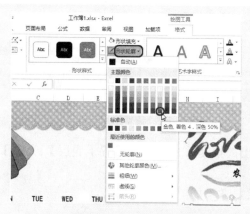

图 13-57　选择轮廓颜色

图 13-58　设置对角圆角矩形样式后的效果

步骤 58 确定对角圆角矩形处于选中状态，然后直接输入文字即可，并选择输入的文字，在【开始】选项卡的【字体】组中，将【字体颜色】设置为【白色，背景 1，深色 50%】，如图 13-59 所示。

步骤 59 选择文字"重要日期"，将其字体颜色更改为绿色，然后在【对齐方式】组中单击【居中】按钮≡，效果如图 13-60 所示。

步骤 60 切换到【插入】选项卡，在【插图】组中单击【图片】按钮，弹出【插入图片】对话框，在该对话框中选择随书附带光盘中的 CDROM\素材\第 14 章\花.png，如图 13-61 所示。

图 13-59 输入并设置文字	图 13-60 设置文字"重要日期"

步骤61 单击【插入】按钮，即可将选择的素材图片插入至工作表中，并在工作表中调整图片的位置，效果如图 13-62 所示。

图 13-61 选择素材图片	图 13-62 调整图片位置

步骤62 在图片上单击鼠标右键，在弹出的快捷菜单中选择【置于底层】|【置于底层】命令，如图 13-63 所示。

步骤63 这样即可将选择的图片置于底层，效果如图 13-64 所示。

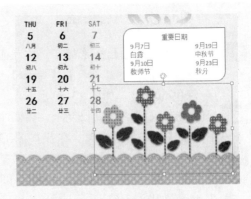

图 13-63 选择【置于底层】命令	图 13-64 将图片置于底层

步骤 64 切换到【插入】选项卡，在【插图】组中单击【形状】按钮，在弹出的下拉菜单中选择【直线】命令，如图 13-65 所示。

步骤 65 在按住 Shift 键的同时绘制直线，效果如图 13-66 所示。

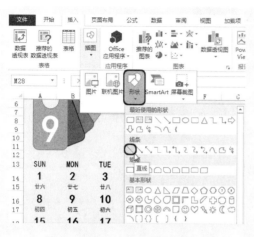

图 13-65　选择【直线】命令

图 13-66　绘制直线

步骤 66 切换到【绘图工具】下的【格式】选项卡，在【形状样式】组中单击【形状轮廓】按钮，在弹出的下拉菜单中选择【金色，着色 4，深色 50%】命令，如图 13-67 所示。

步骤 67 设置轮廓颜色后的效果如图 13-68 所示。

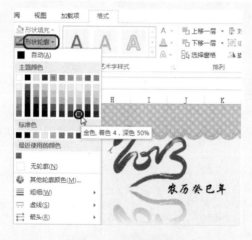

图 13-67　选择轮廓颜色

图 13-68　设置轮廓颜色后的效果

步骤 68 确定直线处于选中状态，在按住 Ctrl 键的同时，单击鼠标左键并拖动鼠标，拖动至适当位置处释放鼠标左键，即可复制直线，如图 13-69 所示。

步骤 69 使用同样的方法，继续复制直线，效果如图 13-70 所示。

步骤 70 至此，日历就制作完成了，单击【文件】按钮，在弹出的界面中选择【另存为】选项，在右侧选择【计算机】选项，然后单击【浏览】按钮，如图 13-71 所示。

图 13-69　复制直线　　　　　　　　图 13-70　继续复制直线

步骤71　在弹出的【另存为】对话框中指定保存路径，并在【文件名】文本框中输入"日历"，设置完成后单击【保存】按钮即可，如图 13-72 所示。

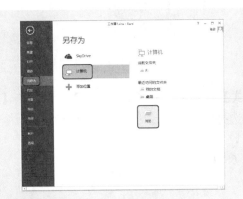

图 13-71　单击【浏览】按钮

图 13-72　设置保存路径并输入文件名

13.2　学生档案查询系统

下面将简单地创建一个学生档案查询系统，主要借助于调整单元格、输入内容，以及为其设置超链接等知识，效果如图 13-73 所示。

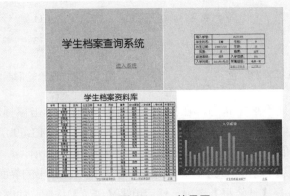

图 13-73　效果图

13.2.1 制作学生档案资料库

在制作查询系统之前，首先应该创建一个学生档案资料库。创建学生档案资料库的具体操作步骤如下。

步骤 01 打开 Excel 2013 软件，在开始界面中选择【空白工作簿】选项，如图 13-74 所示。

步骤 02 选择该选项后即可创建一个空白的工作簿，然后将该工作簿的标签名更改为"学生档案资料库"，如图 13-75 所示。

图 13-74　选择【空白工作簿】选项　　　　图 13-75　更改工作簿的标签名称

步骤 03 选择 C1:M1 单元格区域，在【开始】选项卡中单击【对齐方式】组中的【合并后居中】按钮右侧的下拉三角按钮，在弹出的下拉菜单中选择【合并后居中】命令，如图 13-76 所示。

步骤 04 为其设置居中后，选择工作行 1，如图 13-77 所示。

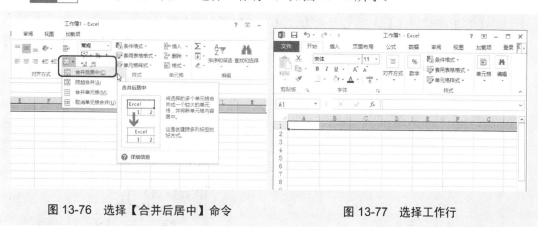

图 13-76　选择【合并后居中】命令　　　　图 13-77　选择工作行

步骤 05 单击鼠标右键，在弹出的快捷菜单中选择【行高】命令，如图 13-78 所示。

步骤 06 打开【行高】对话框，将【行高】设置为"51"，如图 13-79 所示。

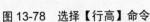

图 13-78　选择【行高】命令　　　　图 13-79　【行高】对话框

步骤 07　设置完成后单击【确定】按钮，双击 A1 单元格，当光标处于闪动的状态下时，在该单元格中输入相应的文本信息，如图 13-80 所示。

图 13-80　输入相应的文本

步骤 08　选择输入的文本内容，在【开始】选项卡中，将【字体】组中的字体设置为【方正准圆简体】，字号设置为"36"，如图 13-81 所示。

步骤 09　选择工作行 2，单击鼠标右键，在弹出的快捷菜单中选择【行高】命令，打开【行高】对话框，在该对话框中将【行高】设置为"20"，如图 13-82 所示。

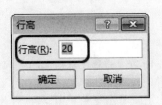

图 13-81　设置文字属性　　　　图 13-82　【行高】对话框

步骤 10 单击【确定】按钮，在 C2:M2 单元格中输入相应的信息内容，如图 13-83 所示。

步骤 11 输入完成后在其他的单元格中输入文字信息，完善单元格，如图 13-84 所示。

图 13-83 输入信息

图 13-84 输入信息后的效果

步骤 12 选中列 F，单击鼠标右键，在弹出的快捷菜单中选择【列宽】命令，如图 13-85 所示。

步骤 13 打开【列宽】对话框，在该对话框中将【列宽】设置为"9"，如图 13-86 所示。

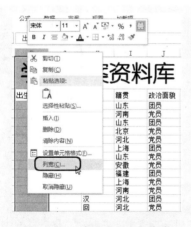

图 13-85 选择【列宽】命令

图 13-86 【列宽】对话框

步骤 14 设置完成后单击【确定】按钮，即可为其改变工作列的列宽，使用同样的方法改变工作列 L 的宽度，并在这两列中输入日期，如图 13-87 所示。

步骤 15 设置完成后选择 G3 单元格，在编辑栏中输入"=DATEDIF(F3,TODAY(), "Y.")"，如图 13-88 所示。

步骤 16 输入完成后单击编辑栏中的【输入】按钮✔，即可计算该单元格的结果，如图 13-89 所示。

图 13-87　输入日期

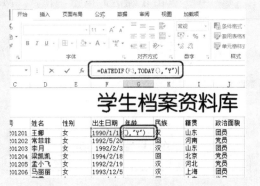

图 13-88　输入公式

步骤 17　将鼠标光标移动至 G3 单元格，当鼠标光标变成黑色十字架时，按住鼠标左键向下拖曳至 G24 单元格，释放鼠标即可对其进行自动填充计算结果，如图 13-90 所示。

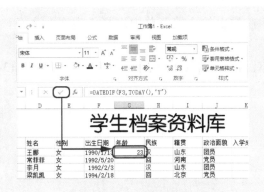

图 13-89　计算结果

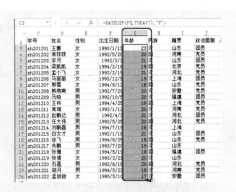

图 13-90　自动填充公式

步骤 18　选择 C2:M2 单元格区域，单击鼠标右键，在弹出的快捷菜单中选择【设置单元格格式】命令，如图 13-91 所示。

步骤 19　打开【设置单元格格式】对话框，如图 13-92 所示。

图 13-91　选择【设置单元格格式】命令

图 13-92　【设置单元格格式】对话框

步骤20 切换至【边框】选项卡，在【线条】样式区域中选择一种线条样式，然后单击【预置】选项组中的【外边框】按钮田和【内部】按钮田，如图 13-93 所示。

步骤21 设置完成后单击【确定】按钮，然后选择 C3:M24 单元格区域，如图 13-94 所示。

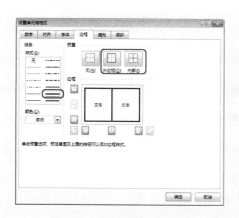

图 13-93　设置边框属性

图 13-94　选择单元格区域

步骤22 单击鼠标右键，在弹出的快捷菜单中选择【设置单元格格式】命令，打开【设置单元格格式】对话框，切换至【边框】选项卡，在【线条】样式区域中选择一种线条样式，然后单击【预置】选项组中的【外边框】按钮田和【内部】按钮田，如图 13-95 所示。

步骤23 设置完成后单击【确定】按钮，设置完成后的效果如图 13-96 所示。

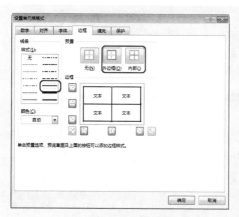

图 13-95　设置边框

图 13-96　设置完成边框后的效果

步骤24 在工作簿中单击左上角的按钮，选择全部行和列，在【开始】选项卡中，两次单击【对齐方式】组中的【居中】按钮，为工作簿中的所有文本设置居中效果，如图 13-97 所示。

步骤25 确认全部单元格处于被选择的状态下，单击【字体】组中的【填充颜色】右侧的下拉按钮，在弹出的下拉菜单中选择【橙色，着色 2，淡色 80%】命令，如图 13-98 所示。

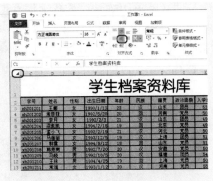

图 13-97　设置文本居中效果

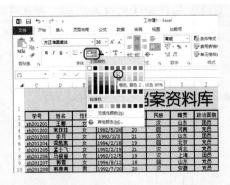

图 13-98　选择【橙色，着色 2，淡色 80%】命令

13.2.2　制作学生档案查询页

制作完成学生档案资料库后，接下来制作学生档案的查询页面。下面我们将简单地介绍学生档案查询页的制作方法。

步骤 01　在标签栏中单击【新工作表】按钮，新建一个工作簿，将其重命名为"学生档案查询"，并为其调整位置，如图 13-99 所示。

步骤 02　选择工作行 10、11、12、13、14、15、16，如图 13-100 所示。

图 13-99　新建工作簿

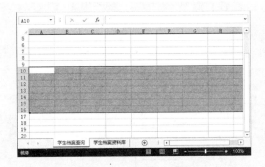

图 13-100　选择工作行

步骤 03　单击鼠标右键，在弹出的快捷菜单中选择【行高】命令，如图 13-101 所示。

步骤 04　弹出【行高】对话框，将【行高】设置为"23"，如图 13-102 所示。

图 13-101　选择【行高】命令

图 13-102　【行高】对话框

步骤 05　设置完成后单击【确定】按钮，工作列 E、F、G、H 如图 13-103 所示。

步骤 06　单击鼠标右键，在弹出的快捷菜单中选择【列宽】命令，如图 13-104 所示。

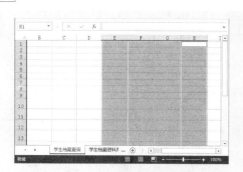

图 13-103　选择工作列

图 13-104　选择【列宽】命令

步骤 07　打开【列宽】对话框，在该对话框中将【列宽】设置为"13"，如图 13-105 所示。

步骤 08　设置完成后单击【确定】按钮，在工作簿中选择 E10 单元格，在该单元格中输入文本信息，并选择输入的文本信息，在【开始】选项卡中，将【字体】组中的【字体】设置为【方正准圆简体】，将【字号】设置为"14"，如图 13-106 所示。

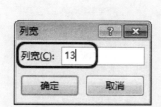

图 13-105　【列宽】对话框

图 13-106　输入文本并设置其属性

步骤 09　使用同样的方法，在其他的单元格中输入文本信息，如图 13-107 所示。

步骤 10　选择 F10:H10 单元格区域，在【对齐方式】组中单击【合并后居中】按钮，合并单元格，如图 13-108 所示。

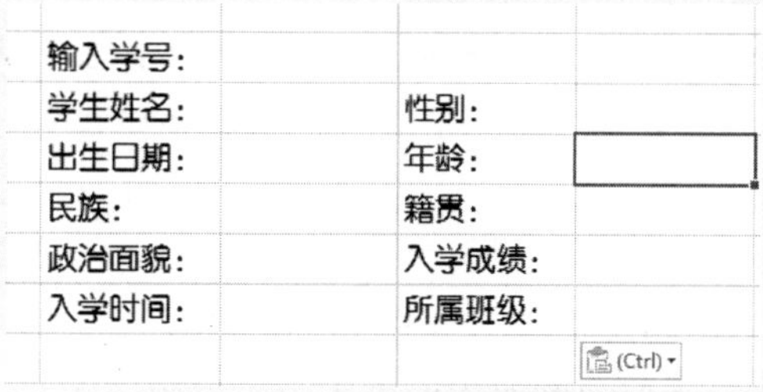

输入学号：

学生姓名：　　　　性别：

出生日期：　　　　年龄：

民族：　　　　　　籍贯：

政治面貌：　　　　入学成绩：

入学时间：　　　　所属班级：

图 13-107　输入信息后的效果

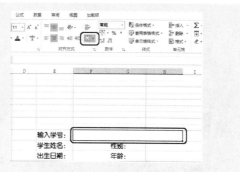

图 13-108　合并单元格

步骤 11　选择 F10 单元格，在该单元格中输入一个学号，如图 13-109 所示。

步骤 12　选择 F11 单元格，在编辑栏中输入函数 "=VLOOKUP(学生档案查询!F10,学生档案资料库!C3:M24,2)"，如图 13-110 所示。然后单击编辑栏中的【输入】按钮✔，确认函数的输入，效果如图 13-111 所示。

图 13-109　输入学号　　　　　　　　　　　图 13-110　输入函数

步骤 13　在 H11 单元格中输入函数 "=VLOOKUP(学生档案查询!F10,学生档案资料库!C3:M24,3)"，并单击编辑栏中的【输入】按钮✔，如图 13-112 所示。

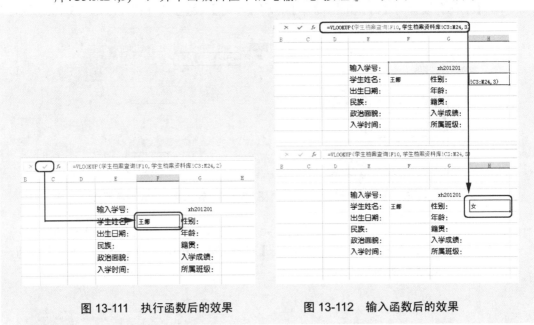

图 13-111　执行函数后的效果　　　　　　　图 13-112　输入函数后的效果

步骤 14　使用同样的方法，依次在其他单元格中输入函数，然后选择 F15 单元格，单击鼠标右键，在弹出的快捷菜单中选择【设置单元格格式】命令，如图 13-113 所示。

步骤 15　打开【设置单元格格式】对话框，在【分类】列表框中选择【日期】选项，在【类型】列表框中选择 2012 年 3 月 14 日，如图 13-114 所示。

步骤 16　设置完成后单击【确定】按钮，完成后的效果如图 13-115 所示。

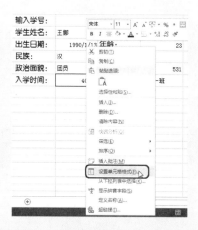

图 13-113　选择【设置单元格格式】命令　　　　图 13-114　【设置单元格格式】对话框

步骤17　选择 E10:H15 单元格区域，单击鼠标右键，在弹出的快捷菜单中选择【设置单元格格式】命令，打开【设置单元格格式】对话框，在该对话款中切换至【边框】选项卡，在【线条】样式区域中选择一种线条样式，然后单击【预置】选项组中的【外边框】按钮⊞和【内部】按钮⊞，如图 13-116 所示。

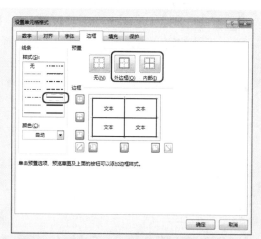

图 13-115　设置完成后的效果　　　　　　图 13-116　【设置单元格格式】对话框

步骤18　设置完成后单击【确定】按钮，确认 E10:H15 单元格区域处于被选择的状态下，在【对齐方式】组中单击【居中对齐】按钮≡，为其设置居中对齐方式，如图 13-117 所示。

步骤19　在工作簿中单击◢按钮，在【开始】选项卡中，单击【字体】组中填充颜色右侧的下拉按钮，在弹出的下拉菜单中选择【橙色，着色 2，淡色 60%】命令，如图 13-118 所示。

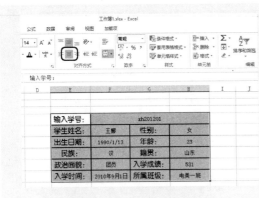

图 13-117　设置对齐方式　　　　　　图 13-118　选择填充颜色

13.2.3　制作学生档案查询首页

系统一般都设有一个首页，下面将简单地介绍学生档案查询首页的制作，具体操作步骤如下。

步骤01　在标签栏中单击【新工作表】按钮➕，新建一个工作簿，将其重命名为"学生档案查询"，并为其调整位置，如图 13-119 所示。

步骤02　选择 D8:K17 单元格区域，在【对齐方式】组中单击【合并后居中】右侧的下拉按钮，在弹出的下拉菜单中选择【合并后居中】命令，如图 13-120 所示。

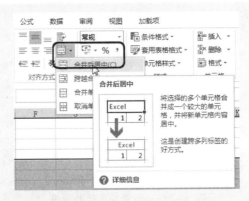

图 13-119　新建工作表　　　　　　图 13-120　选择【合并后居中】命令

步骤03　在合并后的单元格中输入文本信息，如图 13-121 所示。

步骤04　选择输入文本信息的单元格，在【字体】组中将字体设置为【方正准圆简体】，将字号设置为"48"，如图 13-122 所示。

步骤05　设置完成后单击▰按钮，选择全部单元格，单击【字体】组中填充颜色右侧的下拉按钮，在弹出的下拉菜单中选择【橙色，着色 2，淡色 40%】命令，如图 13-123 所示。

图 13-121 输入文本信息　　　　　　图 13-122 设置字体属性

步骤06　设置完成后的效果如图 13-124 所示。

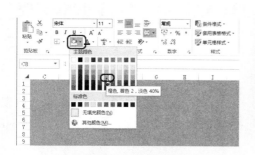

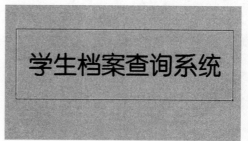

图 13-123 设置背景颜色　　　　　　图 13-124 完成后的效果

13.2.4 制作入学成绩图标

下面将简单地介绍入学成绩图表的具体操作步骤。

步骤01　在标签栏中单击【新工作表】按钮⊕，新建一个工作簿，将其重命名为"学生入学成绩图表"，并为其调整位置，切换至"学生档案资料库"工作簿中，如图 13-125 所示。

步骤02　选择工作列 C、D、K，如图 13-126 所示。

图 13-125 学生档案资料库　　　　　　图 13-126 选择工作列

步骤03　切换至【插入】选项卡，在图表组中单击【推荐的图表】按钮，弹出【插入图表】对话框，如图 13-127 所示。

步骤 04 在该对话框中保持默认设置，单击【确定】按钮，此时即可创建一个图表，如图 13-128 所示。

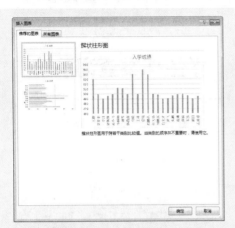

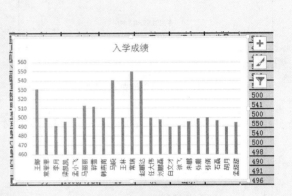

图 13-127 【插入图表】对话框　　　　　图 13-128 创建的图表

步骤 05 确认创建的图表处于被选择的状态下，在【设计】选项卡中，单击【图表样式】组中的【其他】按钮，在弹出的下拉菜单中选择【样式 9】命令，如图 13-129 所示。

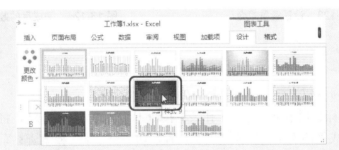

图 13-129 选择图表样式

步骤 06 更改图表的大小，然后按 Ctrl+X 组合键，切换至"学生入学成绩图表"工作簿，并调整其位置，如图 13-130 所示。

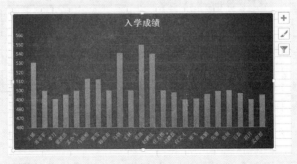

图 13-130 调整图表的位置

13.2.5 设置超链接

档案查询的基本内容已经完成了，既然是查询，就必定有链接关系。下面我们将简单地介绍设置超链接的具体操作步骤。

步骤01 切换至"学生档案查询首页"工作簿，选择 I19:J21 单元格区域，在【开始】选项卡中单击【合并后居中】按钮右侧的下拉按钮，在弹出的下拉菜单中选择【合并后居中】命令，如图 13-131 所示。

步骤02 在合并的单元格中输入信息，选项该单元格，单击鼠标右键，在弹出的快捷菜单中选择【超链接】命令，如图 13-132 所示。

图 13-131 合并单元格

图 13-132 选择【超链接】命令

步骤03 弹出【插入超链接】对话框，在该对话框中将【链接到】设置为【本文档中的位置】，选择位置为【学生档案查询】选项，如图 13-133 所示。

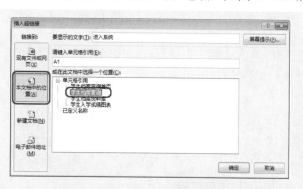

图 13-133 【插入超链接】对话框

步骤04 设置完成后单击【确定】按钮，即可为其添加超链接。然后设置该单元格中的字体属性，如图 13-134 所示。

步骤05 单击设置超链接后的单元格，进入"学生档案查询"工作簿，选择工作行16，将其【行高】设置为23，如图 13-135 所示。

图 13-134　设置单元格中文本的属性

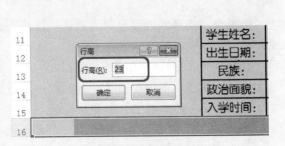

图 13-135　设置行高

步骤06　设置完成后单击【确定】按钮，在 G16 单元格中输入文本信息，将其字号设置为"13"，如图 13-136 所示。

步骤07　使用同样的方法打开【插入超链接】对话框，在该对话框中将【链接到】设置为【本文档中的位置】，选择位置为【学生档案资料库】选项，如图 13-137 所示。

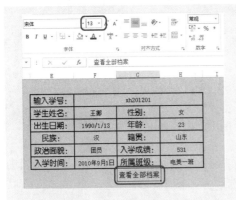

图 13-136　设置文本字号

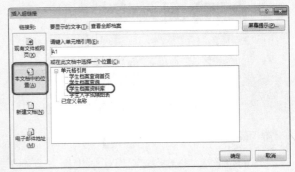

图 13-137　【插入超链接】对话框

步骤08　设置完成后单击【确定】按钮，使用同样的方法在该工作簿中添加一个返回首页的超链接，如图 13-138 所示。

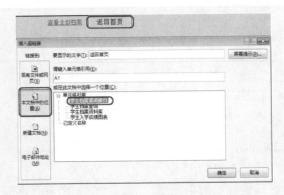

图 13-138　设置超链接

步骤 09 使用同样的方法，在"学生档案资料库"、"学生入学成绩图表"工作簿中创建超链接，效果如图 13-139 和图 13-140 所示。

步骤 10 切换至【文件】选项卡，在该选项卡中选择【选项】选项，如图 13-141 所示。

18	汉	上海		498	2010/9/1	电美一班
21	汉	山东	团员	490	2010/9/1	电美二班
18	回	山东	党员	491	2010/9/1	电美一班
19	汉	山东		496	2010/9/1	电美二班
18	回	福建	团员	499	2010/9/1	电美二班
20	汉	山东		500	2010/9/1	电美二班
20	回	河北	党员	497	2010/9/1	电美一班
18	汉	河南	党员	490	2010/9/1	电美二班
17	汉	安徽	团员	495	2010/9/1	电美一班

学生档案查询首页　　　　学生入学成绩图表　　　返回

图 13-139　设置的超链接

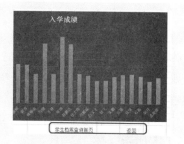

图 13-140　设置的超链接

步骤 11 打开【Excel 选项】对话框，切换到【高级】选项设置界面，取消选中【显示网格线】复选框，如图 13-142 所示。

图 13-141　选择【选项】选项

图 13-142　【Excel 选项】对话框

步骤 12 设置完成后单击【确定】按钮，再次切换至【文件】选项卡，在该选项卡中选择【另存为】选项，选择【计算机】选项，然后单击【浏览】按钮，如图 13-143 所示。

步骤 13 在弹出的【另存为】对话框中为其指定一个正确的存储路径，并为其重命名，如图 13-144 所示。

图 13-143　【文件】选项卡

图 13-144　【另存为】对话框

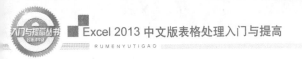

步骤 14　单击【保存】按钮即可。

13.3　超市收费管理

在超市里，所售商品种类繁多，各种商品的价格又不相同，如果人工计算顾客的消费额，工作量会十分庞大，并且浪费时间。对此，可以创建 Excel 工作簿，来自动完成顾客的结账计算。在顾客结账时只需输入所购商品数量及顾客付款额，计算任务由系统完成。通过本方案不仅可以节省人力，提高效率，并且可以避免人工计算的失误。在本工作簿中将建立两个工作表，一个用来存储商品信息；另一个用来完成资金的结算，如图 13-145 所示。

商品编号	商品名称	单价
A001	悦泉矿泉水	¥1.50
A002	美芯矿泉水	¥1.20
A003	青山泉矿泉水	¥2.00
A004	好美味果汁	¥5.00
A005	佳饮果汁	¥6.00
A006	美雪可乐	¥3.00
A007	小田园可乐	¥3.50
A008	松青面包	¥4.00
A009	再回思面包	¥4.50
A010	香万里面包	¥4.00
A011	草莓饼干	¥15.00
A012	香香饼干	¥17.00

营业日期	2013/4/29						
商品编号	商品名称	单价	数量	小计	应收款	付款	找零
A001	悦泉矿泉水	¥ 1.50		¥ -	¥ -		¥ -
A002	美芯矿泉水	¥ 1.20		¥ -			
A003	青山泉矿泉水	¥ 2.00		¥ -			
A004	好美味果汁	¥ 5.00		¥ -			
A005	佳饮果汁	¥ 6.00		¥ -			
A006	美雪可乐	¥ 3.00		¥ -			
A007	小田园可乐	¥ 3.50		¥ -			
A008	松青面包	¥ 4.00		¥ -			
A009	再回思面包	¥ 4.50		¥ -			
A010	香万里面包	¥ 4.00		¥ -			
A011	草莓饼干	¥ 15.00		¥ -			
A012	香香饼干	¥ 17.00		¥ -			

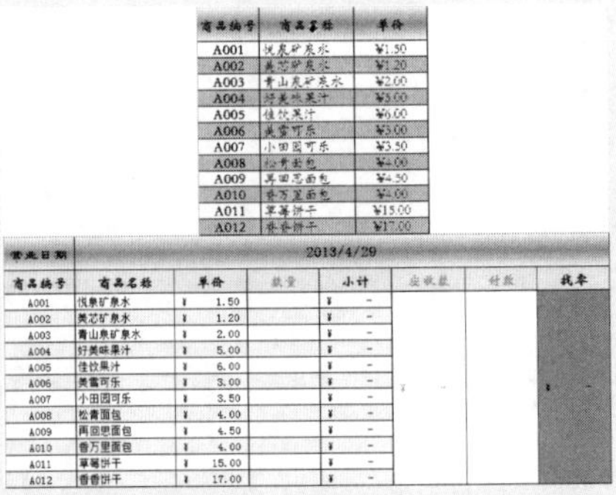

图 13-145　案例预览

13.3.1　商品信息工作表

首先工作簿中应有一个工作表用来存储商品信息，该表的作用一是集中管理商品信息，二是为其他工作表提供源数据。

步骤 01　启动 Excel 2013，新建空白工作簿，如图 13-146 所示。

步骤 02　完成工作簿的创建，在新工作表中，双击工作表标签 Sheet1，将其重命名为“商品信息”，如图 13-147 所示。

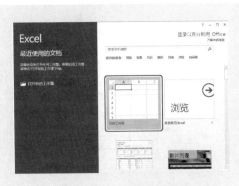

图 13-146　新建工作簿

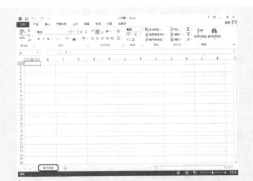

图 13-147　重命名

步骤 03 在 A1:C1 单元格区域中输入数据，如图 13-148 所示。

图 13-148 输入数据

步骤 04 在 A2:A13 单元格区域中输入数据，如图 13-149 所示。

步骤 05 在 B2:C13 单元格区域中输入数据，完善工作表数据信息，如图 13-150 所示。

图 13-149 输入数据

图 13-150 完善数据

步骤 06 选择 A 列所有单元格，如图 13-151 所示。

图 13-151 选择单元格区域

步骤 07 切换至【开始】选项卡，单击【单元格】组中的【格式】按钮，在打开的下拉菜单中选择【列宽】命令，如图 13-152 所示。

步骤 08 弹出【列宽】对话框，输入新列宽"10"，如图 13-153 所示。

步骤 09 单击【确定】按钮完成设置。按照相同的方法，选择 B 列所有单元格，将列宽设置为"16"；选择 C 列所有单元格，将列宽设置为"12"，设置完成后如图 13-154 所示。

图 13-152　设置列宽　　　　　　图 13-153　新列宽

步骤10　选择 A、B、C 三列的所有单元格，如图 13-155 所示。

	A	B	C	D
1	商品编号	商品名称	单价	
2	A001	悦泉矿泉水	1.5	
3	A002	美芯矿泉水	1.2	
4	A003	青山泉矿泉水	2	
5	A004	好美味果汁	5	
6	A005	佳饮果汁	6	
7	A006	美雪可乐	3	
8	A007	小田园可乐	3.5	
9	A008	松青面包	4	
10	A009	再回思面包	4.5	
11	A010	香万里面包	4	
12	A011	草莓饼干	15	
13	A012	香香饼干	17	
14				

图 13-154　调整列宽　　　　　　图 13-155　选择所有单元格

步骤11　切换至【开始】选项卡，单击【单元格】组中的【格式】按钮，在打开的下拉菜单中，选择【行高】命令，如图 13-156 所示。

步骤12　弹出【行高】对话框，输入新行高"17"，如图 13-157 所示。

图 13-156　设置行高　　　　　　图 13-157　新行高

步骤13　单击【确定】按钮完成设置。选择 A 列所有单元格，右击鼠标，在弹出的快捷菜单中选择【设置单元格格式】命令，如图 13-158 所示。

步骤14 弹出【设置单元格格式】对话框，切换至【对齐】选项卡。在【文本对齐方式】选项组中，将【水平对齐】设置为【居中】，如图 13-159 所示。

图 13-158 选择【设置单元格格式】命令

图 13-159 水平居中

步骤15 切换至【字体】选项卡，在【字体】列表中选择【华文宋体】，在【字形】列表中选择【加粗】，在【字号】列表中选择"14"，如图 13-160 所示。

步骤16 单击【确定】按钮完成设置。选择 B 列所有单元格，右击鼠标，在弹出的快捷菜单中选择【设置单元格格式】命令。

步骤17 弹出【设置单元格格式】对话框，切换至【字体】选项卡，在【字体】列表中选择【华文楷体】，在【字号】列表中选择"14"，如图 13-161 所示。

图 13-160 设置字体

图 13-161 设置字体

步骤18 单击【确定】按钮完成设置。选择 C 列所有单元格，右击鼠标，在弹出的快捷菜单中选择【设置单元格格式】命令。

步骤19 弹出【设置单元格格式】对话框，切换至【数字】选项卡，在【分类】列表框中选择【货币】选项，然后在右侧将【小数位数】设置为"2"，在【货币符号(国家/地区)】下拉列表框中选择￥，在【负数】列表框中选择￥-1,234.10，如图 13-162 所示。

步骤20 切换至【对齐】选项卡。在【文本对齐方式】选项组中，将【水平对齐】设置为【居中】，如图 13-163 所示。

步骤21 切换至【字体】选项卡，在【字体】列表中选择【华文宋体】，在【字号】

列表中选择"14"，如图 13-164 所示。

图 13-162　设置数字格式　　　　　图 13-163　水平居中

步骤22　单击【确定】按钮完成设置。选择工作表中第一行的所有单元格，如图 13-165 所示。

图 13-164　设置字体　　　　　　图 13-165　选择单元格

步骤23　将该行的行高设置为"35"，依然选择该行所有单元格，右击鼠标，在弹出的快捷菜单中选择【设置单元格格式】命令，如图 13-166 所示。

步骤24　弹出【设置单元格格式】对话框，切换至【数字】选项卡，在【分类】列表框中选择【常规】选项，如图 13-167 所示。

图 13-166　选择【设置单元格格式】命令　　　　图 13-167　设置数字格式

步骤25 切换至【对齐】选项卡。在【文本对齐方式】选项组中，将【水平对齐】设置为【居中】，如图 13-168 所示。

步骤26 切换至【字体】选项卡，在【字体】列表中选择【华文新魏】，在【字形】列表中选择【加粗】，在【字号】列表中选择"14"，如图 13-169 所示。

图 13-168　水平居中　　　　　　　　　图 13-169　设置字体

步骤27 单击【确定】按钮完成设置。选择 A1:C1 单元格区域，右击鼠标，在弹出的快捷菜单中选择【设置单元格格式】命令。

步骤28 弹出【设置单元格格式】对话框，切换至【填充】选项卡，单击【填充效果】按钮，如图 13-170 所示。

步骤29 弹出【填充效果】对话框，在【变形】选项组中选择一种效果，如图 13-171 所示。

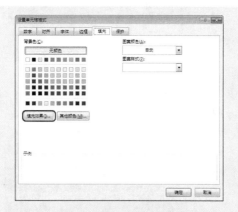
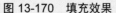

图 13-170　填充效果　　　　　　　　　图 13-171　选择效果

步骤30 单击【确定】按钮，返回【设置单元格格式】对话框，单击【确定】按钮完成设置。

步骤31 选择 A3:C3 单元格区域，如图 13-172 所示。

步骤32 切换至【开始】选项卡，在【字体】组中单击【填充颜色】按钮 右侧的下拉按钮，展开下拉菜单，选择【橙色】命令，如图 13-173 所示。

图 13-172　选择单元格区域

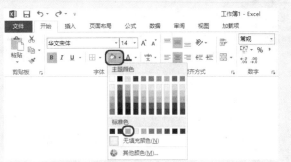

图 13-173　填充颜色

步骤33　选择 A2:C3 单元格区域，如图 13-174 所示。

步骤34　切换至【开始】选项卡，单击【剪贴板】组中的【格式刷】按钮 ，拖动鼠标左键选中 A4:C13 单元格区域，如图 13-175 所示。

图 13-174　选择单元格区域

图 13-175　使用格式刷

步骤35　完成单元格的颜色填充，如图 13-176 所示。

步骤36　选择 A1:C13 单元格区域，如图 13-177 所示。

图 13-176　填充颜色

图 13-177　选择单元格区域

步骤 37　切换至【开始】选项卡，在【字体】组中单击【边框】按钮 按钮 右侧的下拉按钮，展开下拉菜单，选择【所有框线】命令，如图 13-178 所示。

步骤 38　切换至【视图】选项卡，在【显示】组中取消选中【网格线】复选框，如图 13-179 所示。

图 13-178　选择【所有框线】命令

图 13-179　取消网格线

步骤 39　完成"商品信息"工作表的创建，如图 13-180 所示。

	A	B	C	D
1	商品编号	商品名称	单价	
2	A001	悦泉矿泉水	¥1.50	
3	A002	美芯矿泉水	¥1.20	
4	A003	青山泉矿泉水	¥2.00	
5	A004	好美味果汁	¥5.00	
6	A005	佳饮果汁	¥6.00	
7	A006	美雪可乐	¥3.00	
8	A007	小田园可乐	¥3.50	
9	A008	松青面包	¥4.00	
10	A009	再回思面包	¥4.50	
11	A010	香万里面包	¥4.00	
12	A011	草莓饼干	¥15.00	
13	A012	香香饼干	¥17.00	
14				

图 13-180　完成工作表的创建

13.3.2　结账管理工作表

结账管理工作表用来管理收款信息，通过该工作表可以计算应收款，并根据客户的付款数额计算找零。

步骤 01　新建工作表，并对其重命名，名称为"结账管理"。

步骤 02　在 A1 单元格中输入"营业日期"，在 B1 单元格中输入"=TODAY()"，如图 13-181 所示。

步骤 03　分别在 A2:H2 单元格区域中输入"商品编号"、"商品名称"、"单价"、"数量"、"小计"、"应收款"、"付款"、"找零"，如图 13-182 所示。

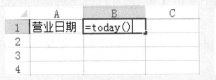

| 图 13-181 | 输入数据 | 图 13-182 | 输入数据 |

步骤04 在 A3:A14 单元格区域中输入数据，如图 13-183 所示。

步骤05 在 B3 单元格中输入公式 "=IF(ISERROR(VLOOKUP(A3,商品信息!A:C,2)),
"",VLOOKUP(A3,商品信息!A:C,2))"，如图 13-184 所示。

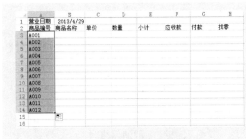

| 图 13-183 | 输入数据 | 图 13-184 | 输入公式 |

步骤06 单击编辑栏中的【输入】按钮✔，完成运算，如图 13-185 所示。

步骤07 利用自动填充功能完成其下面单元格的操作，如图 13-186 所示。

| 图 13-185 | 运算结果 | 图 13-186 | 自动填充 |

步骤08 在 C3 单元格中输入公式 "=IF(ISERROR(VLOOKUP(A3,商品信息!A:C,3)),"",
VLOOKUP(A3,商品信息!A:C,3))"，单击编辑栏中的【输入】按钮✔，完成运
算，如图 13-187 所示。

步骤09 利用自动填充功能完成其下面单元格的操作，如图 13-188 所示。

| 图 13-187 | 运算结果 | 图 13-188 | 自动填充 |

步骤 10 在 E3 单元格中输入公式 "=IF(ISERROR(C3*D3),"",(C3*D3))"，单击编辑栏中的【输入】按钮✔，完成运算，如图 13-189 所示。

步骤 11 利用自动填充功能完成其下面单元格的操作，如图 13-190 所示。

图 13-189　运算结果 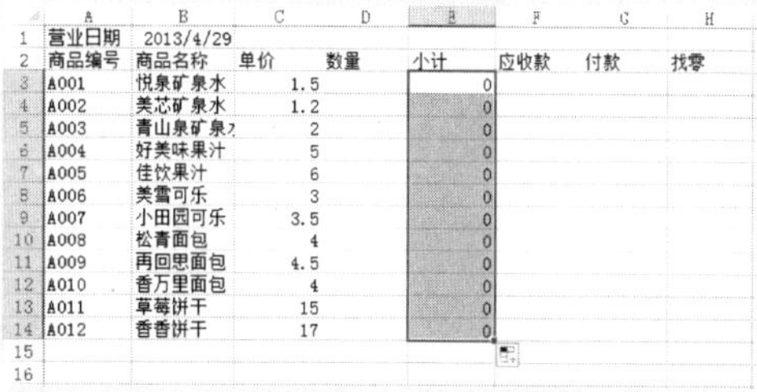　　　　　　　　图 13-190　自动填充

步骤 12 在 F3 单元格中输入公式 "=SUM(E3:E14)"，单击编辑栏中的【输入】按钮✔。

步骤 13 在 H3 单元格中输入公式 "=G3−F3"，单击编辑栏中的【输入】按钮✔。

步骤 14 选择 F3:F14 单元格区域，如图 13-191 所示。

步骤 15 切换至【开始】选项卡，在【对齐方式】组中单击【合并后居中】按钮，如图 13-192 所示。

图 13-191　选择单元格区域

图 13-192　合并后居中

步骤 16 按照相同的方法合并 G3:G14、H3:H14 单元格区域，如图 13-193 所示。

步骤 17 选择 H3 单元格，如图 13-194 所示。

图 13-193　合并后居中 　　　　　　　　图 13-194　选择单元格

步骤 18 设置填充颜色为浅蓝，如图 13-195 所示。

步骤 19 依然选择 H3 单元格，切换至【开始】选项卡，在【样式】选项组依次选择【条件格式】命令、【突出显示单元格规则】命令、【小于】命令，如图 13-196 所示。

图 13-195　填充颜色　　　　　　　　　图 13-196　条件格式

步骤20 弹出【小于】对话框，在【设置为】下拉列表框中选择【浅红色填充】选项，如图 13-197 所示。

步骤21 单击【确定】按钮。选择 D 列、F 列、G 列的所有单元格，如图 13-198 所示。

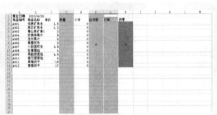

图 13-197　设置格式　　　　　　　　　图 13-198　选择单元格

步骤22 设置字体颜色为浅蓝，设置完成后如图 13-199 所示。

步骤23 选择 C 列、E 列、F 列、G 列、H 列的所有单元格，如图 13-200 所示。

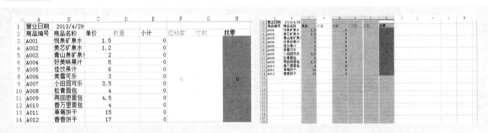

图 13-199　设置字体颜色　　　　　　　图 13-200　选择单元格

步骤24 切换至【开始】选项卡，在【数字】组中设置数字格式为【会计专用】，如图 13-201 所示。

步骤25 选择 A 列的所有单元格，将对齐方式设置为水平居中，如图 13-202 示。

图 13-201　设置数字格式　　　　　　　图 13-202　水平居中

步骤26 选择 B1:H1 单元格区域，设置为合并后居中，如图 13-203 所示。

步骤27 按照制作商品信息工作表的方法，调整该工作表单元格的列宽、行高，设置字体的字体、字号、对齐方式，为单元格区域添加填充效果、添加边框，对表格进行美化，如图 13-204 所示。

图 13-203　合并后居中　　　　　　　　　图 13-204　美化工作表

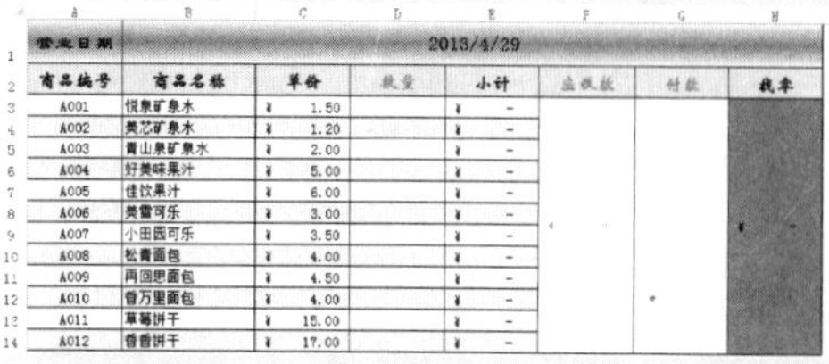

步骤28 至此结账管理工作表制作完成了。

步骤29 在结账管理工作表中输入商品数量、付款金额，查看运行结果，如图 13-205 所示。

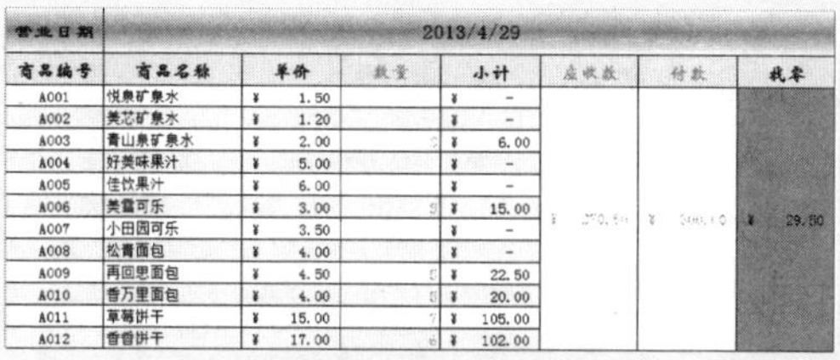

图 13-205　运行效果

步骤30 按键盘上的 Ctrl+S 组合键保存文档。